U0916000

数理情感学

——人类情感的数学逻辑

仇德辉◎著

Mathematical Emotions

——Mathematical Logic of Human Emotion

中共中央党校出版社

图书在版编目（CIP）数据

数理情感学：人类情感的数学逻辑/仇德辉著．--北京：中共中央党校出版社，2018.7

ISBN 978-7-5035-6426-0

Ⅰ.①数… Ⅱ.①仇… Ⅲ.①情感-通俗读物 Ⅳ.①B842.6-49

中国版本图书馆 CIP 数据核字（2018）第 148876 号

数理情感学——人类情感的数学逻辑

责任编辑 王 君 王守国
版式设计 苏彩红
责任印制 陈梦楠
责任校对 马 晶
出版发行 中共中央党校出版社
地　　址 北京市海淀区大有庄 100 号
电　　话 （010）62805830（总编室） （010）62805821（发行部）
（010）62805034（网络销售） （010）62805822（读者服务部）
传　　真 （010）62881868
经　　销 全国新华书店
印　　刷 三河市华润印刷有限公司
开　　本 700 毫米×1000 毫米 1/16
字　　数 368 千字
印　　张 20.25
版　　次 2018 年 7 月第 1 版 2018 年 7 月第 1 次印刷
定　　价 58.00 元

网　　址：www.dxcbs.net **邮　　箱**：zydxcbs2018@163.com
微 信 ID：中共中央党校出版社 **新浪微博**：@党校出版社

序

早在十多年以前，我就开始关注仇德辉及其《数理情感学》，并且进行了一些学术交流。我觉得仇德辉从价值论角度来研究情感理论，是一个很有创造性的研究思路，并且可以解决许多棘手的人工情感理论问题，如情感的基本功能、情感的层次结构、情感的分类方法、情感的数学计算、情感的动力特性、情感的逻辑程序等。为此，我当时就设想过将《数理情感学》内容编入我所主编的《人工心理与数字人技术丛书》，后来因某个特殊原因没有如愿，实在有些遗憾。

人工情感学是指以人类学、心理学、脑科学、认知科学、信息科学、人工智能等学科为理论基础，利用信息科学的手段对人类情感过程进行模拟、识别和理解，使机器能够产生类人式情感，并与人类进行自然和谐的人机交互的科学。人工情感就是模拟人类的情感过程、并且让机器人也拥有类人情感的智能技术，它主要包括四个方面的内容：一是情感的发生机理，二是情感的模式表达，三是情感的模式识别，四是情感对于行为的驱动机理。目前，我们在情感的模式表达和情感的模式识别两个方面已经取得了不菲的成绩，但是在情感的发生机理与情感对于行为的驱动机理两个方面进展甚微。而且，人工智能的学术界对于情感的空间描述、维度分析、量度计算和数学建模有着广泛的争论，还有大量悬而未决的理论问题。我总体上有些感觉，目前的人工智能和人工情感仍然局限于主观范畴内或表象范畴内研究情感现象、探索情感规律、建立情感模型。

学者仇德辉认为，情感的哲学本质就是“人脑对于价值关系的主观反映”，情感与价值的关系在本质上就是主观与客观的关系，一切情感特性在本质上就是价值特性的主观表现，一切情感现象在本质上就是价值现象的主观表现，一切情感规律在本质上就是价值运动规律的主观表现，情感的分类完全取决于价值的分类。这样一来，人工情感的研究方法完全跳出了主观世界，而进入客观世界，对于情感的空间描述就完全转化为对于价值的空间描述，对于情感的维度分析就完全转化为对于价值的维度分析，对于情感的量度计算就完全转化为对于价值的量度计算，对于情感的数学逻辑就完全转化为对于价值的数学逻辑。这是一种全新的研究思路，值得我们关注，也许正是这种思路能够解决人工情感中一系列重大的理论问题。

王志良

北京科技大学首席教授

中国人工智能学会人工心理与人工情感专业委员会主任

2018 年 6 月 25 日

目　录

绪　　论

“问世间情为何物，直教人生死相许”，这是千古之谜。揭开情感的神秘面纱，建立情感的数学模型，系统地、客观地、精确地分析情感现象与情感规律，实现情感的数字化与程序化，以便研制出真正意义的情感机器人，彻底消除人与机器人之间最后一道鸿沟，是许多科学工作者的梦想。“数理情感学”的研究成果，为这一伟大梦想提供了有力的理论支撑。

一、什么是情感

迄今为止，对于“情感”概念，没有一个公认的、科学的定义，一些论著、教科书或词典对于“情感”有以下定义。

《心理学大辞典》中认为“情感是人对客观事物是否满足自己的需要而产生的态度体验”。然而，对于情感的这种定义方式存在两个疑问：一是什么是“满足需要”？二是什么是“态度体验”？显然，实际上就是用“态度体验”来描述“情感”，属于典型的“以词解词”和“概念互换”。

显然，情感属于主观范畴的事物，辩证唯物主义认为，任何主观的事物都是人脑对于客观事物的反映，任何主观的事物都有一定的客观对应物。要了解主观事物的本质必须首先寻找它的客观对应物。

不难发现，“人对于客观事物是否符合人的需要”实际上是一个典型的价值判断问题，“符合人的需要”就是事物的价值特性，是一种客观存在，“态度”和“体验”均是人对事物的价值特性的认识方式或反映方式，这样，心理学的情感定义又可转换为“情感是人对事物的价值特性所产生的主观反映”。由此可得：

情感的哲学本质：情感就是人脑对于事物的价值关系的主观反映。

这里要注意几点：

一是情感只是人脑的主观反映形式之一。人脑的主观反映形式可分为感觉（感）、认知（知）、评价（评）、意志（意）。其中，评价包括情感和价值观两种形式。

二是情感所反映的客观对应物是价值。情感对应的客观事物是价值，但是价值所对应的主观事物有两种：其一是情感，它是人脑对于价值相对性的主观反映；其二是价值观，它是人脑对于价值绝对性的主观反映。

三是情感的客观目的是服务于价值。人们认识世界的客观目的在于改造世界，情感是人脑对于价值的主观反映，它的客观目的是服务于价值。具体地讲，情感的客观目的在于帮助人们如何正确地识别价值、表达价值、计算价值、消费价值和创造价值。

二、情感理论在社会科学中的地位

社会科学是关于社会事物之间相互作用与相互联系的科学。由于社会事物之间的相互作用在本质上就是价值作用，任何社会事物的运动与变化都是以一定的价值追求（或利益追求）为基本驱动力，社会事物的运动与变化规律在本质上都可以体现为价值关系的运动与变化规律，因此几乎所有社会科学都或多或少地与价值理论存在某种联系，都自觉不自觉地以某种价值理论为假设前提、理论基础和指导思想。由此可见，价值理论是整个社会科学的基础理论之一，所有社会科学都是价值理论的延伸和扩展，价值问题是任何社会科学都无法回避的根本性问题。

人类情感与价值有着内在的联系，情感的本质就是人脑对于事物价值关系的主观反映，情感与价值的关系实际上就是主观与客观的反映，那么任何形式的情感理论实际上就是某种价值理论的主观表现形式。由于价值理论是社会科学的基础理论，那么情感理论作为价值理论的主观表现形式，也必然是社会科学的基础理论。

事实上，情感是人类一切行为的驱动器，这种驱动器是以“价值”作为动力源。无论是高层次行为，还是低层次行为，所有的人类行为都是在自觉不自觉地在情感的驱动下完成的。任何社会现象都是人类追求价值的行为产物，都是在情感的驱动下完成的，因此，任何社会现象都是价值现象的产物，都可以找到它的价值根源，也是情感现象的产物，也可以找到它的情感根源；任何社会规律都价值规律的产物，都可以找到价值规律的根源，也是情感规律的产物，也可找到情感规律的根源。

总之，情感理论是社会科学的基础理论，任何社会科学都会自觉不自觉地与某种情感理论存在联系，或者自觉不自觉地以某种情感理论为假设前提、理论基础和指导思想。

三、情感理论的主要缺陷

目前的情感理论存在着许多缺陷，归纳起来主要有几点：

1. 情感理论具有很低的相容性

不同的社会科学往往有不同类型的情感理论，而且相互不相容，如心理学情感理论、道德情感理论、艺术情感理论、社会学情感理论、宗教情感理论等，都没有共同的概念体系；同一社会学科的情感理论又存在许多的学术派别，而且互不相容。

2. 情感理论没有与价值理论建立内在联系

虽然许多情感理论都在一定程度上阐述了情感与价值之间的某种模糊的、不确定的逻辑联系，但是至今都没有任何的情感理论明确地、清晰地阐述情感与价值之间的内在逻辑联系。

3. 情感理论具有高度的主观性

由于没有找到情感的客观对应物，因此几乎所有的情感理论都是在主观领域来寻找情感的规律性，而不是跳出主观领域，通过研究情感的客观对应物（即价值）来探索情感的客观规律。显然，客观规律只有在客观领域中存在，在主观领域永远不存在客观规律，因此在主观领域来探索客观规律是永远没有结果的。事实上，情感是人脑对于价值的主观反映，任何情感规律是某种价值规律的主观表现形式，任何情感理论如果不建立在科学的价值理论的基础之上，就永远不可能是科学的、客观的。

4. 情感理论具有高度的模糊性

目前的情感理论完全没有采用数学手段进行情感分析，从而表现出很高的模糊性和很低的精确性。主观的事物通常是模糊的、不确定的，很难采用数学手段进行精确计算；客观的事物通常是精确的、确定的，很容易采用数学手段进行精确分析。事实上，任何主观的事物都是人脑对于客观事物的主观反映。其中，情感是人脑对于价值的主观反映，价值类事物很容易采用数学手段进行精确计算，那么根据情感与价值的对应关系，就容易发现情感中的许多数学规律。

四、情感理论发展的迫切需要

目前的情感理论远远落后于社会的实际需要，情感理论的发展在许多方面都表现出强烈的迫切性。

1. 心理学发展的迫切需要

随着社会生产力的不断发展和社会复杂化程度的不断提高，人类社会的价值运动表现出越来越高的复杂性、多样性、动态性和关联性，从而使人的心理压力越来越大，使人的情感具有越来越高的复杂性、多样性、动态性和关联性，越来越多、越来越复杂的心理疾病和情感偏差随之大量出现，这就给心理学在情感方面的发展提出了越来越迫切的社会需要。然而，目前的情感理论由于没有建立在科学的价值理论的基础之上，从而使情感理论的发展受到了严重的障碍，进而使心理学的发展受到了严重的障碍。

2. 社会科学发展的迫切需要

情感与社会活动密切相关，任何社会事物的生存与发展，都是以“情感”

作为驱动器，都是以“价值”作为动力源，许多的社会行为、社会现象与社会规律都是在社会情感的驱动下完成的。价值理论是社会科学的基础理论，情感理论往往是价值理论的主观表现形式，因此情感理论也是社会科学的基础理论。情感理论的发展状况在很大程度上决定和制约着整个社会科学的发展状况：情感理论的客观性和精确性在很大程度上决定社会科学的客观性和精确性；情感理论一旦存在某种概念上的模糊或朦胧就会在社会科学的许多概念上引发更大的混乱与暧昧。情感理论一旦建立在科学的价值理论的基础之上，就会取得稳定而快速的发展，进而推动着整个社会科学稳定而快速的发展。

3. 情感机器人开发的迫切需要

目前的机器人在人工智能方面取得了长足的发展，但在人工情感方面却至今没有根本性的突破，总是在情感的“外围”进行徘徊。大部分的情感研究都局限于情感的模拟表达和情感的模式识别这两个方面，而没有搞清楚情感运行的内部逻辑程序。显然，如果没有建立科学的情感理论，并在此基础之上建立科学的情感运行的数学模型，要研究出真正意义的情感机器人，是绝对不可能的。今后，人工智能的发展方向主要就是人工情感或人工意志，就是要让机器人能够更多地帮助人类完成各种事实类（或事务性）工作，还要能够更多地帮助人类完成各种价值类（或管理性、社交性）工作。事实上，情感的本质就是价值，情感的表达在本质上就是价值的表达，情感的识别在本质上就是价值识别，情感的计算在本质上就是价值的计算，情感的内部逻辑系统在本质上就是价值运算的内部逻辑系统，情感的动力特性在本质上就是价值运动的动力特性。只有把情感理论建立在价值理论的基础之上，才能在科学的价值数学模型的基础之上，构建科学的情感数学模型，才能研制出真正意义的情感机器人。理论表明：人类的情感系统包括四个基本的子系统：情感表达系统、情感识别系统、情感计算系统、意志计算系统，而目前的情感机器人只在情感识别系统和情感表达系统方面取得了一些进展，而在情感计算系统和意志计算系统方面还是一个空白，因此急需有一个建立在价值理论基础之上的全新情感理论，以解决情感计算系统和意志计算系统的建构问题。

4. 价值理论发展的迫切需要

价值理论需要向社会科学所有领域进行扩张，从而推动整个社会科学的自然科学化水平，使社会科学具有越来越高的统一性、客观性和精确性，以克服社会科学领域普遍存在的零散性、主观性和模糊性。情感是人脑对于价值的主观反映，把科学的价值理论向人的精神领域进行扩张，就可以大大提高情感理论的自然科学化水平，从而大大提高情感理论的统一性、客观性和精确性。而且情感相对于人类的其他意识形式，通常具有很高的动态性、复杂性、多样性和关联性，探索各种情感现象背后的价值根源，情感理论的发展又为价值理论的发展提供广阔的空间和丰富的课题。

5. 哲学发展的迫切需要

价值属于客观的范畴，情感属于主观的范畴，如果把情感理论建立在价值理论的基础之上，就可以大大提高情感理论的客观性，彻底消除情感理论的主观性。唯心主义就是把主观事物与客观事物完全割裂开来，表现在情感理论上，就是把情感现象与价值现象完全割裂开来，把情感规律与价值规律完全割裂开来。为此，要大力发展情感领域的唯物主义，就必须大力发展建立在价值理论基础之上的情感理论，从而把唯心主义从人的精神领域的最后避难所彻底赶出去，巩固和发展唯物主义在人的精神领域（特别是情感领域）的基本阵地。

五、什么是数理情感学

目前情感理论的发展速度严重滞后于社会生产力的实际需要，它总是局限于心理学的范围，被心理学通用的研究方法和研究思路所束缚，无法向心理学以外的社会科学领域进行扩展和深化；它总是局限于主观思维的范围，找不到与各种主观思维相联系的广泛的客观世界；它总是局限于社会科学的范围，被社会科学普遍采用的定性分析方法和主观判断方法所束缚，不能广泛采用自然科学所普遍采用的定量分析方法和逻辑推理方法。

数理情感学作为一门崭新的社会科学，具有十分突出的特点。

1. 它不同于一般意义的心理学

数理情感学不仅分析了情感发生的生理机制和动力特性，还分析了情感的哲学本质、数学模型、运行程序、层次结构、进化过程、基本规律以及实际运用等，远远超出了心理学的范畴，它是已经充分拓展和深化了的心理学。

2. 它不同于一般意义的思维科学

数理情感学以“统一价值论”为理论指导，以价值的运动与变化为主线，系统地、客观地、精确地分析了情感与价值的相互作用、情感与价值的对应关系、情感发生的价值根源、情感强度的基本定律、情感与认知及意志的辩证关系等，远远超出了孤立的、零碎的、模糊的、定性的情感分析，它是已经充分理论化、系统化了的思维科学。

3. 它不同于一般意义的社会科学

数理情感学采用了大量的自然科学研究方法，根据情感与价值的对应关系，用数学方法精确地定义了情感和价值观，实现了情感和价值观初步的数学运算，还从价值的角度确立了情感的分类方法和层次结构，并对情感的主要动力特性进行数学定义等，有效地克服了社会科学研究过程中普遍存在的主观性和模糊性，它是已经充分自然科学化和数学化了的社会科学。

归纳起来，“数理情感学”就是以“统一价值论”为理论前提，从价值论的角度，采用数理逻辑和自然科学的方法，分析情感现象和研究情感规律的科学。数理情感学远远跳出了心理学的范围，向社会科学的广阔领域和纵深领域（如经济领域、政治领域和文化领域）进行拓展；它远远跳出了思维科学的范围，把高度发达的主观世界与高度复杂的客观世界联系起来，找到它们之间严密的逻辑对应关系（如感觉与物质、认知与事物、情感与价值、意志与行为）；它远远跳出了社会科学的范围，向自然科学的广阔领域进行扩展，把许多的社会规律与自然规律联系起来（如生物刺激感受规律与人类情感强度规律），并且广泛采用数学方法和逻辑推理手段来分析情感现象、探索情感规律。

六、数理情感学的创立过程

对情感现象进行数学分析和逻辑论证，这看起来是十分荒谬的、不可思议的事。著者历经数年艰辛，完成了第一部学术专著《统一价值论》，本书由中国科学技术出版社 1998 年出版，初步推进了价值理论的统一化、数学化和自然科学化。

在原版的《统一价值论》中，情感和价值观作为一种主观意识形式，只存在与价值之间模糊的、偶然的对应关系，也没有发现它们之间精确的、必然的对应关系，而且只对情感与价值观进行了十分粗浅的分析。

随着统一价值论的深入研究，情感与价值、价值观与价值的对应关系越来越清晰化、精确化，情感强度三大定律的发现，情感动力特性与价值运动特性之间内在联系的建立，许多情感规律与价值规律之间对应关系的揭示，情感进化论的创建，一个全新的、建立在统一价值论基础之上的情感理论（即“数理情感学”）逐渐建立起来。

“数理情感学”作为社会科学中一门崭新的学科，突破了一般心理学的界限，也突破了一般情感理论的界限，还突破了一般社会科学的界限，她以自然科学的基本公理为理论前提，以逻辑论证与数学分析方法为研究手段，对情感进行了系统的、客观的、精确的分析，具有重要的科学价值与创新意义。

当然，任何一门新学科的产生都有一个逐渐发展、逐渐完善的过程。本书只是开辟了情感理论实现数理化发展的先河，必然存在着许多缺陷与不足，需要不断地进行修正和完善。

七、数理情感学产生的历史根源

1.“数理情感学”产生的历史必然性

在落后的社会历史时期，各种利益关系比较简单，人只需要利用模糊的、直观的、自发的情感就可以比较准确地反映各种利益关系及其变化，由此产生的认识误差和社会危害也比较小。随着社会生产力的发展，各种利益关系日趋复杂，过去那种模糊的、直观的、自发的情感将会产生越来越大的认识误差和社会危害，越来越不利于个人的生存和社会的发展，建立一个系统、客观、精确而实用的情感理论逐渐成为强烈的社会需要。随着社会科学和自然科学的发展，两者相互渗透、相互融合和相互促进，并不断向着人的精神领域扩展，建立一个系统、客观、精确的情感理论因而成为科学发展中不可阻挡的客观趋势。此外，目前的智能机器人的发展已经接近了它的理论极限，下一步人工智能的理论发展的主攻方向必然是人工情感。从纯思维的角度来看，人与机器人之间真正的区别在于是否拥有内在的情感，而不在于能否逼真地模拟人类的情感表达，人类之所以具有思维上的创造性、心理上的独立性和行为上的主动性，其根本原因就在于拥有情感，因此能否建立一个全新的数理化的情感理论，以解决情感方面深层次的理论问题，是研制真正意义的情感机器人、实现人工智能的重大飞跃的必要条件。

2. “数理情感学”产生的历史偶然性

由于情感的客观本质是人对价值关系或利益关系的主观反映，情感理论必须建立在一定的价值理论的基础之上，因此情感理论的发展状态在很大程度上取决于价值理论的发展状态。如果没有建立一个高度统一的、自然科学化的、数学化的价值理论，就很难建立一个高度系统化的、客观化和精确化的情感理论。“统一价值论”实现了价值理论与自然科学的逻辑统一，实现了价值理论自身体系的逻辑统一，实现了价值理论与整个社会科学的逻辑统一，从而为“数理情感学”的形成和发展奠定了坚实的理论基础。

八、数理情感学的基本思路

统一价值论的基本思路是：从能量角度看价值，从价值角度看世界。数理情感学的基本思路是：从价值角度看情感，从情感角度看世界。

1. 从价值角度看情感

情感的本质就是人脑对于事物价值关系的主观反映，情感与价值的关系在本质上就是主观与客观的关系。根据辩证唯物主义的观点，物质决定意识，主观以客观基础，则可以得出如下结论：价值决定情感，情感以价值为基础，情感的变化以价值的变化为核心；价值一旦变化，情感迟早要发生变化。因此，只要完整地、准确地把握了价值的内涵，就可以完整地、准确地把握情感内涵的本质与核心；只要正确地了解价值的运动与变化的一般规律，就可以正确地了解情感的运动与变化的一般规律；只要实现了对于价值的统一计算，就可以实现对于情感的统一计算。数理情感学以统一价值论为理论基础，从价值的角度来解释情感现象，探索情感规律，建立情感的数学模型。

2. 从情感角度看世界

人类的一切行为都是在一定的情感驱动下完成的，人类社会一切事物的运动与变化都是以一定的价值为动力源。人类社会的一切活动在本质上都是价值的消费过程与创造过程，人类社会的一切关系（如经济关系、政治关系和文化关系）在本质上都是一种价值关系，情感对于人类的功能作用主要在于帮助人们如何正确地识别价值、表达价值、计算价值、消费价值和创造价值。由于情感的本质就是人脑对于事物价值关系的主观反映，因此从情感角度看世界，实际上就是从价值角度看世界，即从价值的角度来解释社会现象，探索社会规律，建立社会的运动与变化的数学模型。只有这样，对于人类一切运动的认识才会更加客观、更加全面、更加精确。

九、数理情感学的研究方法

数理情感学的研究方法主要有：

1. 辩证唯物主义的研究方法

具体体现在：一是主客观对应的方法，情感作为价值的主观反映，总会有它的客观对应物，情感的动力特性必然对应着一定的价值关系的动力特性，任何情感现象都存在一定的价值根源，任何价值规律都存在相应的情感规律与之相对应；二是进化论的方法，价值关系的发展是一个由简单到复杂、由低级到高级的进化过程，情感的发展也必然是一个由简单到复杂、由低级到高级的进化过程；三是规律性的方法，任何价值关系的运动与变化都有一定的规律性，情感的运动与变化也必然有一定的规律性。

2. 自然科学的研究方法

就是以基本的数理逻辑为假设前提，并采用精确理论、实验手段和科学语言，以最大限度地提高研究前提与研究过程的客观性和单义性，消除可能出现的主观性和歧义性。具体体现在：一是统一价值论是以物理学的基本公理为假设前提，而数理情感学又是以统一价值论的逻辑推论为理论前提；二是数理情感学的所有推理论证都遵循严格的数理逻辑法则，不附加任何主观意愿和情感因素，不认可任何没有逻辑基础与公理前提的传统观念与思想定论。

3. 数学化的研究方法

就是采用简洁的形式化语言、精确的定量分析手段和严谨的推理论证程序，以最大限度地提高研究过程与研究结论的精确性，消除可能出现的模糊性。具体体现在：一是从数学角度对情感的基本参量（如情感强度性、情感稳定性、情感效能性等）进行精确定义；二是推理论证情感强度三大定律；三是建立情感的数学模型；四是对情感的数学模型进行分析与运算。

十、数理情感学的意义

数理情感学是在统一价值论的基础上发展起来的，她是统一价值论的延伸与扩展。数理情感学与统一价值论的关系既是母子关系，又是姊妹关系，还可以把数理情感学看成是统一价值论的组成部分。数理情感学的建立，一方面验证了统一价值论的科学性与强大的生命力；另一方面又为统一价值论提供了广阔的探索空间和丰富课题。此外，数理情感学的建立还有更大的理论价值和现实意义，具体体现在：

1. 哲学意义

数理情感学是辩证唯物主义的又一重要成果。辩证主义的形成与发展有一个重要标志，那就是它不断向各种学科领域进行扩展。唯物主义在社会历史领域已经得到了充分的发展，但在人的情感领域却进展甚微，许多自称的“唯物主义学者”在情感理论上却存在着不少的唯心主义观点，他们有时把情感看成一种独立于、超越于或者对立于客观现实的东西，有时把情感看作是破坏性的力量和低级的本能。“数理情感学”对情感作了一个高度的哲学概括：“情感是人脑对于价值关系的主观反映”，并认为情感现象是价值现象向主观领域（或精神领域）的一种延伸形式，从而为唯物主义向人的精神领域（特别是情感领域）的扩展铺平了道路。

2. 科学意义

数理情感学是促进了社会科学的内部统一，促进社会科学与自然科学的融合。创造价值、追求价值是人类运动的根本目的，社会事物的任何运动与变化在根本上都是价值的运动与变化，因此价值理论是社会科学的最基础理论。作者创立的“统一价值论”实现了价值理论的统一化、自然科学化和数学化，为整个社会科学实现统一化、自然科学化和数学化奠定了坚实的理论基础。“数理情感学”实际上就是“统一价值论”向人的精神领域扩展的产物，她的形成与发展为“统一价值论”向其他社会科学的全面渗透铺平了道路，为实现其他社会学科的自然科学化提供了范本。同时也向世人展示了“统一价值论”巨大的科学价值和实际意义。

3. 社会意义

数理情感学是为研制情感机器人奠定了理论基础。“数理情感学”揭示了情感的哲学本质、客观目的、层次结构、动力特性、运行程序以及内在逻辑关系，实现了对于情感的数学运算，建立了情感表达系统、识别系统、计算系统和意志计算系统，为情感的数字化提供了理论模型，使“情感计算”建立在“价值计算”的基础之上，预示着真正意义的情感机器人的到来已经为期不远了。

4. 现实意义

数理情感学是促进了人们对于情感的理性把握。“数理情感学”系统地研究了人类的各种情感现象和情感规律，建立了人类情感的数学模型，克服了目前哲学、心理学和行为学界在情感理论上的主观性、模糊性和片面性，第一次使情感理论真正成为一门完整的、深刻的、精确的和客观的科学，从而可以帮助人们正确认识情感客观本质，积极主动地、创造性地运用情感规律来创造价值、完善自我。

十一、数理情感学的研究思路

数理情感学是一个全新的理论体系，它第一次系统地从价值论角度，来探索情感本质，追溯情感起源，分析情感现象，揭示情感规律，建立情感的数学模式。数理情感学远远超出了心理学的范畴，是已经充分拓展和深化了的心理学；它远远超出了孤立的、零碎的、模糊的、定性的情感分析，是已经充分理论化、系统化了的情感理论；它有效地克服了社会科学研究过程中普遍存在的主观性和模糊性，是已经充分自然科学化和数学化了的社会科学。数理情感学也是一个庞大的理论体系，它涉及几乎所有社会领域，涉及几乎所有社会科学理论，必然会与众多的社会科学理论产生重大冲突，必须对许多的社会科学理论（特别是哲学、生物进化论、生物学、心理学、人工智能等）进行重大改造。

数理情感学的基本思想是“从价值角度来看情感，从情感角度来看世界”，其具体的研究思路是：改造“情感哲学”，从哲学角度实现对于“情感”的重新定义；改造“生物进化论”，从生物学角度创立“情感进化论”；改造“心理学”，从价值论角度实现对于“情感”的数学定义；改造“生物学”，以实现从生物学角度推导出“情感强度三大定律”；通过研究情感的起源与进化、各种类型情感的逻辑关系、情感的特性分析、情感的运行分析以及情感的数学运算，就可以揭示许多的情感规律，从而实现对于情感理论的“自然科学化”；与此同时，为情感机器人的开发奠定了坚实的理论基础。

数理情感学的研究思路如下页图。

十二、数理情感学的基本结构

本书共分为七章：

第一章：情感与价值。主要研究情感与价值的辩证关系；情感的本质是人脑对于事物价值关系的主观反映，情感与价值的关系就是主观与客观的关系；情感的价值功能主要包括价值表达功能、价值识别功能、价值计算功能、价值消费功能、价值创造功能五个方面；根据对象物的不同，人的情感可分为对物情感、对己情感、对人情感、对社会情感四种基本类型。

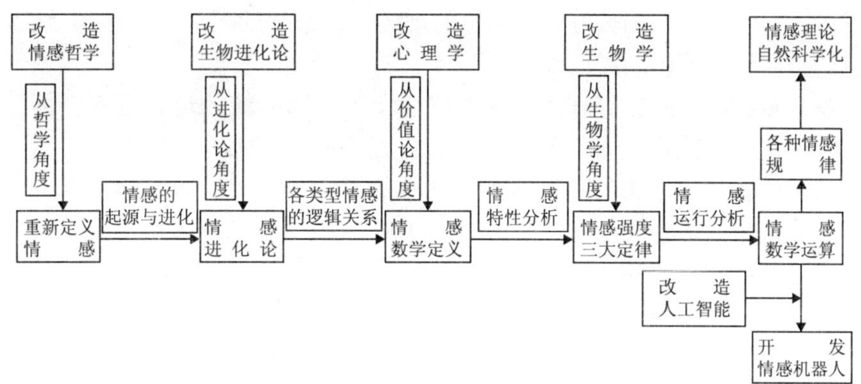

数理情感学的研究思路

第二章：四种基本心理活动。主要研究感、知、情、意的本质及其相互关系。人的感觉过程是通过感觉器官来了解存在关系，以解决"有什么"的问题；认知过程是通过认知器官来了解事实关系，以解决"是什么"的问题，评价过程是通过评价器官（包括情感和价值观）来了解价值关系，以解决"有何用"的问题，意志过程是通过意志器官来了解行为关系，以解决"怎么办"的问题。事实关系是一种特殊的存在关系，价值关系是一种特殊的事实关系，行为关系是一种特殊的价值关系。

第三章：情感进化论。主要研究情感的进化过程。价值是生物得以生存与发展的动力源，因此生物的进化层次与价值的进化层次相对应；情感是人脑对于价值的主观反映，因此，价值的进化层次与情感的进化层次相对应。情感可分为五个进化层次：无机能趋性、有机能趋性、感性情感、知性情感、弹性情感、理性情感。其中，无机能趋性是原核生物对于无机能价值的主观反映，有机能趋性是原生生物对于有机能价值的主观反映，感性情感是感觉类生物对于环境要素价值的主观反映，知性情感是认知类生物对于生理性价值的主观反映，弹性情感是评价类生物对于个体性价值的主观反映，理性情感是意志类生物对于社会性价值的主观反映。

第四章：情感的数学分析。主要研究情感的数学规律。情感的数学本质就是事物的价值率高差在人的头脑中所产生的主观反映（即主观价值率高差），情感强度围绕事物的价值率高差上下波动（即情感的运动规律），情感的强度与事物的价值率高差的对数成正比（即情感强度第一定律），情感强度随着人对该事物的消费速度或作用规模的增长而下降（即情感强度第二定律），情感强度与时间呈负指数函数关系（即情感强度第三定律）。

第五章：情感的动力特性。主要研究情感的动力特性及其价值根源，情感的动力特性主要取决于主体的价值关系的动力特性，它包括情感的强度性、情感的稳定性、情感的偏好性、情感的细致性、情感的层次性、情感效能性、情感的时序性、情感的周期性等。

第六章：情感的运行程序。主要研究个人情感系统的运行程序。情感的运行程序实际上就是个人价值系统的运行程序的主观体现，它包括情感的诱发、情感的感受、情感的高峰体验、情感的表达、情感的掩饰与欺骗、情感的修正、情感的培养与训练、情感的分解与实现、个人情感的发展历程。

第七章：情感的社会运用。主要研究社会情感的运动与变化规律。内容包括审美情感、道德情感、求真情感、亲子情结等方面的运行程序，以及情感与经济、政治、文化等方面的关系。真善美（或假恶丑）分别是对资料类事物、行为类事物和意识类事物的价值判断标准。

第一章　情感与价值

人经常会因他人损害自己的利益而感到气愤，有时会因他人维护自己的利益而受到感动，有时会因某些人的利益受到损害而感到同情，有时会因另一些人的利益受到损害而感到快慰。人们虽然早已朦胧地意识到情感与价值存在着某种必然的关系，但很少认真地思考这种关系的真实内涵。

长期以来，人们把情感与价值看作是两个不同性质的东西，两者之间虽然存在某种程度的相关性，但它们没有必然的、内在的联系：一方面，人们总是认为价值属于哲学、经济学或政治经济学范畴，习惯于把价值理论的研究责任自然而然地交给了哲学家或经济学家；另一方面，人们总是认为情感属于心理学范畴，习惯于把情感理论的研究责任理所当然地交给心理学家。而且哲学家、经济学家又与心理学家往往彼此互不来往、各自为战，理论体系之间往往互不相容。正因为这样，情感理论的研究长期处于停滞不前的状态，价值理论的发展也受到严重制约。

一般的观点认为，情感与价值之间只是存在着一定的相关性，而没有严格的逻辑对应性。然而，研究表明，情感与价值之间存在着严格的主客观对应关系，有着深刻而严密的内在逻辑联系。探索情感与价值之间的内在联系，从一个全新的思维角度来观察情感现象、研究情感问题和探索情感规律，不仅是情感理论的重大问题，也是价值理论的重大问题，更是整个社会科学的重大问题。彻底揭示情感与价值的内在联系，不仅会使情感理论和价值理论产生一个质的飞跃，很可能会对整个社会科学的发展产生重大影响。

第一节　情感的哲学本质

情感与人的日常生活息息相关，高尚的人追求着精神信仰，有人为之而不惜流血牺牲；正义之士惩恶扬善，有人为之而舍生忘死；青年男女追求着爱情，有人为之而发痴发狂；朋友之间追求友谊，有人为之而两肋插刀；做人要图个面子，有人为了争个面子而倾家荡产；家庭生活离不开亲情，有人为了亲情而倾注毕生心血等，人们无一不在情感的驱动下进行生活和工作。然而，许多人并不知道情感的客观本质是什么，却大谈特谈情感的理论问题；许多人终生为某种情感目的而奔波忙碌着，却从来不思考是否值得；许多人为满足某种情感的需要而不惜付出自己的鲜血和生命，却从来不知道这种情感的真实内涵。

一、哲学的遗憾

对事物最一般、最普遍意义上的抽象认识就是哲学，站在哲学的高度对情感进行高度的抽象可以得出情感最一般、最普遍的哲学本质。哲学家们时刻在思考着时代的一切，尤其思考着与人们生活密切相关的事物的哲学本质，然而，情感这东西太深奥、太神秘莫测，多少年的苦苦探索过去了，至今没有人能够得出满意的答案。人们只能在幽灵般的情感面前感到困惑和迷茫，一切行为和思想都只能盲目被动地接受着这个怪物的驱使。

许多人认为，情感本身是主观心理的东西，没有客观内涵，不需要或者不必要下一个明确的哲学定义。有人认为情感属于心理学范畴，只需要有一个心理概念就足够了。

事实上，情感涉及社会生活的各个方面，涉及心理学、社会学、行为学、管理学、美学、伦理学等众多社会学科，对于情感的认识仅仅停留在心理学范围是远远不够的，必须上升到哲学的高度，对情感做一个高度抽象、高度简单的理论概括，这是情感理论乃至整个社会科学取得新发展的关键。

二、情感的心理学定义

《心理学大辞典》中认为“情感是人对客观事物是否满足自己的需要而产生的态度体验”。同时，一般的普通心理学课程中还认为“情绪和情感都是人对客观事物所持的态度体验，只是情绪更倾向于个体基本需求欲望上的态度体验，而情感则更倾向于社会需求欲望上的态度体验”。

然而，心理学对于情感所做的定义将会存在以下疑问：

第一，什么是“满足需要”？显然，人类的一切需要归根到底都是对于价值的需要，“满足需要”实际上就是事物的价值特性。然而，心理学并没有明确地阐述“满足需要”的真正本质。

第二，什么是“态度体验”？显然，“态度体验”本身就是人脑对于客观事物的主观反映方式，“情感”也是人脑对于某种客观事物的主观反映方式，因此，心理学对于情感的定义在本质上就是用“态度体验”来描述“情感”，属于典型的“以词解词”和“概念互换”。

第三，“情感”与“情绪”的区别是什么？心理学认为，情绪更倾向于个体基本需求欲望的态度体验，因而属于个体性的、低层次的情感；情感更倾向于社会需求欲望上的态度体验，因而属于社会性的、高层次的情感。显然，这种区分没有科学依据，也不符合科学逻辑。

心理学对于情感的定义，实际上就是用三个新的名词（即需要、态度、体验），来定义和解释情感。从严谨的科学角度来说，这就需要对这三个新名词进行明确的定义，否则，就陷入了“以词解词”的诡辩论逻辑循环。

三、情感的哲学本质

心理学把情感定义为：“人对客观现实的一种特殊反映形式，是人对于客观事物是否符合人的需要而产生的态度的体验。”从这个定义可以了解到：情感是一种主观体验、主观态度或主观反映，属于主观意识范畴，而不属于客观存在范畴。辩证唯物主义认为，任何主观意识都是人对客观存在的反映，情感是一种特殊的主观意识，必定对应着某种特殊的客观存在，问题的关键在于能否找到这种特殊的客观存在。

不难发现，“人对于客观事物是否符合人的需要”实际上是一个典型的价值判断问题，“符合人的需要”就是事物的价值特性，是一种客观存在，“态度”和“体验”均是人对事物的价值特性的认识方式或反映方式，这样，心理学的情感定义又可表述为“情感是人对事物的价值特性所产生的主观反映”。情感所对应的客观存在应该是事物的价值特性。由此可得：

情感的哲学本质：情感就是人类主体对于事物价值关系的主观反映。

理解情感的哲学本质时，要注意以下几点：

一是人类主体既可以是个人，也可以是集体，还可以是整个社会，它们分别形成个人情感、集体情感和社会情感。

二是事物的价值关系并不是指事物的价值量（或使用价值量），情感的强度也并不与事物的价值量成正比，而是与事物的价值量有着特定的函数关系（以后再详细阐述）。

三是事物的价值大小不仅与客观事物的品质特性有关，而且还与主体及环境的品质特性有关，因此人的情感强度不仅与客观事物的品质特性有关，而且还与主体及环境的品质特性有关。

四、揭示情感哲学本质的理论意义

一旦揭示了情感的哲学本质，确立了情感与价值的严密对应关系，许多的理论难题就迎刃而解了：价值是如何进化的，那么情感就是如何进化的；价值是如何分类的，那么情感就是如何分类的；价值有什么样的变化特征，那么情感就会有什么样的表现特征；有什么样的人的价值循环转化系统，那么就会有什么样的情感循环转化系统；有什么样的价值运动规律，那么就会有什么样的情感运动规律；价值是可以统一计算的，那么情感就可以统一计算。

显然，情感这种哲学本质的定义已经与辩证唯物主义的哲学体系真正地衔接起来了，从而把辩证唯物主义的基本思想顺利地推广应用到了人的情感领域。历史唯物主义把唯物主义的基本思想推广应用到了人类的社会历史领域，从而把唯心主义从这个重要的避难所（但不是最后的避难所）赶了出去。由于人的精神现象（特别是情感现象）要比社会历史现象具有更大的主观随意性和偶然性，更容易受各种主观因素的制约，更难以发现其客观规律性和必然性，因此目前的这个研究领域仍然存在着大量唯心主义思想，成为唯心主义真正的最后避难所。显然，只有从辩证唯物主义的角度来认识情感的客观本质，才能把唯物主义的基本思想真正贯彻到人类精神领域的所有方面，才能真正彻底清算唯心主义的最后残余。

由于情感哲学本质的新发现，情感与价值的关系就一目了然了，那么以价值为研究主线，对各种复杂的情感现象与情感规律进行客观的、精确的、全面的分析就成为必然的趋势了，这就为科学的“数理情感学”的诞生提供了哲学依据。

第二节　情感理论的五大误区

当今的情感理论仅仅是看作心理学的一个分支，但是情感是人类行为的驱动器，人的一切行为都是在情感的驱动下完成的，人类所有的行为规律与社会规律都与人的情感规律密切相关，几乎所有的社会科学领域都需要研究情感现象与情感规律，因此情感理论与所有社会科学理论密切相关。

然而，当今的情感理论存在诸多的误区，要实现情感的客观化、数学化和自然科学化就必须首先在理论上走出这些误区。

概括起来，当今的情感理论存在五大误区：

一、认为情感是一种纯主观的东西

有人认为，情感完全是纯主观思维的产物，是一种超自然的、纯理性的东西，完全独立于客观物质世界之外，它的产生与发展遵循着自身特有的逻辑法则和理性概念，不存在任何客观基础。

事实上，任何主观的东西都是人对客观存在的主观反映，尽管这种反映有时是不准确的，甚至是颠倒的，但绝不会是无缘无故的，“世界上没有无缘无故的爱，也没有无缘无故的恨”。情感必然对应着某种客观事物，任何情感现象都可以找到它的客观根源，任何情感规律都可以找到它的客观规律。研究表明，情感作为一种主观意识，它所对应的客观存在就是价值，情感与价值的关系在本质上就是主观与客观的关系，主观以客观为基础并围绕客观上下波动，那么情感也必然以价值为基础并围绕价值上下波动。

二、认为情感是一种不可捉摸的东西

有人认为，同一事物对于不同人可产生完全不同的情感，情感的运动与变化是随机的、不可捉摸的，不存在任何客观性、规律性和必然性。

事实上，任何事物都有自己的运动与变化规律，价值特性作为一种特殊事物也有其特定的运动与变化规律，情感作为价值特性的主观反映，其运动与变化则应该以价值特性为基础，并围绕它上下波动。情感的波动情况虽然取决于各种随机扰动因素的作用，但波动的大致范围和总体方向则完全由价值特性来决定，因此情感具有与价值特性大致相同的规律性。当然，情感是一种主观意识，具有一定的相对独立性，可以在一定程度上偏离价值特性，这种偏离并不意味着情感是随意发生的和不可捉摸的，而是意味着情感受到了更深刻、更复杂的客观规律的制约，有着更为深刻的、复杂的客观规律性和现实必然性。

三、认为只有人类才具有情感

有人认为，情感是人类的独立拥有物，离开了人类，情感就不可能存在，动物不可能拥有情感、机器人就更不可能拥有情感。

既然人类由低等动物进化而来，那么与之相伴的人类高等情感也必然由动物低等情感进化而来，绝不是一夜之间突然产生的。既然人的认识方式有一个从低级到高级的发展过程，那么情感作为人的一种特殊的认识方式，也必然有一个从低级到高级的发展过程。人类情感的发展过程在根本上取决于价值关系的发展过程，由于人的价值关系的发展经历了六个基本阶段（即无机能价值、有机能价值、环境要素价值、生理性价值、个体性价值、社会性价值），那么情感的进化也相应地经历六个基本阶段（即无机能趋性、有机能趋性、感性情感、知性情感、弹性情感、理性情感），人与其他低等生物的根本区别不在于是否拥有情感，而在于是否拥有高层次的情感。机器人能否拥有情感，关键在于能否建立正确的情感数学模型。

四、认为情感不能用自然科学方法来分析

有人认为，情感是一种非常复杂的、模糊的、不确定的事物，只能进行定性分析，不可能进行定量分析，情感的产生与运行并不符合逻辑法则，因而不可能采用自然科学方法（特别是数学方法）进行描述和分析。

情感是人类认识世界和反映世界的一种特殊方式，情感所认识和反映的是一种特殊事物——价值，而任何事物的价值大小取决于众多的变量因素，因此，对于某一单纯的物理现象（如物质的大小、重量、颜色、味道、光线、

速度等）的认识与反映通常是十分简单的、直接的、及时的、精细的、明确的和线性无关的，而对于事物价值大小的认识与反映则通常是复杂的、间接的、延时的、模糊的、随机的和线性相关的，从而具有更大的复杂性、多变性和关联性，因此情感作为人类一种对于特殊事物的特殊感觉形式，相对于视觉、听觉、味觉、嗅觉和触觉而言，具有更多复杂的逻辑法则。“统一价值论”既然能够实现对于价值的定量计算，那么就必然可以实现对于情感的定量计算。

五、认为情感只与人或事物的品质特性有关

关于情感的决定因素，目前的理论界存在着三种典型的错误观点：

1.“主体情感论”

它认为，情感只与主体因素如主观感觉、兴趣、欲望、意志等有关，其理论根源是主体价值论，它把价值看作是情感、意志的产物，是主观的东西。美国哲学家培里说：“抽掉意志与情感，就不会有价值这个东西”；“凡是兴趣所在的对象，事实上便是有价值”；价值是“欲望的函数”；“事物是由它们被意愿着而产生价值的，而且它们愈被意愿着就愈具有价值”。

2.“客体情感论”

它认为，情感只与客体因素有关，其理论根源是客体价值论，它把价值看作是“客观事物满足人的需要的一种属性”，看作是客体单方面的一种属性，而没有认识到价值产生于主客体之间的相互作用，看不到主体在形成价值过程中的主导作用。

3.“两因素情感论”

它认为，情感只与主体和客体两个因素有关，其理论根源是两因素价值论，它只看到了价值与主体因素及客体因素有关，而忽略了介体因素的重要作用，认为价值中介只是价值产生的外部条件而不是内部根据。

由于事物的价值大小取决于主体、客体和介体（即环境）三大要素，因此情感也相应地具有主体、客体和介体（即环境）三大要素，缺少其中任何一个要素，情感就不能确定。客体情感论、主体情感论和两因素情感论都有一个共同的特点，那就是都把主体、客体与介体割裂开来，不知道价值与情感都存在于主体、客体和介体之间的相互作用之中。

第三节 数理情感学的理论基石

目前的情感理论长期停留在心理学层次，既没有“走出去”，以突破心理学范畴的局限走向社会科学其他领域；也没有“沉下去”，以基本公理为理论

前提，与自然科学衔接起来。这些情感理论对于情感现象与情感规律的分析和描述都是零散的、定性的和模糊的，不能系统地、清晰地、定量地对情感进行分析和描述。

随着社会的不断发展，人与人之间的价值关系（或利益关系）及其变化规律日趋复杂，情感现象和情感规律也日趋复杂，如果只是片面地、模糊地和定性地把握情感现象和情感规律，就会产生越来越大的社会危害，这就对情感理论的系统性、清晰性和精确性提出了越来越高的社会需要。具体表现在：

一、要求情感理论实现广泛的统一化

目前的情感理论具有很大的片面性、零散性和孤立性，主要体现在：一是从研究的学科范畴来看，基本上只局限于心理学范畴，很少涉及社会科学其他领域，把情感现象与其他社会现象完全隔离开来，把情感规律与其他社会规律完全隔离开来；二是从研究的客体对象来看，主要只是孤立地研究人类机体自身的情感现象与情感规律，很少研究情感现象与它所反映的客观存在（即价值现象）之间的逻辑关系，很少研究情感规律与它所反映的客观存在之间的逻辑关系；三是从研究的主体对象来看，它所得出的情感规律往往只是个体的情感规律，很少研究人的集体情感规律和社会情感规律，以及三者之间的逻辑关系；四是从研究的价值层次来看，它主要只是研究人的温饱类情感、安全与健康类情感等低层次的情感，很少研究人的人尊与自尊类情感等高层次的情感，几乎没有研究各层次情感之间的内在逻辑关系；五是从研究的发生时序来看，主要只是研究现实的人类情感，很少研究情感的进化过程，很少认识和比较人类情感与动物情感的真实差异。

价值关系包括经济、政治和文化价值关系，因此情感理论应该涉及社会科学所有领域；情感主体复杂多样，因此情感理论应该涉及个人情感、集体情感和社会情感；价值内容包括四个基本层次（即代谢性价值、生理性价值、个体性价值、社会性价值），因此情感理论应该涉及四个情感层次（即代谢性情感、生理性情感、个体性情感、社会性情感）之间的逻辑关系；人类价值是从生物化学能量进化而来，因此情感理论应该涉及情感进化的各个阶段。总之，对于情感的理论研究应该从全方位、多层次、大系统、连续发展的角度来进行。

统一价值论认为，劳动价值是由生活资料使用价值转化而来，价值工程学的“价值”概念是一种没有考虑时间因素的价值率，在基本概念上把目前的哲学、经济学、政治经济学、价值工程等统一在一个全新的价值理论体系之中，从而实现了“概念体系的统一”；统一价值论从能量角度来定义“价值”（即广义有序化能量），度量单位是焦耳，并以食物能量来度量所有价值，从而实现了“度量尺度的统一”；统一价值论认为，价值的根本作用在于提高主体的本质力量，价值判断的客观标准就是主体的本质力量（对于个人来说就是个体劳动能力，对于集体来说就是集体生产力，对于社会来说就是社会生产力），从而实现了“判断标准的统一”；统一价值论认为，感、知、情、意分别是人脑对于存在关系、事实关系、价值关系和行为关系的主观反映。其中，事实关系是一种特殊的存在关系，价值关系是一种特殊的事实关系，行为关系又是一种特殊的价值关系，从而实现了“主客观的统一”；统一价值论认为，“广义价值规律”可由自然科学的“最大有序化法则”推导出来，并由此可以推导出所有社会规律，它是所有社会规律的“母规律”，因此自然科学与社会科学有着内在的统一性，从而实现了“科学体系的统一”。总之，统一价值论实现了价值理论广泛的统一化，从而为情感理论实现广泛的统一化奠定了理论基础。

二、要求情感理论实现充分的自然科学化

目前的情感理论具有很大的主观性、不确定性，主要体现在：情感理论的假设前提基本上都是一种主观想象，情感现象的分析、解释与归纳（如情感的层次划分与形式分类等）没有从其价值动因或价值根源上着手，情感规律的推理论证没有遵循严格的逻辑程序来进行。

由于情感的哲学本质就是人类主体对于价值的主观反映，因此对于情感的研究就可以转化为对于价值的研究；价值是一种客观存在，对于价值的研究可以采用自然科学的方法来进行，自然科学的方法是最客观公正的方法，它排除了一切主观意志和思想动机的影响，避免了任何阶级倾向和民族情绪的干扰，消除了任何先入为主的感情因素，因此要使情感理论实现高度的客观化，就必须实现情感理论的自然科学化。

统一价值论整个体系只有一个假设前提，即“最大有序化法则”，而这一原理是物理学中的“耗散结构论”所提出来的，可以将其视为一个基本公理，即实现了“理论前提的公理化”；统一价值论以这一基本公理为基础，经过严格的逻辑程序，推导出“广义价值规律”，进而推导出经济规律、人际交往规律和社会历史规律等，即实现了“推理论证的程序化”；统一价值论认为，任何一种情感现象后面必然可以找到一种价值现象与之相对应，任何一种情感规律后面必然可以找到一种价值规律与之相对应，即实现了“主观情感的溯源化”；情感的层次划分取决于价值的层次划分，情感的形式分类取决于价值变化的时态、方向及主体之间的利益相关性等，即实现了“客观价值的主导化”。总之，统一价值论实现了价值理论的自然科学化，从而为实现情感理论

的自然科学化奠定了理论基础。

三、要求情感理论实现高度的数学化

目前的情感理论具有很大的模糊性，主要体现在：对于情感的客观本质和真实内涵不能精确定义，无法发现真正决定着情感强度的客观动因；对于情感的所有动力特性（强度性、稳定性、细致性、效能性等）的分析都是定性分析，几乎没有定量分析；对于情感规律的所有描述都是定性的叙述，没有任何计算公式和定理定律；

随着计算机技术的不断发展，人们开始设想让机器人或计算机也具有“情感”，能够通过一定的传感器提取和感知人的某些情感动力特征，并分析人的情感与各种感知信号之间的具体关联，使机器人或计算机具有识别、理解和表达情感的能力，并能针对用户的情感作出智能、灵敏、友好的反应，以缩短人机之间的距离，营造真正和谐的人机环境，这就是人工智能领域日益兴起的研究方向——“情感计算”。研究表明，人的情感系统主要包含五个基本子系统：情感识别系统、情感表达系统、情感运算系统、意志运算系统、感知情意交互系统。目前，情感识别系统和情感表达系统已经开始建立，并取得了一定的技术突破，但是在情感运算系统、意志运算系统、感知情意交互系统等方面还远远没有涉及，这才是“情感计算”中真正最关键的技术难题。由于情感的客观本质就是价值，情感以价值为基础并围绕价值上下波动，人的情感强度在根本上取决于其价值关系的变化强度，人的情感动力特性可以大致地表现为价值关系的变化特性，情感规律可以大致地描述为价值关系的变化规律，因此神秘莫测的“情感计算”就迅速转化为切实可行的“价值计算”。

统一价值论首先实现了使用价值的统一度量，实现了劳动价值与使用价值的统一度量，然后以“最大有序化法则”为基础，推导出“广义价值规律”，由此顺利完成了“价值计算”的重要使命，从而为实现“情感计算”奠定了理论基础。

数理情感学认为，情感是人对价值关系的主观反映，具体而言，就是人对事物的价值率高差所产生的主观反映值，根据“情感强度第一定律”（即情感的强度与事物的价值率高差呈指数正比关系），确定出情感强度的数学定义，建立了情感和价值观的数学分析模型，并且大致地掌握了情感与意志的内部逻辑结构，从而基本上完成了“情感计算”的重要使命。

总之，数理情感学的基本特征是统一化、自然科学化和数学化，它必须建立在一个统一化的、自然科学化的和数学化价值理论（即统一价值论）基础之上。显然，没有统一价值论，就没有数理情感学，就不可能建立情感的数学模型，就不可能进行科学意义的“情感计算”，就不可能研制出真正意义的情感机器人。

第四节　情感与价值的辩证关系

由于情感的本质就是人脑对于事物价值关系的主观反映，因此情感与价值的关系是主观与客观、意识与存在的关系。显然，主观与客观、意识与存在的关系是哲学的基本问题，价值与情感的关系问题也是价值理论和情感理论的基本问题。如果不能正确地处理好这个问题，就不能唯物地、辩证地处理好其他相关的情感理论问题，就不能透过变幻莫测的情感现象发现其内在规律性。价值与情感的关系是一个辩证统一的关系，主要表现在四个方面。

一、情感以价值为基础

情感是人对价值的主观反映，尽管这种反映总会或多或少地存在着一些偏差，甚至还会存在着严重的偏差和完全的颠倒，但从总体上讲，情感的变化总是以价值为基础，主要表现在：情感的基本状态取决于价值的基本状态，情感的总体规模取决于价值的总体规模，情感的变化范围取决于价值的变化范围，情感的作用方式取决于价值的作用方式，情感的强度与方向取决于价值的大小与正负，价值一旦变化，情感迟早要发生变化。

对于商人来说，互利互惠的经济往来是维持和发展彼此情感的客观基础，如果没有这种互惠性，商人之间的情感是不能持久的；对于政治家而言，政治上的相互支持、相互配合是维持和发展彼此情感的客观基础，如果没有这种互助性，政治家之间的情感是不能持久的；对于青年男女而言，工作和生活上的相互支持与配合是维持和加深爱情的客观基础，如果没有这种支持与配合，男女之间的爱情是不能持久的；朋友之间的友情主要取决于他们之间的利益关系，只有不断加深彼此的利益联系，其友情才会越来越深厚，如果彼此产生了根本的利益冲突，则其感情迟早会衰减下来，并最终会转化为仇恨。

二、情感对价值具有反作用

情感对于价值并不是完全被动的，可以产生一定程度上的反作用，主要表现在：

一是情感可以在一定程度上阻止、压抑、诱发、转移、强化或诱导人对某种价值的需要，可以相对自主地选择生存环境和发展方向。人有时可以有意识地压抑自己对于某种价值的欲望，时间一长了，人对这种价值的客观需要发生了改变，这种欲望就基本上消失了；人通常愿意主动帮助那些主观感觉良好的人，回避那些主观感觉不好的人；人有时在某个地方工作得不开心，就主动辞职，并能很快适应新的工作环境。

二是人在情感的驱动下，可以对事物施加反作用力，并使之发生价值增值。这是人类与其他动物的根本区别。当然，这种反作用力不能任意地和无限地施加，它在整体上受制于或服从于价值对情感的决定作用。

三、情感具有相对独立性

人的情感产生并运行于大脑，这就不可避免地受到大脑内部众多因素的制约和干扰，从而在一定程度上偏离它所反映的价值，这种偏离现象就是情感的相对独立性，主要表现在：

1. 时间上的异步性

如果价值形式发生了变化，与之相对应的新情感需要迟滞一段时间才能形成与发展起来。也就是说，新情感的产生、发展与消失并不能与新价值的产生、发展和消失保持同步，需要迟滞一段时间。例如，当一个陌生人突然成为你的妹夫或连襟时，你对他的亲情通常不会马上建立起来；人通常会留恋或怀念那些已经离别或逝世的老朋友。

2. 量度上的差异性

如果价值量发生了变动，情感的强度难以与之保持同步变化。例如，有些女性在遭到自己所钟爱男性的伤害或遗弃后，竟然不怎么恨他；相反，有些人仅仅因为几句话不投机，就大动肝火，事后又会悔恨不已。

3. 方式上的局限性

价值关系的变化方式是无限的，而情感的反映方式却是有限的。人有时对于某些复杂的、隐含的价值关系及其变化产生不了情感，表现出麻木不仁的精神状态。例如，当购买商品受到他人“温柔”地宰一刀时，人或许还感谢他的“优惠”价格；当面临灭顶之灾时，人或许还在寻欢作乐。

4. 机制上的异化性

某些特殊情感完全脱离了价值关系的客观基础，甚至与之背道而驰，这是由于人的情感机制产生了某种异化。例如，精神类毒品产生怪癖、虚幻和不能自控的情感，过度的生理与精神刺激导致变态的情感，过度的肉体痛苦引发病人对于死亡的向往，民族仇视容易引发人对战争狂人的崇拜，极端的阶级斗争引发极端的阶级仇恨等。不过，情感的这种异化现象在总体上讲只是局部的、暂时的和相对的。

情感的相对独立性限制了人对于复杂价值关系的应变能力，限制了人对于复杂环境的适应能力，但是这将有利于排除各种外部或内部因素对情感运行过程的干扰，有利于保持价值消费活动和价值创造活动的连续性和稳定性。

四、情感与价值存在复杂的对应性

一是它是一种多元变量的函数对应关系，而不是一种一元变量的函数对应关系。情感的大小不仅与事物的使用价值有关，而且与事物的劳动价值、劳动时间以及主体的中值价值率有关。

二是它是一种统计概率的对应关系，而不是一种个体动力学的对应关系。绿色之所以能够使人产生和平与宁静的情感，并不是所有绿色的事物都具有这方面的价值作用，而是在大多数场合，人所接触的绿色事物是草木，而草木在大多数场合下能够给人带来和平与宁静。

三是它是一种时间上的同向对应关系，而不是一种时间上的同步对应关系。价值的变化与情感的变化通常存在一个时间差，情感的建立需要时间，情感的消失同样需要时间，只有具有高度预见性的高级情感才能在价值建立之前主动地建立，才能在价值消失之前主动地消失。

四是它是一种联系的对应关系，而不是一种孤立的对应关系。人一旦与某事物建立了直接价值关系并在此基础上产生了直接情感，就必然在一定程度上与该事物相关联的其他事物建立了间接价值关系，并产生相应的关联情感或间接情感。所谓“爱屋及乌”“恨屋及乌”等情感现象就是这样产生的。

五是它是一种多形式上的价值对应关系，而不是一种单一形式上的价值对应关系。同一事物的价值关系可能是多内容的，人对事物的情感也经常会表现出多样性。例如，同一种食物可能含有多种化学成分，对身体产生多种治疗作用或营养保健作用，也可能产生多种副作用，人对它的情感可能会喜忧参半。

六是它是一种多层次上的价值对应关系，而不是一种单一层次上的价值对应关系。事物的价值关系可能是多层次的，人对事物的情感也经常会表现出多层次性。例如，衣服除了具有御寒、挡风、避暑等价值外，还具有安全与健康方面的价值，具有艺术审美价值，并能体现个人身份、能力、特征和社会地位，这样，人对于衣服的情感通常具有多层性。

七是它是针对事物的价值特征，而不是针对事物的其他特征。人对于事物的情感完全取决于它的价值特征，而不是取决于它的其他特征，只要该事物的价值特征不变，无论其他特征发生什么变化，人的情感就不会变化。相反，如果事物的价值特征发生了变化，无论其他特征如何稳定，人的情感都会发生变化。例如，一张照片尽管已经变黄变烂，但他的主人仍然百倍珍惜；一件时装尽管没有任何破损，但它的主人可能已经不再感兴趣。

八是它是一种动态的对应关系，而不是一种静态的对应关系。任何事物都是运动与变化的，任何事物的价值也都是运动与变化的，任何事物的情感也必然都是运动与变化的。人不可能以永恒不变的情感对待任何事物，永恒的爱只是人的一种理想与祝愿，现实中并不多见。

九是它是一种复杂的、对立统一的对应关系。爱中有恨，如父母对于子女经常有“恨铁不成钢”的爱；恨中有爱，如人经常会对自己的竞争对手有一种“钦佩”的恨。

十是它是一种非线性的对应关系。情感的强度通常并不与事物的价值量成正比，通常只与事物价值量的对数成正比，在特殊情况下，价值与情感还存在更为复杂的函数关系。

十一是它是一种三因素的对应关系，而不是一种单因素的对应关系。价值的大小不仅取决于事物的品质特性，还取决于主体及周围环境的品质特性，因此主体的情感由主体、客体及环境三个因素来决定，而不由其中一个因素来单独决定。例如，一般情况下的老虎可使人产生恐惧感，但关在动物园笼子里的老虎不会使人产生恐惧感，相反还能产生审美感。

第五节　情感三要素

人对于某一事物的情感，不仅取决于该事物的品质特性（如物理特性、化学特性、社会特性等），还取决人本身的品质特性（生理特性、行为特性、思维特性等），另外，还取决于人所处自然环境和社会环境的品质特性等，这说明人的任何情感都会受到众多主观和客观因素的影响和制约。

一、价值三要素

由于情感的本质是人脑对于事物价值关系的主观反映，那么情感的制约因素在根本上取决于价值的制约因素。

统一价值论认为，任何价值物对于主体的价值量大小，不仅取决于该事物的品质特性（即客体的品质特性），还取决于使用者的品质特性（即主体的品质特性），还与环境条件及周围相关事物的品质特性（即介体的品质特性）有关，这就是“价值的三要素”。

二、情感的决定因素

情感是人脑对于价值关系的主观反映，由于价值的大小取决于主体、客体和介体三者的品质特性（即价值的三要素），那么情感的大小也必然取决于主体、客体和介体三者的品质特性，这就是“情感的三要素”。

也就是说，当客体和介体的品质特性不变，而主体的品质特性发生了变化，则人的情感必然会发生变化；当客体和主体的品质特性不变，而介体的品质特性发生了变化，则人的情感也会发生变化；当主体和介体的品质特性不变，而客体的品质特性发生了变化，则人的情感也会发生变化。

三、情感的三种基本类型

根据主导变量的不同，人的情感可分为欲望、情绪与感情三种基本类型。

1. 欲望

当主导变量是人的品质特性时，人对事物所产生的情感就是欲望。例如，当儿童成长发育到一定阶段，就会自发地产生对于“独立”的欲望；当机体缺乏食物时，人就会产生饥饿的心理体验，并形成对于食物的欲望。

2. 情绪

当主导变量是环境的品质特性时，人对事物所产生的情感就是情绪。例如，脏、乱、差的工作环境使人产生不愉快的情绪。

3. 感情

当主导变量是事物的品质特性时，人对事物所产生的情感就是感情。例如，那些清正廉洁、全心全意为人民工作的领导干部会引发人的尊敬与爱戴的感情，那些贪污腐化、以权谋私的领导干部会引发人的仇视与嘲笑的感情。

由此，把“情感”“感情”“欲望”“情绪”四个重要概念严格区分开来了。在很多情况下，我们总是容易把这四者混淆起来。归纳起来，这四个概念主要用于四个不同的场合：情绪主要用于人对自然环境、社会环境和人体内环境的感受，感情主要用于对具体事物的感受，欲望主要用于内心的渴望，而情感是欲望、情绪与感情的总称。

人在不同的时候往往受到不同类型的情感驱动：当人的内在因素的强烈作用并决定着人的根本命运与重大价值走向时，人就会受到“欲望”的强烈驱动；当人处于剧烈变动、严重恶劣的自然环境或社会环境时，人就会受到“情绪”的强大影响；当人对于某一种特定的事物或人产生强烈的价值需求时，人就会受到“感情”的强烈控制。

第六节　情感的五大功能

人为什么会有情感？情感对于人类的生存与发展到底有何具体的意义？有人认为，情感是一种心理的感受与体验，情感没有确定的意义；有人认为，情感可以使人产生动力，又使人产生堕落；有人认为，情感的功能在于心理的寄托，人性的释放，心灵的归宿；有人认为，人们生活在一个感情的世界里，为感情而生，为感情而活，亲情是一生牵挂，爱情是刻骨铭心，友情是清心明目，种种的感情让人们的生活不再孤单和无聊；

一些人认为，情感是人对于人生价值、生命意义的感受与体验；还有人认为，情感对于人类生存与发展的实际意义有三个基本功能：一是激化—动力机制（即激化功能）；二是认识—预测机制（即认识功能）；三是评价—选择机制（即评价功能）；四是享受保健机制（即享受功能）。

以上各种对于情感意义的理解，都是主观的、模糊的和片面的。情感的本质是人脑对于事物价值关系的主观反映，其客观目的在于引导人类如何正确地认识价值、利用价值和创造价值，因此要全面地、准确地揭示情感对于人类生存与发展的意义，应该从人类如何正确处理与价值的关系方面着手。

归纳起来，情感对于人类的生存与发展，具有五个方面的功能或意义。

一、价值识别功能

情感的第一个功能就是帮助人如何来正确地识别价值的大小，具体而言就是识别事物的价值率大小：价值率越大的事物，就越能引起人的正向情感；价值率越小的事物，就越能引起人的负向情感。人只有正确地识别事物的价值（即评价事物），才能正确地选择事物，以确定正确的价值目标、行为方案和具体价值事物。价值的识别实际上就是人对于事物客观价值所进行的主观判断或主观评价，因此价值识别功能也就是评价功能。

二、价值表达功能

情感的第二个功能就是帮助人如何来正确地表达价值的大小。人与人之间为了更好地实现分工与合作，一方面必须及时准确地识别他人的价值状态；另一方面必须及时准确地向他人表达自己的价值状态与价值关系，包括个人的价值需要、价值观、健康、能力、素质、地位、职业、学识等，这就需要借助语言表情、面部表情、姿态表情、仪表服饰等具体的价值表达方式。由于人对于价值的表达是通过人的各种表情方式来完成的，因此价值表达功能也就是表情功能。

三、价值计算功能

情感的第三个功能就是帮助人如何来正确地计算价值。各种客观事物的价值状态通过情感来识别以后，再通过情感的相应运算方式来计算各种客观事物之间的价值联系，通过意志来计算自己的相应行为所产生的价值，并选择出最佳的行为方案。人类社会是一个复杂的价值系统，有着非常复杂的价值表现形式，各种价值事物之间有着非常复杂的内在联系和变化规律，人类通过相应的认知、情感和意志来评价和计算各种事物（包括自身行为）的价值，从而为人的生存与发展确立正确的价值目标和行为方案。人的意志是一种特殊形式的情感，它是人的各种行为的价值关系在人的头脑中的主观反映，其客观目的在于引导人如何正确地认识、设计和利用自身各种行为的价值。由于人就是通过认知、情感和意志来共同完成对于各种事物（包括自身行为）的价值计算过程，因此价值计算功能实际上也就是情感计算功能。

四、价值消费功能

情感的第四个功能就是帮助人如何来正确地消费价值。一般来说，具有正向价值的事物能够使人产生愉悦的情感，从而可以加强人对于该事物的消费规模或消费速度；具有负向价值的事物能够使人产生痛苦的情感，从而可以削弱人对于该事物的消费规模或消费速度。人类借助于情感来正确地引导人的消费行为和消费取向，从而最大限度地提高价值消费的效率性。由于人对于生活资料的价值消费过程实际上就是人对于情感的享受过程，因此价值消费功能也就是情感享受功能。

五、价值创造功能

情感的第五个功能就是帮助人如何来正确地创造价值。一般来说，具有较大价值率的事物能够使人产生强大的推动力来发展和创造该事物；事物的价值率越小，人对于发展和创造该事物的积极性就越低。人总是倾向于选择和趋近于具有“真善美”的价值事物，倾向于抛弃和远离具有“假恶丑”的价值事物，具体表现为价值率较高（或较低）的思维类价值事物就能使人产生“真”（或“假”）的情感，从而促使人最大限度地发展和创造价值率较高的思维类价值事物；价值率最高的行为类价值事物就能使人产生“善”与“恶”的情感，从而促使人最大限度地发展和创造价值率较高的行为类价值事物；价值率最高的生理类价值事物就能使人产生“美”与“丑”的情感，从而促使人最大限度地发展和创造价值率较高的生理类价值事物。由于情感来源于价值，价值在数量上的增加必然导致情感在总量上的增加，价值在内容上的创新必然导致情感在形式上的创新，人类不断创造新价值的过程也就是人类不断追求真善美情感的过程，因此价值创造功能实际上也就是情感创造功能。

第七节　情感模式与价值参量

情感是人脑对于客观事物的价值关系所产生的主观反映，情感与价值的关系在本质上就是主观与客观的关系。根据这一观点，很容易理解，人类之所以相对于其他动物具有复杂而多样的情感模式，这是因为人类相对于其他动物具有复杂而多样的价值关系模式，而这些复杂而多样的价值关系模式来源于人类所拥有的复杂自然关系（如生活资料与生产资料）的变化模式和复杂社会关系（如经济关系、政治关系和文化关系）的变化模式。

人类的情感模式到底有多少种？应该如何分类？这个问题看起来非常棘手，但是只要找对了方法，就一目了然了。情感是价值在人的头脑中的主观反映，因此情感在本质上总是围绕价值的变化而变化，人类的情感模式的复杂性和多样性，取决于人类价值关系的复杂性和多样性。情感模式的分类取决于情感所对应价值参量的变化。

情感模式与价值参量的变化之间的关系，在本质上也是主观与客观的关系。人的情感不管多么飘忽不定，都可以找到它的价值对应物，情感的任何变化都可以从价值关系的变动中找到它的客观动因，情感的不同模式都对应着价值参量的不同变化。不过，情感模式与价值参量的对应关系不是简单的、机械的、静态的、单形式的、线性的和同步的关系，而是复杂的、辩证的、动态的、多形式的、非线性的和异步的关系。

价值参量的变化包括四个方面：一是变动对象（事物、他人、自己、社会）；二是变动时间（过去、过去完成、现在、将来）；三是变动方向（增加、减少）、利益相关性；四是利益相关性（利益正相关、利益负相关）。根据价值变动对象的不同，情感可分为对物情感、对人情感、对己情感和对社会情感；根据价值变动时间的不同，情感可分为过去情感、过去完成情感、现在情感、将来情感；根据价值变动方向的不同，情感可分为正向情感与负向情感；根据利益相关性的不同，情感可分为正相关情感与负相关情感。

一、对物情感

一般事物对于人的价值（严格地讲应该是价值率）是一个变量，它有两种变化方式：一是价值增加（包括正价值增大或负价值减小）；二是价值减少（包括正价值减小或负价值增大）。对应着每个价值变化方式还有四种变化时态：过去、现在、将来和过去完成。根据事物价值的不同变化方式和变化时态，对物情感可分为八种具体形式，如下表所示：

价值变化 / 时态变化	价值增加	价值减少
过　去	留　恋	厌　倦
过去完成	满　意	失　望
现　在	愉　快	痛　苦
将　来	企　盼	焦　虑

二、对人情感

对他人的情感不仅与他人价值的变化方式和变化时态有关，而且还与他人的利益相关性有关。根据他人价值的不同变化方式、变化时态和利益相关性，对人情感可分为十六种具体形式，如下表所示：

利益相关性	利益正相关		利益反相关	
价值变化 / 时态变化	增加	减少	增加	减少
过　　去	怀念	痛惜	怀恨	轻蔑
过去完成	佩服	失望	妒忌	庆幸
现　　在	称心	痛心	嫉妒	快慰
将　　来	信任	顾虑	顾忌	嘲笑

三、对己情感

人对自己的情感取决于自身价值的变化方式和变化时态。根据自身价值的不同变化方式、变化时态，对己情感可分为八种具体形式，如下表所示：

价值变化 / 时态变化	价值增加	价值减少
过　　去	自　豪	惭　愧
过去完成	得　意	自　责
现　　在	开　心	难　堪
将　　来	自　信	自　卑

四、对社会情感

社会事物将会对人产生社会方面的价值，从而引发人的某种对社会情感。

1. 对他人行为的情感

当他人的行为给自己的价值产生正向作用或负向作用时，人将产生特定的情感。

（1）怨恨与愤怒：当利益正相关的他人的行为给自己产生利益损失时，人将产生怨恨的情感；当利益负相关的他人的行为给自己产生利益损失时，人将产生愤怒的情感。

（2）感激与侥幸：当利益正相关的他人的行为给自己产生利益增长时，人将产生感激的情感；当利益负相关的他人的行为给自己产生利益增长时，人将产生侥幸的情感。

2. 对他人评价的情感

当他人以某种方式（如语言、文字、表情、行为等）对自己过去、现在和将来的思想、行为和生理状态等进行评价时，人将产生特定的情感。

（1）惭愧与委屈：当利益正向相关的他人对于自己的评价高于实际水平时，人将产生惭愧的情感，反之将产生委屈的情感。

（2）别扭与羞辱：当利益负向相关的他人对于自己的评价高于实际水平时，人将产生别扭的情感，反之将产生羞辱的情感。

3. 对社交活动的情感

人与人之间进行社会交往时，将会产生不同的价值效应，从而产生不同的情感。

（1）施恩与负疚：当与利益正向相关的人交往时，如果自己所付出的价值大于对方所付出的价值，人将产生施恩的情感，否则将产生负疚的情感。

（2）屈辱与解恨：当与利益负向相关的人交往时，如果自己所付出的价值大于对方所付出的价值，人将产生屈辱的情感，否则将产生解恨的情感。

4. 对社会环境的情感

不同的社会环境，将会产生不同的价值效应，从而产生不同的情感。

（1）关注、冷漠与警惕：当社会的环境事物可能产生正向、零值和负向价值时，人将分别产生关注、冷漠和警惕的情感。

（2）崇拜感、神秘感与恐惧感：当社会的环境事物有着正向不确定、零值不确定和负向不确定的价值（即价值的概率平均值分别为正、零、负）时，人将产生崇拜感、神秘感与恐惧感。

5. 对社会关系的情感

不同的社会关系，将会产生不同的价值效应，从而产生不同的情感。

（1）安全感、孤独感与危机感：当自身价值处于他人的正向价值作用、无价值作用和负向价值作用时，人将分别产生一种安全感、孤独感和危机感。

（2）责任感与依赖感：当他人的价值受制于自己的价值时，人将产生一种责任感；相反，当自己的价值受制于他人的价值时，人将产生一种依赖感。

（3）归属感与失落感：当自己的价值依附于他人或社会的价值时，人将产生一种归属感；相反，当自己的价值从他人或社会的价值中分离出来时，人将产生一种失落感。其中，权力失落感是指当自己的价值从社会的政治价值中分离出来时人所产生的情感，失恋感是指当自己的价值从异性的价值中分离出来时人所产生的情感。

（4）认同感：当自己的价值与他人的价值同属于一个更大的价值系统时，

人对于他人将产生一种认同感。

（5）荣誉感：当自己的价值隶属于一个更大的价值系统并得到它的承认和重视时，人将产生一种荣誉感。

（6）无奈感和无聊感（或空虚感）：当自己的价值处于负值状态、零值状态而又无法改变时，人将分别产生一种无奈感和无聊感（或空虚感）。

第八节　情感的分类

人的情感复杂多样，可以从不同的观察角度进行分类。由于情感的核心内容是价值，因此人的情感主要必须根据它所反映的价值关系的运动与变化的不同特点来进行分类。

一是根据价值正负变化方向的不同，情感可分为正向情感与负向情感。正向情感是人对正向价值的增加或负向价值的减少所产生的情感，如愉快、信任、感激、庆幸等；负向情感是人对正向价值的减少或负向价值的增加所产生的情感，如痛苦、鄙视、仇恨、嫉妒等。

二是根据价值强度和持续时间的不同，情感可分为心境、热情与激情。心境是指强度较低但持续时间较长的情感，它是一种微弱、平静而持久的情感，如绵绵柔情、闷闷不乐、耿耿于怀等；热情是指强度较高但持续时间较短的情感，它是一种强有力、稳定而深厚的情感，如兴高采烈、欢欣鼓舞、孜孜不倦等；激情是指强度很高但持续时间很短的情感，它是一种猛烈、迅速爆发、短暂的情感，如狂喜、愤怒、恐惧、绝望等。

三是根据价值主导变量的不同，情感可分为欲望、情绪与感情。当主导变量是人的品质特性时，人对事物所产生的情感就是欲望；当主导变量是环境的品质特性时，人对事物所产生的情感就是情绪；当主导变量是事物的品质特性时，人对事物所产生的情感就是感情。

四是根据价值主体类型的不同，情感可分为个人情感、集体情感和社会情感。个人情感是指个人对事物所产生的情感；集体情感是指集体成员对事物所产生的合成情感，阶级情感是一种典型的集体情感；社会情感是指社会成员对事物所产生的合成情感，民族情感是一种典型的社会情感。

五是根据基本价值类型的不同，情感可分为真假情感、善恶情感和美丑情感三种。真假感是人对意识类价值（如知识、思维方式等）所产生的情感，如宗教情感、求真情感；善恶感是人对行为类价值（如行为、行为规范等）所产生的情感，如道德情感；美丑感是人对资料类事物所产生的情感，如视觉情感、音乐情感等。

六是根据价值目标指向的不同，情感可分为对物情感、对人情感、对己情感和对特殊事物情感四大类。对物情感包括喜欢、厌烦等；对人情感包括仇恨、嫉妒、爱戴等；对己情感包括自卑感、自豪感等。

七是根据价值作用时期的不同，情感可分为追溯性情感、现实性情感和期望性情感。追溯性情感是指人对过去事物的情感，包括遗憾、庆幸、怀念等；现实性情感是指人对现实事物的情感；期望性情感是指人对未来事物的情感，包括自信、信任、绝望、期待等。

八是根据价值动态变化的特点，可分为确定性情感、概率性情感。确定性情感是指人对价值确定性事物的情感；概率性情感是指人对价值不确定性事物的情感，包括迷茫感、神秘感等。

九是根据价值类型的不同，情感可分为生产性情感与消费性情感。生产性情感可分为个体生产性情感（如个体性资料情感、个体性行为情感、个体性意识情感），社会性生产情感（如社会分工情感、社会管理情感、社会意识情感）。消费性情感可分为食物类、温饱类、安全与健康类、人尊与自尊类情感四大类。其中，温饱类情感包括酸、甜、苦、辣、热、冷、饿、渴、疼、痒、闷等；安全与健康类情感包括舒适感、安逸感、快活感、恐惧感、担心感、不安感等；人尊与自尊类情感包括自信感、自爱感、自豪感、敬佩感、友善感、思念感、自责感、孤独感、受骗感、受辱感、抱负感、使命感、成就感、超越感、失落感、受挫感、沉沦感等。

十是根据价值层次的不同，情感可分为代谢性情感、生理性情感、个体性情感和社会性情感。代谢性情感就是食物类情感，生理性情感就是温饱类情感，个体性情感包括安全与健康类情感和个体性生产情感，社会性情感就是人尊与自尊类情感和社会性生产情感。

十一是根据价值载体的不同，情感可分为社会类情感、自然类情感。社会类情感是人对于社会性事物（如经济事物、政治事物、文化事物）的情感，自然类情感是人对于自然性事物（如物质资料、工具、科学、技术等）的情感。

第九节　个人情感系统的运行程序

人的生命过程需要不断消耗各种形式和各个层次的价值，同时又会不断生产出各种形式和各个层次的价值，人的生命系统可以看作是价值的投入产出系统，各种不同的价值在这个价值系统中分别担任不同的功能角色，并有特定的运行轨迹，各种不同的价值在这个系统中相互作用、相互转化，共同完成人类价值运行的生命过程。根据“统一价值论”，个人价值系统的运行情况如下图：

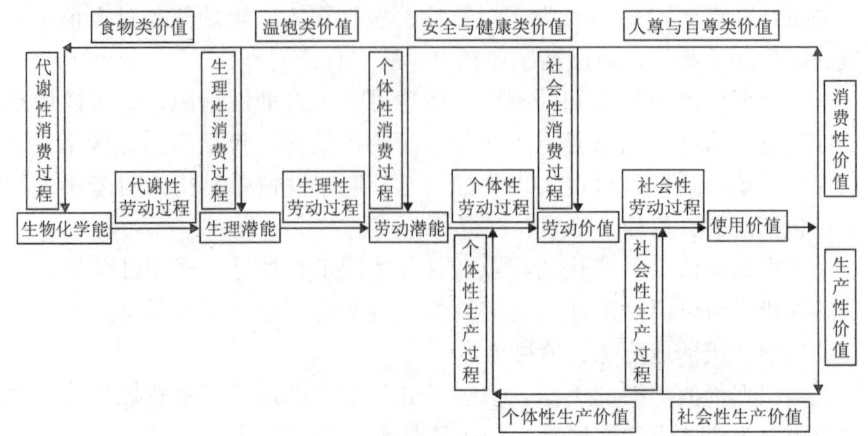

个人价值系统的运行程序

人们认识世界的客观目的在于改造世界，情感是人类认识价值的一种方式，人类拥有情感的客观目的在于服务价值，具体而言，就是帮助人类如何正确地识别价值、表达价值、计算价值、消费价值和创造价值。情感是人脑对于价值的主观反映，情感与价值的关系是主观与客观的关系：有什么样的价值，就必然有什么样的情感；价值进行怎样的分类，情感就同样可以进行怎样的分类。使用价值可以分为消费性价值和生产性价值两大类，那么情感也相应地分为消费性情感和生产性情感两大类，它们分别推动着消费性价值和生产性价值的运行。

一、消费性情感的运行程序

消费性情感可分为食物类情感、温饱类情感、安全与健康类情感、人尊与自尊类情感，它们分别推动着食物类价值、温饱类价值、安全与健康类价值、人尊与自尊类价值的运行。

1. 食物类情感

在食物类情感推动下，食物类价值经过代谢性消费过程转化为生物化学能。

2. 温饱类情感

在温饱类情感推动下，温饱类价值经过生理性消费过程转化为生理潜能。

3. 安全与健康类情感

在安全与健康类情感的推动下，安全与健康类价值经过个体性消费过程转化为劳动潜能。

4. 人尊与自尊类情感

在人尊与自尊类情感的推动下，人尊与自尊类价值经过社会性消费过程转化为劳动价值。

个人消费性情感的运行程序如下图：

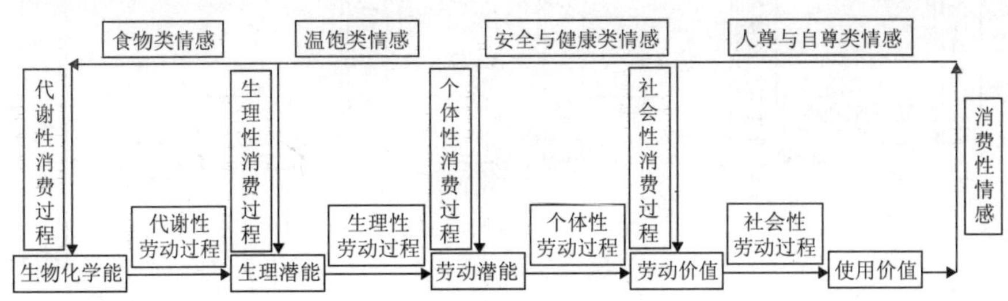

个人消费性情感的运行程序

二、生产性情感的运行程序

生产性情感可分为个体性生产情感与社会性生产情感两大类，它们分别推动个体性生产价值（包括工具价值、技术价值与科学价值）和社会性生产价值（包括经济价值、政治价值、文化价值）的运行。

1. 个体性生产情感

在个体性生产情感的推动下，个体性生产价值经过个体性生产过程转化为等效的劳动潜能。

2. 社会性生产情感

在社会性生产情感的推动下，社会性生产价值经过社会性生产过程转化为等效的劳动价值。

个人生产性情感的运行程序如下图：

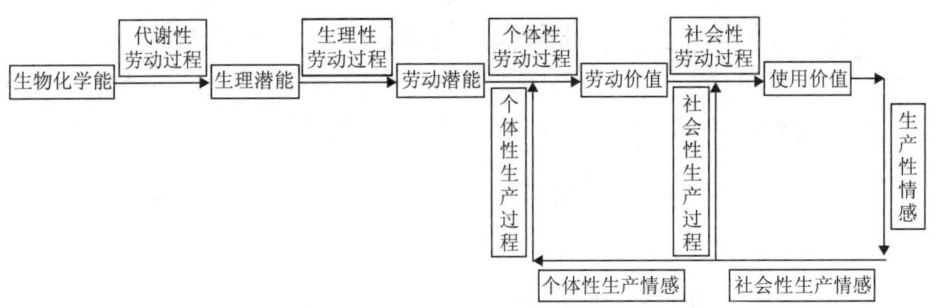

个人生产性情感的运行程序

三、个人情感系统的运行程序

结合上述的消费性情感的运行程序和生产性情感的运行程序，可得个人情感系统的运行程序，如下图：

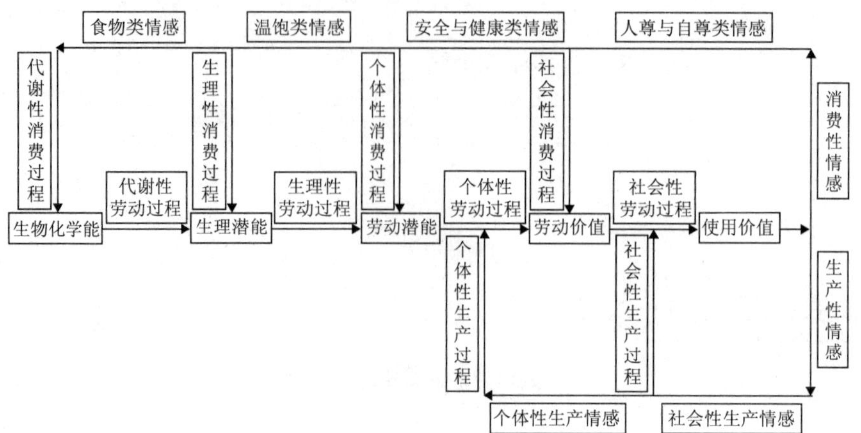

个人情感系统的运行程序

第十节　情感统一于价值

情感统一于价值可表现在六个方面：

一、情感起源取决于价值起源

生物起源、价值起源与情感起源之间有着严密的对应关系：生物起源经历了无机小分子、有机小分子、有机大分子、有机多分子体系、准有序化多分子体系（即原始生命）五个阶段；价值起源经历了从无序化无机能量、无序化有机能量、无序化高分子能量、准有序化多分子体系能量（即准价值）、生物化学能（即原始价值）五个阶段；情感起源经历了从无机化学反应、有机化学反应、有机高分子聚合反应、有机多分子链式反应、原核生命的趋性反应（即原核趋性）。总之，“原核生物”就是最原始的生命，“生物化学能”就是最原始的价值，“原核趋性”就是最原始的情感，原始情感的起源取决于原始价值的起源。

二、情感进化取决于价值进化

生物进化、价值进化与情感进化之间有着严密的对应关系：生物的进化经历了原核生物、原生生物、感觉类生物、认知类生物、评价类生物、意志类生物六个阶段；价值经历了无机能价值、有机能价值、要素性价值、生理性价值、个体性价值、社会性价值六个阶段；情感的进化经历了无机能趋性、有机能趋性、感性情感、知性情感、弹性情感、理性情感六个阶段。总之，情感是主体对于价值所产生的主观反映，主观通常是由客观来决定的，因此情感通常是由价值来决定的，情感进化取决于价值进化。

三、情感分类取决于价值分类

有什么样的价值分类，就必然有什么样的情感分类：根据价值正负变化方向的不同，情感可分为正向情感与负向情感；根据价值强度和持续时间的不同，情感可分为心境、热情与激情；根据价值主导变量的不同，情感可分为欲望、情绪与感情；根据价值主体的类型的不同，情感可分为个人情感、集体情感和社会情感；根据基本价值类型的不同，情感可分为真假情感、善恶情感和美丑情感；根据价值目标指向的不同，情感可分为对物情感、对人情感、对己情感和对社会情感；根据价值作用时期的不同，情感可分为追溯性情感、现实性情感和期望性情感；根据价值类型的不同，情感可分为生产性情感与消费性情感；根据价值层次的不同，情感可分为代谢性情感、生理性情感、个体性情感和社会性情感。总之，情感分类取决于价值分类。

四、情感特征取决于价值特征

情感特征主要包括强度性、稳定性、偏好性、细致性、层次性、效能性、周期性和时序性 8 个方面。其中，情感的强度性主要由价值关系的强度性来决定，并且服从“情感强度第一定律”；情感的稳定性主要由价值关系的稳定性来决定；情感的偏好性主要由人对于价值强度的差异性和特殊性来决定；情感的细致性主要由人对于价值关系细微变化的敏感性来决定；情感的层次性主要由价值的层次性来决定；情感的效能性主要由人对于价值关系进行行为转化的效能性来决定；情感的周期性主要由价值关系的周期性来决定；情感的时序性主要由价值关系的时序性来决定。总之，情感特征取决于价值特征。

五、情感变化取决于价值变化

在情感 8 大动力特性中，情感的强度性是情感最重要的动力特性。根据《情感的数学定义》一文，情感是事物的“价值率高差”在人的头脑中的主观反映值，虽然事物的价值率高差在根本上决定着人的情感强度，但在一般情况下，情感的强度并不与事物的价值率高差成正比，而是一种特殊的函数关系。情感的产生过程是一种特殊的刺激与感受的生理过程，情感强度与价值强度（即事物的价值率高差）的关系同样应该遵循生物学的“费希纳定律”。由此可推导出“情感强度第一定律”，即情感强度与事物的价值率高差的对数成正比。总之，情感变化取决于价值变化。

六、情感规律取决于价值规律

人类有许多的情感规律，而在所有情感规律的后面，都隐藏着特定的价值运动规律。例如，物以稀贵规律、喜新厌旧规律、难贵易贱规律、逆反强化规律等，可由“边际效用规律”推导出来。又如，爱屋及乌规律、以己度人规律、对号入座规律等，可由“价值关联性传递规律”推导出来。总之，情感规律取决于价值规律。

情感统一于价值的过程，如下图：

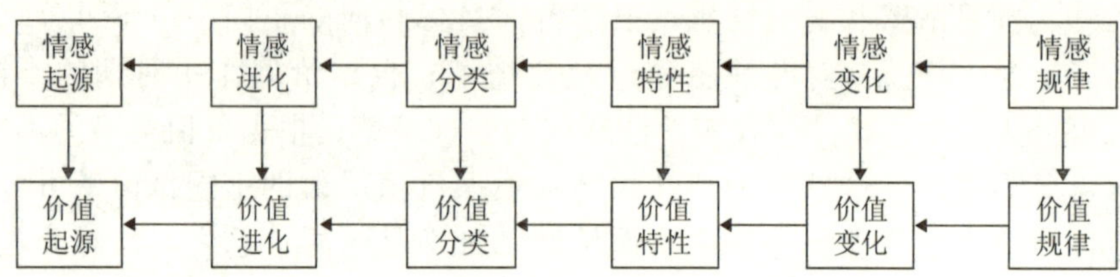

情感统一于价值的过程

第二章　四种基本心理活动

感、知、情、意（感觉、认知、情感、意志）作为人类四种基本的心理活动，它们既相互独立，又相互影响、相互促进，共同组成一个完整的、有机的主观意识系统。

显然，感、知、情、意是属于主观范畴的东西，都是人的主观意识形式。根据辩证唯物主义原理，任何形式的主观意识都是对某一客观存在的反映，那么感、知、情、意这四种基本心理活动分别是对什么样的客观存在的主观反映呢？它们之间到底是个什么样的相互关系，对于人的生存与发展各自起着什么样的职能作用？

目前的心理学对于感、知、情、意概念的归纳与定义是十分含糊而多义的，对于感、知、情、意相互关系的推理论证是主观而随意的，对于感、知、情、意逻辑分析的理论视角是很狭隘而封闭的，对于感、知、情、意各自职能作用的结论判断是牵强附会的，其理论框架缺乏逻辑的严密性和体系的连贯性。

只有站在哲学的角度，对感、知、情、意进行高度的哲学抽象，深入探索其客观本质和职能作用，全面揭示其辩证关系，重新认识其运行的生理机制与逻辑程序，才能在根本上解决心理学深层次的理论问题，完整准确地了解人类意识的整体概貌，才能把情感理论推向一个新的高峰，才能为实现人工智能的重大飞跃奠定坚实的理论基础。

第一节　心理学的理论缺陷

人类的主观意识或心理活动是一种非常复杂的系统，有着严密的组织结构与内在规律性，深入探索人类心理活动的组织结构与内在规律性不仅是心理学的重要课题，也是价值理论和社会科学的重要课题。

目前的心理学存在理论缺陷：

一、没有了解感、知、情、意的客观本质

心理学把“感觉”定义为：“客观刺激作用于感觉器官所产生的对事物个别属性的反映”；把“认知”定义为：“人对于客观事物的感觉、知觉和表

象”；把“情感”定义为：“人对于客观事物是否符合人的需要而产生的态度的体验”；把“意志”定义为：“人根据自己的主观愿望自觉地调节行动去克服困难以实现预定目的的心理活动。”辩证唯物主义认为，人类的任何主观意识都是人脑对某种客观存在的反映，这样，任何主观范畴的概念必然对应着某种客观范畴的内容，由于“态度的体验”“主观愿望”和“人的需要”均属于主观范畴的概念，因此心理学的这些定义并没有深刻了解感、知、情、意的客观本质。事实上，“感”的客观本质就是事物的存在关系在人的头脑中的主观反映，“知”的客观本质就是事物的事实关系在人的头脑中的主观反映，“情”的客观本质就是事物的价值关系在人的头脑中的主观反映，“意”的客观本质就是主体自身的行为关系在人的头脑中的主观反映。

二、没有揭示感、知、情、意的内在逻辑联系

由于心理学总是站在主观范畴内观察和定义感、知、情、意，并没有深刻了解感、知、情、意的客观本质及它们所对应的客观内容，不可能深入探索这些客观内容之间的逻辑联系，因而就不可能全面揭示感、知、情、意之间的内在逻辑联系。事实上，“感”的客观目的在于认识事物的存在关系，以解决“有什么?”的问题；“知”的客观目的在于认识事物的事实关系，以解决“是什么?”的问题；“情”的客观目的在于认识事物的价值关系，以解决“有何用?”的问题；“意”的客观目的在于认识主体自身的行为关系，以解决“怎么办?”的问题。由于事实关系是一种特殊的存在关系，是一种复杂的、间接的、关联性的存在关系，因此“知”是一种特殊的“感”；由于价值关系是一种特殊的事实关系，是一种与人类的生存和发展相联系的事实关系，因此“情”是一种特殊的“知”；由于主体自身行为关系是一种特殊的价值关系，是一种能够生产价值和消费价值的价值关系，因此“意”是一种特殊的“情”。

三、忽略了主观与客观直接联系的基础阶段

心理学把人类认识世界和改造世界的心理活动划分为知、情、意三个阶段，由于知、情、意均属于人的主观心理活动的阶段，缺少一个主观与客观直接联系的基础阶段：感觉阶段。或者说，心理学把主观与客观直接联系的感觉过程跟主观内部的认知心理过程混淆在一起。事实上，人对于事物的认知过程应该分解为两个阶段：一是感觉阶段；二是认知阶段。其中，感觉阶段是主观与客观的直接联系过程，目的在于了解事物的存在关系，以解决“有什么”的问题；认知阶段是人的主观内部的心理活动过程，目的在于了解事物的事实关系，以解决“是什么”的问题。

第二节 感觉与存在关系

感觉是人类接收外界信息的基本通道，是人类认识世界的开始，其他高层次的认识都是建立在感觉的基础上而发展起来的。

一、物质

世界上，我们周围所有的客观存在都是物质。例如空气和水，食物和棉布，煤炭和石油，钢铁和铜等都是物质，人体本身也是物质。除这些实物之外，光、电磁场、引力场等也是物质，它们是以“场”的形式出现的物质。物质的种类和形态很多，常见的物质存在状态有六种：固态、液态、气态、等离子态、超固态、中子态等。所有可以用肉眼看到的物体都是由原子组成，而原子是由互相作用的微粒子所组成。其中包括由质子和中子组成的原子核，以及由许多电子组成的电子云。由此，给出“物质”的定义。

物质：物质就是宇宙中一切物体的实物与场。

其中，“场”实际上反映了实物与实物之间的联系方式。物质的种类虽多，但它们有其特性，那就是客观存在，并能够被观测，以及都具有质量和能量。

物质、实物与场之间的逻辑关系如下图：

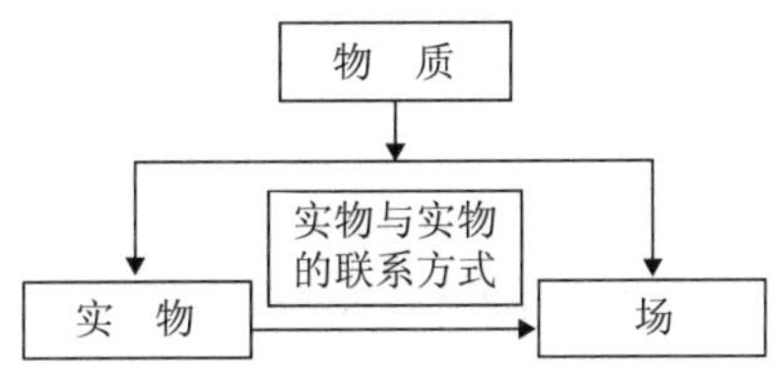

物质、实物、场之间的逻辑关系

二、存在关系

自然界的任何物质都不是孤立存在的，它总会与周围其他物质发生这样或那样的直接联系。每一种物质都有其独特的存在方式，都会对其他物质（尤其是观察主体）产生特有的直接联系，也就是说，任何物质的存在总会通过一定的方式表现出来，并为观察主体所感觉。由此，提出“存在关系”的概念。

存在关系：物质与观察主体之间所有联系的总和，称之为该物质的存在关系。

物质的存在关系通常具有多方面的内涵，主要表现在两个方面：一是一种物质总是会与观察主体发生多种联系；二是一种物质总是会与多个观察主体发生联系。

三、感觉的本质

任何物质的存在关系必然会以多种方式表现出来，并转化为多种刺激信号，从而为人的不同感觉器官感觉出来。例如，它在存在过程中所发射或反射出来的光波信号，可以被人的视觉器官感觉出来；它在存在过程中所发射或反射出来的声波信号，可以被人的听觉器官感觉出来；它在存在过程中所发射的红外光波（即温度信号），可以被人的皮肤感觉出来。由此可得：

感觉的本质：感觉是人对物质之存在关系所产生的主观反映。

由于物质的存在关系是物质之间所有联系的总和，因此要想全面地、客观地、准确地、深刻地感觉物质的真实存在关系，就必须全面地最大限度地感觉该物质与其他物质之间的所有联系。如果仅仅从一个方面或几个方面来感觉人与物质、物质与物质之间的联系，往往是不全面、不客观、不准确、不深刻的，很容易使人产生错觉。

例如，如果感觉到某种物质是无味的、无嗅的、无色的、湿润的、液体的等特征，就可判断出水的存在。如果仅仅是无色的东西，并不一定是水，可能是酒精。

物质、存在关系及感觉的逻辑关系，如下图：

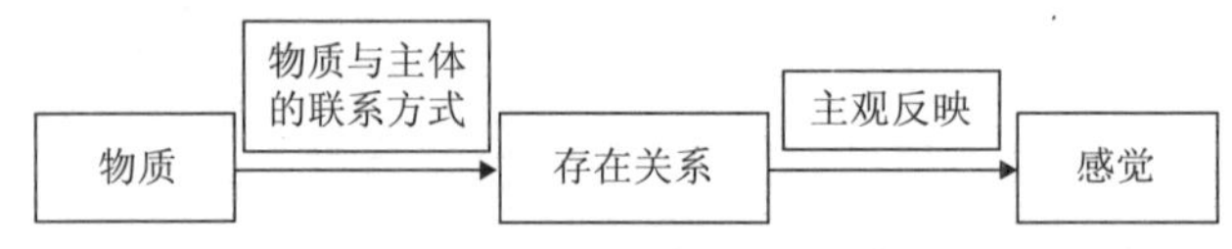

物质、存在关系及感觉的逻辑关系

四、感觉器官及其分类

人体有多种感觉器官，主要是眼、耳、鼻、舌、皮肤等。感觉器官是人体与外界环境发生联系，感知周围物质的变化的一类器官。根据感觉器官的不同，人的感觉可分为视觉、听觉、味觉、嗅觉、触觉等。

感觉器种类繁多，形态功能各异。有接触外界环境的皮肤内的触觉、痛觉、温度觉和压觉等感受器，也有位于身体内部的内脏和血管壁内的感受器。有接受物理刺激，如光波、声波等的视觉、听觉感受器，也有接受化学刺激的嗅觉、味觉等感受器。感受器的分类方法很多，可以根据感受器所在部位和所接受刺激的来源把感受器分为两类：

1. 外感受器

分布在皮肤、黏膜、视器及听器等处，接受来自外界环境的刺激，如触、压、切割、温度、光、声等物理刺激和化学刺激。

2. 内感受器

一部分分布在大脑、内脏和血管等处，接受加于这些器官的物理或化学刺激，如压力、渗透压、温度、离子和化合物浓度等刺激；另一部分分布在肌、肌腱、关节和内耳位感觉器等处，接受机体运动和平衡时产生的刺激等。

五、感觉的内容

人的感觉器官虽然只有视觉、听觉、味觉、嗅觉和触觉五种，但是它们能够相互配合，并在中枢神经系统的支持下，能够感觉丰富多样的具体内容。感觉的内容主要有如下几种：

一是物理特性感觉。主要包括光波特性、声波特性、温度特性、湿度特性、硬度特性、粗糙特性、振动特性等方面的感觉。

二是化学特性感觉。主要是指物体与人的机体各器官（如味觉器官、嗅觉器官、皮肤与内脏器官等）产生化学反应以后所形成刺激信号的感觉。

三是空间感觉。主要包括物体的大小、形状等方面的感觉。

四是时间感觉。主要包括物质存在状态与运动状态的时间延续性等方面的感觉，它来自于大脑中的时间感受器（即“生物钟”）。

五是身体平衡性感觉。主要是指身体在静止状态与运动状态时，身体各部位之间及整体的协调性、稳定性等方面的感觉，它来自于大脑中的平衡感受器。

六是图像感觉。主要包括平面图、立体图、人脸等方面的感觉。

七是声音感觉。主要包括声音的声调（频率）、响度（振幅）、音色（波形）等。

八是第二信号系统感觉。主要包括语言、文字、符号等方面的感觉。

第三节　感觉的生理机制

感觉是对客观物质个别特性（声音、颜色、气味等）的反映，由来自物质世界的一定刺激直接作用于人的一定感觉器官，如光线引起视觉，声波引起听觉。感觉是感官、脑的相应部位和介于其间的神经三部分所联成的分析器统一活动的结果。各种外部刺激或内部刺激在感官内引起的神经冲动，由感觉神经传导于大脑皮层的一定部位，从而使人产生感觉。

一、感觉的种类

人类的感觉是在生物的刺激感应性的基础之上逐渐进化而来的，感觉是意识的初级阶段，它为人类的认知、情感及意志等意识活动提供原材料。感觉因分析器的不同分为视觉、听觉、味觉、嗅觉、肤觉、运动觉、机体觉、平衡觉等。

一个物体有它的光线、声音、温度、气味等属性，我们的每个感觉器官只能反映物体的一个属性，眼睛看到光线，耳朵听到声音，鼻子闻到气味，舌头尝到滋味，皮肤摸到温度和光滑的程度等。每个感觉器官对直接作用于它的事物的个别属性所产生的反映就是一种感觉。按照刺激的来源可把感觉分为外部感觉和内部感觉。

1. 外部感觉

它是由外部刺激作用于感觉器官所引起的感觉，包括视觉、听觉、嗅觉、味觉和皮肤感觉。其中皮肤感觉又包括触觉、温觉、冷觉和痛觉。

2. 内部感觉

它是由身体内部来的刺激所引起的感觉，包括运动觉、平衡觉和机体觉。其中机体觉又叫内脏感觉，它包括饿、胀、渴、窒息、恶心、便意、性和疼痛等感觉。

二、感受器的换能作用

各种感受器在功能上有一个共同特点，就是可以把作用于它们的各种刺激信号，转变成为相应的传入神经末梢或感受细胞的电反应信号，从而把刺激形式所对应的能量形式转换成传入神经末梢或感受细胞的生物电能量，这就是感受器的“换能作用”，或称“换信作用”。

例如，听觉器官的换能作用就是将声波信号转换成生物电信号，即将声波能量转换成生物电能量；视觉器官的换能作用就是将光波信号转换成生物电信号，即将光波能量转换成生物电能量；皮肤的换能作用就是将机械压迫信号、温度信号等转换成生物电信号，即将声波机械能、热能等转换成生物电能量；嗅觉器官和味觉器官的换能作用是将各种物质（固体、液体或气体）的化学信号转换成生物电信号，即将各种物质的化学能量转换成生物电能量。

传入神经末梢称为发生器，感受细胞称为感受器，发生器电位和感受器电位的出现，实际上是传入纤维的膜或感受细胞的膜进行了跨膜信号传递或转换过程的结果。感受器电位和发生器电位的幅度、持续时间和波动方向，就反映了外界刺激的某些特征，也就是说，外界刺激信号所携带的信息，也在换能过程中转移到这种过渡性电位变化的参数之中。

三、感受器的编码作用

感受器在把外界刺激转换成神经动作电位时，不仅仅是发生了能量形式的转换；更重要的是把刺激所包含的环境变化的信息，也转移到了新的电信号系统即动作电位的序列之中，即编码作用。“编码”指一种信号系统（如莫尔斯电码）如何把一定的信息内容（如电文内容）包含在少量特定信号的排列组合之中。因此，感受器将外界刺激转变成神经动作电位的序列时，同时也实现了编码作用；中枢神经就是根据这些电信号序列才获得对外在世界的认识的。感受器的编码作用可分为刺激性质的编码与刺激强度的编码两种情感。

1. 刺激性质的编码

众所周知，不论来自何种感受器的传入神经纤维上的传入冲动，都是一些在波形和产生原理上基本相同的动作电位；例如，由视神经、听神经或皮肤感觉神经的单一纤维上记录到的动作电位，并无本质上的差别。因此，不同性质的外界刺激不可能是通过某些特异的动作电位波形或强度特性来编码的。实验和临床经验都表明，不同种类的感觉的引起，不但决定于刺激的性质和被刺激的感受器，也决定于传入冲动所到达的大脑皮层的终端部位。例如，用电刺激作用于病人视神经，使它人为地产生传向枕叶皮层的传入冲动，或者直接刺激枕叶皮层使之产生兴奋，这时都会引起光亮的感觉，而且主观上感到这些感觉是发生在视野的某一部位；同样，临床上遇到肿瘤或炎症等病变刺激听神经时，会产生耳鸣的症状，这是由于病变刺激引起的神经冲动传到了皮层听觉中枢所致；而某些痛觉传导或相应中枢的刺激性病变，也会引起身体一定部位的疼痛。这些都说明，感觉的性质决定于传入冲动所到达的高级中枢的部位，而不是由于动作电位的波形或序列特性有什么不同；也就是说，不同性质的感觉的引起，首先是由传输某些电信号所使用的通路来决定的，即由某一专用路线传到特定终端部位的电信号，通常就引起某种性质的主观感觉。事实上，即使是同一性质的刺激范围内，它们的一些次级属性（如视觉刺激中不同波长的光线和听觉刺激中不同频率的振动等）也都有特殊分化了的感受器和专用传入途径。在自然状态下，由于感受器细胞在进化过程中的高度分化，使得某一感受细胞变得对某种性质的刺激或其属性十分敏感，而由此产生的传入信号又只能循特定的途径到达特定的皮层结构，引起特定性质的感觉。

2. 刺激强度的编码

在同一感受系统或感觉类型的范围内，外界刺激的量或强度是怎样编码的呢？既然动作电位是“全或无”式的，因而刺激的强度不可能通过动作电位的幅度大小或波形改变来编码。根据在多数感受器实验中得到的实验资料，刺激的强度是通过单一神经纤维上冲动的频率高低和参加这一信息传输的神经纤维数目的多少来编码的。根据人手皮肤的触压感受器所进行的实验，说明在感受器的触压重量和相应的传入纤维的动作电位发放频率之间，存在着某种对应关系。重量过轻时，神经纤维全无反应，到达感受阈值时开始有冲动产生；以后随着触压重量的增大，传入纤维上的冲动频率也越来越高。不仅如此，在触压刺激继续加大的情况下，同一刺激有可能引起较大面积的皮肤变形，使一个以上的感受器和传入纤维向中枢发放冲动。这样，刺激的强度既可通过每一条传入纤维上冲动频率的高低来反映，还可通过参与电信号传输的神经纤维的数目的多少来反映。总之，感受器的编码过程也是极其复杂的，而且感觉的编码过程并不只是感受器部位进行一次编码，事实上信息每通过一次神经元间的突触传递，都要进行一次重新编码，这使它有可能接受来自其他信息源的影响，使信息得到不断的处理。至于刺激的物理强度如何转变成为传入神经纤维上频率不同的冲动，认为是由于强的刺激能引起幅度较大而持续时间较长的发生器电位，而后者引起神经末梢较高频率的冲动。

四、感觉信号的传递

丘脑是感觉传导的接替站，除嗅觉外，各种感觉的传导通路均在丘脑内更换神经元，而后投射到大脑皮层。在丘脑内，只对感觉进行粗糙的分析与综合，在大脑皮层才对感觉进行精细的分析与综合。丘脑向大脑皮层的投射分为两大系统，即特异投射系统与非特异投射系统。

1. 特异投射系统

特异投射系统是指丘脑的外侧核、外侧膝状体、内侧膝状体投射到大脑皮层的纤维联系。该类经典的感觉传导通路是由三个神经元接替而完成的，位于丘脑的第三级神经元就在外侧核内。但是视觉与听觉传导通路则较复杂。视觉传导通路包括视杆和视锥细胞在内，为四个神经元接替。听觉传导通路从外周到大脑皮层，很难肯定经过几个神经元接替。这些感觉在丘脑外侧核、外侧膝状体、内侧膝状体换神经元后，投射到大脑皮层的特定感觉区，产生特定的感觉。所以一般经典的感觉传导通路就是通过丘脑的特异投射系统而后作用于大脑皮层的。由丘脑到大脑皮层的特定区域，是点对点的投射关系，每种感觉的传导都有其专一的途径。

2. 非特异投射系统

非特异投射系统是指由丘脑内侧核群弥散地投射到大脑皮层广泛区域的纤维联系。该类经典感觉传导通路的第二级神经元的轴突，在上传的途中通过脑干时，发生侧枝与脑干网状结构的神经元发生突触联系；然后在网状结构内反复换元上行，抵达丘脑内侧部分的核群，最后弥散地投射到大脑皮层的广泛区域。在脑干网状结构内存在着对大脑皮层具有上行唤醒作用的功能系统，称为脑干网状结构上行激动系统。脑干网状结构上行激动系统和丘脑非特异投射系统在功能上不可分割，形成一个统一的系统，它们是各种感觉传入的共同通路，其作用是维持和改善大脑皮层的兴奋状态。感觉传入的非特异投射系统对维持大脑皮层的觉醒状态有重要作用。各种的传入冲动越多，经过侧枝进入脑干网状结构的冲动也越多，从而对大脑皮层的上行唤醒作用越强，皮层的兴奋状态越好，对特异投射系统上传产生的感觉也就越完善。因此，感觉传入的特异投射系统与非特异投射系统，在功能上是相互依赖而不可分割的。

五、感觉的两个阶段

感觉可分解为两个阶段：感受阶段与知觉阶段。关于这一点，不同于心理学的理解。

1. 感受阶段

外部刺激信号或内部刺激信号经过相应的感受器，转化为生物电信号的过程，就是感受阶段。心理学所谓的“感觉阶段”实际上就是“感受阶段”。

2. 知觉阶段

生物电信号经过各种感觉神经传导至大脑皮层一定部位的过程，就是知觉阶段。在知觉阶段，感受器所产生的刺激信号在传导至大脑皮层的过程中，要经过加工处理，而这本应属于认知过程的职能。但是由于这种处理只对感觉进行初步的、粗糙的分析与综合，因而把它划归于感觉阶段。实际上，知觉阶段是联系感受阶段与认知阶段的桥梁，它同时兼有感受的职能与认知的部分职能。

六、知觉的客观本质

知觉过程是生命体对于感受信号进行初步的、粗糙的处理，其客观本质就是建立感受信号与其他相关信号之间的神经联系，主要表现在几个方面：

1. 整体性知觉

知觉的对象往往是由不同属性的许多部分组成的，人们在知觉它时却能把它们主观地联系成一个整体，知觉的这一特性就是知觉的整体性（或完整性）。例如，一株绿树上开有红花，绿叶是一部分刺激，红花也是一部分刺激，我们将红花绿叶合起来，在心理上所得的美感知觉，超过了红与绿两种物理属性之和。知觉并非感觉信息的机械相加，而是源于感觉又高于感觉的一种认识活动。当人感知一个熟悉的对象时，只要感觉了它的个别属性或主要特征，就可以根据经验而知道它的其他属性或特征，从而整体地知觉它。如果感觉的对象是不熟悉的，知觉会更多地依赖于感觉，并以感知对象的特点为转移，而把它知觉为具有一定结构的整体。知觉的整体性纯粹是一种心理现象。有时即使引起知觉的刺激是零散的，但所得的知觉经验仍然是整体的。

2. 持续性知觉

知觉的对象如果是若干个间断的、不持续的事物，人们在知觉它时却能把它们与时间主观地联系起来，从而形成一个持续进行的运动性事物。例如，电影或电视的运动画面就是由若干个静止画面所组成，人们在观看电影或电视时，能够把这些静止性画面主观地与时间联系起来，从而构成一幅幅生动的运动性画面。

3. 经验性知觉

知觉的对象如果是曾经感受过多次的事物，那么该事物重新出现时，人对于它的知觉往往会受到原来知觉情况的影响。有时，尽管该事物的本身或环境已经发生了变化，但是人们对于它的知觉往往会保持原来的特性。

4. 恒常性知觉

在不同的角度、不同的距离、不同明暗度的情境之下，观察某一熟知物体时，虽然该物体的物理特征（大小、形状、亮度、颜色等）因受环境影响而有所改变，但我们对物体特征所获得的知觉经验，却倾向于保持其原样不变的心理作用。像这种外在刺激因环境影响使其特征改变，但在知觉经验上却维持不变的心理倾向，即为恒常性知觉。例如，从不同距离看同一个人，由于距离的改变，投射到视网膜上的视像大小有差别，但我们总是认为大小没有改变，仍然依其实际大小来知觉他。

5. 组织性知觉

在感觉资料转化为心理性的知觉经验过程中，显然是要对这些资料经过一番主观的选择处理，这种主观的选择处理过程是有组织性的、系统的、合于逻辑的，而不是紊乱的。因此，心理学将此种知觉称为组织性知觉。心理学的格式塔理论认为，知觉的组织法则主要有如下四种：相似法则、接近法则、闭合法则、连续法则。

6. 选择性知觉

客观事物是多种多样的，在特定时间内，人只能感受少量或少数刺激，而对其他事物只作模糊的反映。被选为知觉内容的事物称为对象，其他衬托对象的事物称为背景。某事物一旦被选为知觉对象，就好像立即从背景中突现出来，被认识得更鲜明、更清晰。一般情况下，面积小的比面积大的、被包围的比包围的、垂直或水平的比倾斜的、暖色的比冷色的，以及同周围明晰度差别大的东西都较容易被选为知觉对象。即使是对同一知觉刺激，如观察者采取的角度或选取的焦点不同，亦可产生截然不同的知觉经验。影响知觉选择性的因素有刺激的变化、对比、位置、运动、大小程度、强度、反复等，还受经验、情绪、动机、兴趣、需要等主观影响。

7. 相对性知觉

形象与背景是相对性知觉最明显的例子。形象是指视觉所见的具体刺激物，背景是指与具体刺激物相关联的其他刺激物。在一般情境之下，形象与背景是主副的关系：形象是主题，背景是衬托。另一个例子是知觉对比，是指两种具相对性质的刺激同时出现或相继出现时，由于两者的彼此影响，致使两者刺激所引起的知觉上的差异特别明显的现象。如大胖子和小瘦子两人相伴出现，会使人产生胖者益胖瘦者益瘦的知觉。

第四节　认知与事实关系

人脑对于感觉器官在不同时期、不同环境条件下所产生感觉信号进行加工处理，从而得出各种物质的存在关系更深入、更全面、更准确的结论，这就是认知。

一、事物

物质作为客观存在，除了具有质量与能量以外，还有一个重要特性，那就是所有物质都不是孤立存在的，都会以各种方式与其他物质发生联系。为了区分物质以及物质之间的联系，特提出“事物”的概念。

事物：物质以及与其他物质的联系的总和，就是事物。

事物包括两个组成部分：一是物质；二是物质之间的各种联系（即物质的属性）。前者称为“物”，后者称为“事”，两者合称为“事物”。因此，事物起源于物质，事物是物质的扩展与延伸；物质是事物的核心内容，物质是一种特殊的事物。

物质属性：物质与物质之间的联系方式，就是物质属性。

根据物质属性的定义，那么事物又可定义为：“物质与物质属性的总和”。

同理，所有事物都不是孤立存在的，都会以各种方式与其他事物发生联系，这样，事物以及事物之间的联系方式，可以构成事物属性。

事物属性：事物与事物之间的联系方式，就是事物属性。

由此提出“复杂事物”的概念。

复杂事物：事物与事物属性，就是复杂事物。

显然，复杂事物同样有它自己的属性，因此，复杂事物及其属性可以构成更为复杂的事物。

物质、属性及事物的逻辑关系，如下图：

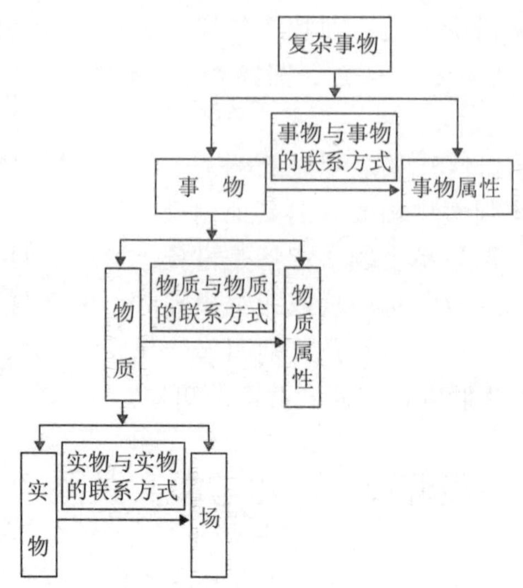

物质、属性及事物的逻辑关系

二、事实关系

物质的存在关系是指物质与周围其他物质所有联系的总和，同样，事物也有自己的“存在关系”。为此，特提出“事实关系”的概念。

事实关系：事物与观察主体之间的联系方式，称之为该事物的事实关系。

事物的事实关系通常具有多方面的内涵，主要表现在两个方面：一是一种事物总是会与观察主体发生多种联系；二是一种事物总是会与多个观察主体发生联系。

由于事物起源于物质，任何事物最终都是以一定的物质为其核心内容，因此，事物之间的联系最终都会体现为物质之间的联系，因此事物之间的联系最终都可以直接或间接地通过主体或其他主体的感觉器官感觉出来。由此可见，事实关系是一种特殊的存在关系：“事实关系”反映的是事物的存在关系，而“存在关系”反映的是物质的存在关系。

总之，存在关系包括物质的存在关系与事物的存在关系（即事实关系）两个方面，事实关系是一种特殊的存在关系。

三、认知的本质

事实关系（即事物的存在关系）作为一种客观存在，必然会反映到人的大脑中，从而形成人的认知。由此可得：

认知的本质：认知是人脑对于事实关系（即事物的存在关系）所产生的主观反映。

感觉与认知之间的关系主要表现在：

一是感觉是人脑对于存在关系（即物质的存在关系）所产生的主观反映，认知是人脑对于事实关系（即事物的存在关系）所产生的主观反映。

二是认知是对于各种感觉的信号综合分析，从众多的存在关系中分辨出“物质的存在关系”与“事物的存在关系”。

三是由于事实关系是一种特殊的存在关系，因此认知是一种特殊的感觉，是对感觉的“感觉”，它是对感觉所产生的信号进行综合性处理而形成的高层次的“感觉”。

四是感觉只能感知物质在运动与变化过程中所发出的信号，认知却能感知事物在运动与变化过程中所发出的信号。

事物、事实关系及认知的逻辑关系，如下图：

事物、事实关系及认知的逻辑关系

四、认知器官

认知器官主要是指人的大脑中枢神经系统，大脑包括端脑和间脑，端脑包括左右大脑半球。端脑是脊椎动物脑的高级神经系统的主要部分，由左、右大脑半球、基底核构成，连接两半球的是胼胝体。

大脑皮层可分为三类机能区：皮层感觉区、皮层运动区和皮层联合区。大脑中央后回称躯体感觉区；中央前回称为运动区；枕极和矩状裂周围皮层称为视觉区；颞横回称为听觉区；额叶皮层大部以及顶、枕和颞叶皮层的其他部分都称为联合区，它们都收到多通道的感觉信息，汇通各个功能特异区的神经活动。

五、认知的内容

人脑对于事物的认知内容主要包括分析思维与综合思维两个方面。其中，综合思维主要包括印象、概念、定律、理论等内容，分析思维主要有以下几个方面：

1. 时间分析

确定该事物与其他相关事物在时间上的相对位置，以分析该事物的时间运动轨迹。

2. 空间分析

确定该事物与其他相关事物在空间上的相对位置，以分析该事物的空间运动轨迹。

3. 量度计算

确定该事物存在与运动的量度，量度计算的具体内容包括数量计算、概率计算、模糊判断、规模计算等。

4. 逻辑推理

确定该事物与其他相关事物的逻辑关系，逻辑推理的具体内容包括因果逻辑、归纳逻辑、演绎逻辑等。

5. 图像分析

确定事物在平面角度（即二维）或立体角度（即三维）的分布关系。

6. 文字分析

确定文字（即第二信号系统）所对应各种事物的逻辑关系。

7. 声音分析

确定声音的响度（波幅）、音调（频率）、音色（波形）等特性参量。

8. 运动分析

确定物体运动的位移轨迹、速度、加速度等特性参量。

此外，分析思维还包括认知的准确性、速度性、比较性、分类性、稳定性和持久性等内容。

第五节　认知的生理机制

事物的刺激信号经过感觉器官及后续的神经网络到达大脑皮层，进行粗糙的分析与加工，经过换能作用与编码作用，并确保刺激信号的整体性、持续性、经验性、恒常性、组织性、选择性和相对性。人类的认知过程就是大脑对于来自感觉的信息进行进一步的加工处理，以完成对于事物的精确性、全面性的认识。

一、大脑皮层的三级分区

大脑皮层细胞除了在水平方向分层外，在整个皮层厚度内，神经元在与表面垂直的方向呈链状排列成细胞柱。柱或称模是一些具有大致相同特性的神经元集合形成的，它是皮层最基本的机能单位。人的大脑皮层约含有 1—2 百万个柱，每一个柱内有 10000 左右的神经元。大脑皮层是由 6 层神经细胞组成的，可分为三个级区：

1. 初级区

初级区主要指皮层第 4 层（感觉性内导层）和第 5 层（运动性外导层）大锥体细胞密集的部位。它直接接受皮层下中枢的传入纤维和向皮层下部发出的纤维，与感觉器和效应器之间有着直接的功能定位关系。这些部位的神经细胞具有高度的特异性，分别从视、听、肌肉等外周感受器与枕叶、颞叶、中央后回和中央前回联系起来。这种联系是由定位和功能相同的神经细胞聚集在一起，形成垂直于皮层表面的柱状结构，从而区分出投射性的皮层视觉区、听觉区、躯体感觉区和运动区，实现着初级的感觉性和运动性信息传递。整个初级区属于较简单的“投射”皮层结构。

2. 次级区

次级区主要占据着皮层结构比较复杂的第 2、3 层组织。这些部位由短纤维神经细胞所组成。它们大部分同外周感官没有直接联系。次级区的主要功能是对外周输入的信息进行初步加工，它们还接收来自脑深部传导的冲动。次级区是在种系演化晚期阶段和人类中发展的，其功能是对所接收信息进行分析与整合，在复杂的心理活动中起作用。次级区属于“投射—联络”皮层结构，或单膜联合皮层。

3. 联络区

联络区是指位于皮层各感觉区之间和重叠部位。它所包含的皮层区域完全是由皮层的第 1 层细胞所组成，与外周感官无直接联系。联络区在皮层上构成两大区域。其一，分布于脑后部两侧枕叶、顶叶和颞叶之间的结合部位，是各感觉区的皮层重叠部分，下顶区是它的基本组成部位。其二，位于皮层运动区前上方，它在人的行为的复杂程序序列中起作用，它同皮层所有其余部分均有联系。联络区对心理的高级功能，诸如词义、语法、逻辑、抽象数量系统，综合空间标志的整合，以及经验的保存起作用；它协调各感觉区之间的活动，进行皮层最复杂的整合功能，被称为“保存信息、接受加工”的联络区，或多膜联合皮层。

二、表象与兴奋灶

外界事物通过感觉器官及相应的神经通道反映到人的头脑中就形成了表象，表象在大脑中的生理表现就是兴奋灶。任何事物的刺激信号通过感觉器官及相应的神经通道，投射到大脑皮层都会形成相应的投射点，这就是兴奋灶或表象。兴奋灶可人为三个基本层次：初级灶、次级兴奋灶与高级兴奋灶，并且在兴奋灶的三个基本层次之间还存在若干个亚层次兴奋灶。因此，表象也可分为三个基本层次：初级表象、次级表象与高级表象，并且在表象的三个基本层次之间还存在若干个亚层次表象。

1. 初级兴奋灶

刺激信号通过感觉器官及相应的神经通道投射到大脑皮层的初级区域点，就是初级兴奋灶（或初级表象）。

2. 次级兴奋灶

如果多个初级兴奋灶（或初级表象）多次重复地同时出现或顺序出现，就会使多个初级兴奋灶之间建立新的神经联系，这种新的神经联系将作为一个新的刺激信号投射到大脑皮层的次级区域点，从而形成新的兴奋灶，就是次级兴奋灶（或次级表象）。

3. 高级兴奋灶

如果多个次级兴奋灶（或次级表象）多次重复地同时出现或顺序出现，就会使多个次级兴奋灶之间建立新的神经联系，这种新的神经联系将作为一个新的刺激信号投射到大脑皮层的联络区域点，从而形成新的兴奋灶，就是高级兴奋灶（或高级表象）。

三、人类思维的三大类型

事物的刺激信号通过感觉器官及相应的神经通道投射到大脑皮层后形成了表象（或兴奋灶）。其中，对于空间类事物就形成了形象，对于时间类事物（或逻辑类事物）就形成了概念。人类的感觉过程实际上就是各种表象（或兴奋灶）的形成过程，人类的认知过程实际上就是各种表象（或兴奋灶）之间神经联系的沟通与激发过程。

人类思维可分为三大基本类型。

1. 分析思维

分析思维就是找出同一事物的多种属性。由于事物属性的识别过程实际上就是事物的表象模式的识别过程，因此分析思维包括事物的多种表象模式的识别过程，它包括形象识别（如脸谱识别）与概念识别。

分析思维的生理机制：某事物的实际表象（或兴奋灶）与原先记忆中的多种表象模式（或兴奋灶）进行对比。其中，具有最大相似程度的表象模式（或兴奋灶）将会产生生理性共振现象，从而沟通了两者之间的神经联系，那么具有最大相似程度的表象模式的属性就是该事物的属性。一般来说，任何事物往往有多种属性，那么它的实际表象（或兴奋灶）就会与多种事物的表象模式（或兴奋灶）之间产生生理性共振现象，沟通了与多种表象模式的神经联系，从而完成了该事物多种属性的识别过程。

2. 归纳思维（或抽象思维）

归纳思维实际上就是找出多种事物之间的共同属性，包括形象的归纳思维与概念的形象思维。

归纳思维的生理机制：每种事物的表象（或兴奋灶）都与其他事物的表象（或兴奋灶）之间存在这样或那样的神经联系，如果多种事物的表象（或兴奋灶）与同一种事物的表象（或兴奋灶）之间存在共同的神经联系，那么这同一种事物的属性就是多种事物的共同属性，从而完成了多种事物的归纳思维。形象的归纳思维实际上就是多个简单形象（或兴奋灶）之间建立新的神经联系而形成了复杂形象；概念的归纳思维实际上就是多个概念（或兴奋灶）之间建立新的神经联系就形成了定理，多个定理（或兴奋灶）之间建立新的神经联系就形成了理论。

3. 关联思维

关联思维实际上就是找出某事物与最近出现的其他事物之间的联系，它包括形象的联系思维与概念的联想思维。

关联思维的生理机制：某事物的表象（或兴奋灶）与最近（包括时间最近、空间最近或频率最多）出现的其他事物的表象（或兴奋灶）之间建立新的神经联系，从而完成该事物与其他事物之间的关联思维。关联思维也称作联想思维。形象的联系思维实际上就是某形象与其他形象之间建立了新的神经联系，概念的联想思维实际上就是某概念（或定理、理论）与其他概念（或定理、理论）之间建立了新的神经联系。

归纳思维与关联思维，合称为综合思维。

四、空间型表象与时间型表象

表象可分为空间型表象与时间型表象两大类。

1. 空间型表象（或形象表象）

主要用以表现事物运动与变化的空间特征，如大小、形状、色彩、距离、速度、面容、方位、高差、路线、重量、体积、顺序、平衡等。空间型表象思维（即形象思维）的过程主要是由大脑右半球来完成。

2. 时间型表象（或逻辑表象）

主要用以表现事物运动与变化的时间特征，如化学反应方程、新陈代谢过程、逻辑程序、因果关系、自然法则、社会规则、思维方式等。实际上，这些过程、程序、法则、规则等都是以时间为主要参数，其具体内容将随着时间的变化而不断地发生着有序化的、规则化的变化，人脑对于这些事物所产生的表象，也是由许多个连续性、动态性的兴奋灶所组成，因此都属于时间型表象。时间型表象思维（即逻辑思维）的过程主要是由大脑左半球来完成。

3. 混合型表象

在现实的生活中，人们所接触事物的运动与变化方式是复杂多样的，这些事物既有空间方面的特征，也有时间方面的特征。人们对于这些事物所产生的表象，属于混合型表象，既含有空间型表象的内容，也含时间型表象的内容。

五、认知记忆的生理机制

综上所述，无论是分析思维、归纳思维，还是关联思维，无论是形象思维（或空间思维），还是逻辑形象（或时间思维），其生理机制都是大脑皮层中各种神经联系的建立和激发过程。这些神经联系将以“链”的形式存在于人的头脑中，这就形成了人脑对于思维过程的“记块”。

认知记忆的生理机制：人脑思维过程所产生的各种神经“链”，将以糖链或脂肪链的形式，存储在大脑皮层的神经细胞膜上，构成了思维过程的“记块”。在以后的思维过程中，人不必重复这一具体的思维过程，只需将这一记块激发起来，并直接提取思维的结果，用于其他更复杂的思维过程就可以了。人的记忆有短期记忆与长期记忆之分，短期记忆的神经链不稳定，长期记忆的神经链具有较高的稳定性。

例如，每个记块有至少一个“链”，比如 1 是一个链，2 是一个链，＋是一个链，＝是一个链，3 是一个链，这些链一般位于一个位置（临近），1＋2＝3 是另一个链，也就是说，后面这个链是一种思维链，因为它是思维的结果，是你的大脑将 1 记块、2 记块、＋记块在思维规则“＝”的控制下进行组合的结果。在思维中枢里，1、2、3、＋、＝都是存在的，它们是你在学生阶段学到的，在小学里，你第一次学 1＋2＝3 是一种思维，以后的岁月里，它就不是思维，而是一种回忆。事实上，在神经细胞膜上，它已经是一个固定的记块了，已经无须思维了。

第六节　情感与价值关系

在所有的事实关系中，有一种特殊的事实关系，它与人的生存与发展相联系，这种特殊的事实关系就是价值关系，人脑对于价值关系的感知就是情感。

一、事物与价值

事物是指物质以及与其他物质之间的联系方式，复杂事物是指事物以及与其他事物之间的联系方式。然而，有一种特殊的事物，那就是“人类主体的生存与发展”，那么事物一旦与人类主体的生存与发展联系起来，就形成了“价值”。

价值：是指事物对于人类主体的生存与发展所产生的作用。

统一价值论认为，价值的物理学定义就是“广义有序化能量”，它包括有序化实能与有序化虚能两个部分。其中，有序化虚能在客观上起着替代、扩展和强化有序化实能的作用，并可折算成一定数量的有序化实能。

显然，事物以及与其他事物之间的联系方式，仍然是事物，但属于复杂事物的范畴，因此价值是一种特殊的复杂事物。

二、事实关系与价值关系

事实关系是指事物与观察主体之间的联系方式，同理，价值与观察主体之间的联系方式，就可以构成一种特殊的事实关系，由此可得：

价值关系：是指价值与观察主体之间的联系方式，就是价值关系。

由于价值可分为利他价值和利己价值两大类，因此价值关系可分为利他价值关系和利己价值关系两大类。

由于“人类主体的生存与发展”本身就是一种特殊的事物，因此价值关系是一种特殊的事实关系，是一种把事物和“人类主体的生存与发展”相联系起来的事实关系，是一种带有主体色彩的事实关系。

价值、价值关系及评价的逻辑关系，如下图：

价值、价值关系及评价的逻辑关系

三、绝对性评价与相对性评价

不同的事物对于人的生存与发展通常会产生不同性质、不同程度的推动作用，从而形成不同的刺激信号，通过人的感觉器官反映到人的头脑中，从而形成了人脑对于事物的价值关系的感知，这种感知就是评价。

评价：人脑对于事物之价值关系（或价值的存在关系）的主观反映就是评价，它构成人的主观意识的第三种基本形式。

人类主体（个人、集体或社会）对于事物的价值关系进行评价的客观目的在于：帮助人们如何有效地利用人类主体有限的价值资源，使之实现最大的价值增长率。为此，人类主体对于事物的价值关系通常有两种基本的评价方式：一是直接评价事物的价值特性；二是根据自身的价值特性来确定一个参照系统（或价值特性分界点），并根据参照系统来评价事物的价值特性。由此可得：

绝对性评价：是指人类主体对于事物的价值特性进行直接评价的方式。

相对性评价：是指人类主体以自身的价值特性为参照系统，对于事物的价值特性进行间接评价的方式。

通常的观点认为，人类主体对于事物进行评价，主要就是对于事物价值量的评价。事实上，在所有的价值特性中，事物的价值率（即单位时间内产出价值与投入价值的比值）才是最重要的价值特性，它在根本上决定着该事物的基本命运，在根本上决定着人类主体对于该事物的基本态度。这是因为，人类主体为了使自己有限的价值资源能够产生最大的价值增长率，就必须把价值资源优先地投入到具有最大价值率的事物之中。有些事物虽然有较高的价值量，但人类主体在与该事物的相互作用过程中，需要付出较多的价值投入量和较长的投入时间，那么就只能产生较小的价值率，那么人类主体就会失去对于该事物投入价值资源的兴趣；相反，有些事物虽然只有较低的价值量，但人类主体在与该事物的相互作用过程中，只需要付出较少的价值投入量和较短的投入时间，那么就可能产生较大的价值率，那么人类主体就会产生较大的对于该事物投入价值资源的兴趣。

四、价值观与情感的价值本质

人类主体为了实现价值资源的最大增长率，就必须根据自己不同的价值特性来确定一个参照系统（或价值特性分界点），并根据这个参照系统来确定价值资源投入的基本方向。这个参照系统就是主体的平均价值率或中值价值率，人类主体根据这个参照系统来确定价值资源的基本投入方向：凡是事物的价值率大于主体的中值价值率，主体就会不断追加对于该事物的价值资源投入规模；凡是事物的价值率小于主体的中值价值率，主体就会不断减少对于该事物的价值资源投入规模。为了顺利完成这一过程，人类主体必须正确地评价事物的价值率，并且正确地了解事物的价值率与主体的中值价值率的相对关系。这样，人脑对于事物价值特性（即价值率）的评价分为两种基本形式：一是对于事物价值率的绝对性评价，即评价事物的价值率；二是对于事物价值率的相对性评价，即评价事物的价值率与主体的中值价值率的差值。前者实际上就是价值观，后者实际上就是情感。由此可得：

价值观的价值本质：事物的价值率在人的头脑中的主观反映，就是价值观。

情感的价值本质：事物的价值率与人的中值价值率之差值（即价值率高差）在人的头脑中的主观反映，就是情感。

情感的哲学本质是人脑对于事物价值关系的主观反映，由于“价值率高差”是一种特殊的价值关系，因此情感的价值本质只是情感的哲学本质的一种具体表现形式。

五、感觉、认知及评价之间的关系

评价与认知之间的关系主要表现在：

一是感觉的本质是人脑对于存在关系（即物质的存在关系）所产生的主观反映，认知的本质是人脑对于事实关系（即事物的存在关系）所产生的主观反映，评价的本质是人脑对于价值关系（即价值的存在关系）所产生的主观反映。

二是事实关系是一种特殊的存在关系，因此认知是一种特殊的感觉；价值关系是一种特殊的事实关系，因此评价（即价值观或情感）是一种特殊的认知。

第七节　情感的生理机制

情感是人脑的一种特殊机能，是人脑对于事物价值特性的认知方式。深入探索情感的生理机制，揭开情感的神秘面纱，为实现人工情感奠定基础，是情感理论必须完成的任务。

一、关于情感生理机制的争论

关于情感或情绪的生理机制，主要有五种理论。

“詹姆士、兰格情绪学说”认为情绪只是机体变化所引起的机体感觉的总和。

“大脑皮层说”认为大脑皮层在情感的产生中起着主导作用，它可以抑制皮层下中枢的兴奋，直接控制情感。

“丘脑说”认为丘脑在情绪的发生上起着最重要的作用，只有当下丘脑被切除后，情绪反应才会完全消失。

“下丘脑说”认为下丘脑在情绪的形成上起着最重要的作用，在下丘脑、边缘系统及其附近部位存在着“奖励”和“惩罚”中枢，当刺激这些部位时就会产生愉快或不愉快的情绪。

“情绪激活说”认为脑干的网状结构在情绪构成中起着激活作用，它可以提高或降低脑的兴奋性，加强或抑制大脑对刺激的反应。

以上理论均是从不同侧面对情感的生理机制进行阐述的，都是片面的和不准确的，没有反映情感生理机制的核心内容。

二、情感的生理机制

人类情感的核心器官是杏仁体（或杏仁核），大脑颞叶内侧左右对称分布的两个形似杏仁的神经元聚集组织就是杏仁体，它是基底核的一部分，位于侧脑室下角前端的上方，海马旁回沟的深面，与尾状核的末端相连。

情感的生理机制是：事物的刺激信号在大脑皮层的相应区域（初级区、

次级区或联合区）产生一个兴奋灶，这个兴奋灶自动接通与大脑杏仁体的“奖励”或“惩罚”区域的神经联系，使大脑产生愉快或不愉快的情绪体验；另一方面杏仁体自动接通与网状结构的神经联系，用以控制大脑皮层整体的觉醒程度；另外，通过杏仁体自动接通与脑神经、脊神经、内脏神经等周围神经系统的神经联系，以形成相应的内脏器官、血液循环系统、运动系统、内外分泌腺体、面部肌肉和五官的运动与变化，使人呈现出愉快或不愉快的外部表现和内部调整，并对事物的刺激信号实施一定的选择性（即趋向性或逃避性）反射行为。

三、情感反射的有关概念

心理学指出，人类的一切认识来自于无条件反射和条件反射。情感是人对价值关系的主观反映，同样来自于无条件反射或条件反射，但是它区别于一般意义的认识，为此，提出情感反射的有关概念。

1. 情感反射

动物和人对于外界刺激产生某种否定或肯定的选择倾向性，称为情感反射。实现情感反射的神经通路叫情感反射弧，它包括六个部分：感受器、感觉神经元（传入神经元）、联络神经元（中间神经元）、情感判断器、运动神经元（传出神经元）、效应器。情感反射可分为无条件情感反射和条件情感反射两大类。

2. 无条件情感反射

是先天的、不学而通的一种情感反射。这是一种简单的、无须附加任何条件的情感反射。例如，当人看见猛兽时，就会感到恐惧，表现为呼吸短促、心跳加快、血压升高。无条件情感反射主要适用于人脑对于较低层次的、相对稳定的价值关系的认识。

3. 条件情感反射

是在生活中形成的、随条件而变化的情感反射。它是在一定条件下，无关刺激成为无条件刺激物的信号所引起的情感反射，是人在无条件情感反射的基础上，由后天的学习而获得的。例如，当人多次被狗咬以后，每听到狗叫或见到类似狗的物体，他就会心惊胆战。条件情感反射主要适用于人脑对于较高层次的、相对可变的价值关系的认识。

直接在无条件情感反射基础上建立起来的条件情感反射是最简单的条件情感反射，称为一级条件情感反射。在一级条件情感反射已经巩固以后，再使另一个无关刺激与这个条件刺激相结合，还可以形成第二级、第三级条件情感反射。非条件情感反射是最简单、最直接、最被动、最稳定的，一级条件情感反射较为复杂、间接、主动、多变。随着条件情感反射的级别上升，它所反应的事物越来越在时间、空间及逻辑上远离直接的价值目标，越来越具有更长远、更积极、更灵活、更深刻的价值目标，越来越具有预见性、主动性和创造性。

4. 关系情感反射

随着条件情感反射的不断发展，人不仅能对多个直接的、具体的价值刺激物所组成的复合刺激物建立条件情感反射，而且还能对各个价值刺激物之间的时间关系、空间关系和逻辑关系产生更复杂、更高级的条件情感反射，从而对各种事物的价值关系系统产生概括性或抽象性反映，这就是关系情感反射。此时，人开始脱离价值刺激物直接的、具体的作用，形成高层次的概括性或抽象性情感。关系情感反射主要适用于人脑对于复杂价值关系的认识。

5. 语言情感反射

随着关系情感反射的不断发展，人不仅能对各个具体的价值刺激物的信号产生情感反射，而且能够对代表这些价值刺激物信号的“信号”——语言（即第二信号系统）产生情感反射，从而对各种复杂事物的价值关系系统产生更加概括性或更加抽象性的反映，这就是语言情感反射，它是一种高级形式的关系情感反射。由于语言所反映的信号具有间接性、灵活性、丰富性、细致性和抽象性，通过语言人们能够极为细致地、丰富地、灵活地、抽象地了解或表达他人的、过去的价值关系及其变化情况，因此语言情感反射完全摆脱了时间上、空间上、形式上的局限性，从而可以准确地、及时地、全面地、深刻地反映各种价值关系及其变化。语言情感反射主要适用于人脑对于抽象的、高层次的价值关系的辩证认识。

心理学认为，人类的任何认识在本质上都属于反射行为（无条件反射、条件反射、关系反射和语言反射）。同理，人类的任何情感在本质上都属于情感反射（无条件情感反射、条件情感反射、关系情感反射和语言情感反射）。

四、情感反射的两种调节方式

由于人体各种内部因素或外部因素的影响，人总是处于一个不断变化中的价值环境之中，为此，人体必须根据相应的生理机制来调节人的情感反射活动。人类的情感反射活动主要有两种调节方式：神经调节和体液调节（含激素调节），并以神经调节为主导控制。其中，体液调节主要适用于长期性、规律性、稳定性的情感调节，神经调节主要适用于短期性、随机性、波动性的情感调节。

1. 情感反射的神经调节

根据外部环境或内部环境的变化，大脑皮层的脑细胞作出相应的反应，并转化为神经冲动，接通与杏仁体的神经联系，使大脑产生特定的情感体验和情感反射行为，从而对原来的情感反射活动进行相应的调节。

2. 情感反射的体液调节

人体中各种体液和内分泌腺素从相应的分泌器官分泌出来后，对特定的植物性神经产生作用，并转化为神经冲动传送到大脑相应区域的兴奋灶，接通与杏仁体的神经联系，使大脑产生特定的情感体验和情感反射行为，从而对原来的情感反射活动进行相应的调节。不同的体液（如血液、黏液、黄胆汁、黑胆汁等）和内分泌腺素（如甲状腺素、脑下垂体腺素、肾上腺素、副甲状腺素和性腺素等）具有不同的情感反射调节功能。例如，当人出现愤怒时，下丘脑垂体就会分泌出一种化学物质，它能够刺激血液循环的加速和肌肉的紧张。

由于情感是人脑对于事物价值特性的反应方式，因此情感反射的调节实际上就是人脑对于事物价值特性反应方式的调节。其中，情感的体液调节适合于人脑对于长期性、规律性、稳定性价值特性的反映，情感的神经调节适合于人脑对于短期性、随机性、波动性价值特性的反映。

第八节　情感的生理反应及价值目的

情感所唤起的各种生理反应如呼吸反应、心脏反应、血管反应、肠胃反应、内分泌反应、外分泌反应等可以通过皮肤电压、血压、心跳、腺体分泌等生理指标进行测量和判断，它们大部分属于无条件反射，主要受自主神经系统的支配，意志对它们的调节和控制作用是非常有限的。尽管如此，它们仍然有着确定的、隐含的、不以人的意志为转移的价值目的。情感生理反应的价值目的可以从三个方面进行考察。

一、事前形成预准备状态

情感的生理反应使人能够在事前形成必要的生理、行为和精神方面的预准备状态。

1. 生理准备

包括对大脑的觉醒和兴奋程度、血液的流动速度、内脏器官的工作状态、呼吸的幅度和频率、肌肉的紧张程度、体液的分泌状态等方面进行事前的预先设置，使机体能够在事物发生价值作用之前形成必要的生理准备。例如，当人预感到自己将要受到无端攻击时，就会产生愤怒感，机体会出现心跳加速、血压升高、血糖增加、血管扩张、脸色变红等生理反应，从而加快体内细胞组织的氧气与营养物质的供给速度，便于迅速有效地实施攻击或反抗行为；当人在黑夜中突然遇到一种怪物时，就会产生惊恐感，机体将会出现皮肤血管收缩、脸色苍白、大脑迅速充血等生理反应，从而在极短时间内向大脑集中供血，以提高大脑的氧气和营养物质的供给速度，提高大脑的觉醒程度、兴奋程度以及思维敏捷性，便于灵敏而准确地识别这个怪物，并有效地实施反抗行为或逃遁行为。有些在极端情感下产生的生理反应，从表面上看起来并不有利于甚至还阻碍着人作出正确的行为反应，其实这可能是一种误解。例如，当人遇到突然出现的危险时，会呆若木鸡，在短时间内中止了所有行动，这大概是因为在弄清事实真相之前，胡乱的行为反应往往比呆滞的行为反应更为有害。

2. 行为准备

包括对运动器官的肌肉紧张程度和运动方向等进行预准备，使人能够及时准确地进入角色，并对事物作出快速行为反应。例如，人在愤怒情感的作用下，肌肉往往处于跃跃欲试的紧张状态，随时实施攻击行为，同时将会有意识或无意识地对有关的打斗动作和打斗经验进行回顾和练习。

3. 精神准备

包括对新知识的接收、旧知识的回忆与温习、相关事物的关注（盼望或畏惧）、价值观念的变更与调整等进行预准备，使人能够及时有效地调节自己的精神活动，以正确指导自己的生理反应和行为反应。例如，人在嫉妒情感的刺激下，就会对嫉妒对象的任何信息感兴趣，就会热心于收集他的新丑闻和旧劣迹，热心于欣赏别人攻击和诋毁他的行为，热心于寻找所有能够证明他的缺点和错误的理论根据。

二、事中正确引导和控制

情感使人能够在事中正确地引导生理、行为和精神活动。

1. 生理控制

主要包括对大脑觉醒程度和兴奋程度、各种体液的分泌速度及肌肉的紧张程度等的控制。例如，当人在焦虑、抑郁或悲伤时，胃酸、唾液和胆汁的分泌速度减缓，肠胃的蠕动功能下降，从而抑制了包括食欲在内的其他生理欲望，使人能够集中精力解决目前所焦虑的重要问题，不过，长期的焦虑不安会使胃酸的分泌出现紊乱，容易导致胃溃疡；当人在愉快时，胃液、唾液和胆汁的分泌速度加快，从而为伸展包括食欲在内的其他生理欲望做准备，此时人往往具有充足的时间、精力和财富来满足自己的生理欲望。

2. 行为控制

主要包括对行为方式、作用对象、作用范围、运动器官的紧张程度等的控制。例如，当人感到羞涩时，就会严格地约束自己的行为动作，温和地避开他人的目光，尽量回避他人的直接评价，谨慎地进行语言交流。

3. 精神控制

主要包括对新知识进行筛选吸收、对价值观念进行变更与调整。例如，当人处在恋爱之中，就会对情人的所有信息特别是正面信息进行密切注视和深入发掘，试图消除以前对于他的某些偏见，迎合他的某些思想观点，理解他的精神信仰与事业抱负，接受他的某些道德观念和处世原则。

三、事后总结经验

情感使人能够在事后对利益关系的变动情况作出正确的结论，并通过遗憾、悔恨、庆幸或留恋等情感方式及时地总结经验、吸取教训，为今后的生理、行为和精神活动提供正确的指导，为下一个同类事物的出现形成必要的预准备状态。

痛苦的经历使人产生痛苦的情感记忆，人将会在今后极力回避或阻止这一负向价值的再次出现；美好的经历使人形成美好的回忆，人将会盼望或帮助这一正向价值的再次出现。

四、辩证理解情感生理反应的价值目的

应该从以下方面辩证地理解情感的生理反应与价值目的：

一是人在极端情感的作用下，其生理反应往往超出了人的生理极限而出现紊乱，如眩晕、休克、痉挛甚至死亡，这些生理反应有时将不利于人的生存与发展。

二是情感的生理反应与价值目的的对应关系是一种概率的、平均的、整体的、抽象的对应关系，而不是一种确定的、个体的、局部的、具体的对应关系。在许多情况下，情感的生理反应将不利于人对价值作出正确的行为和精神反应，例如，当人接受敌方的审问时，往往产生一些无法控制的、不利于自己的生理反应。

三是情感的某些生理反应将有害于身体健康。例如，人在愤怒时，人脑将分泌一种用以维持愤怒情感所需的有毒化学物质，如果愤怒的强度过大、时间过长，这种物质的数量将会超出人体的承受极限，对健康构成严重危害。

四是有些负向情感具有一定的积极意义。人如果没有经历严重的负向情感的作用，往往经不住艰苦生活的磨难，认识不到人生的真谛，树立不起远大的理想抱负，培养不出坚强的意志；负向情感的作用还有利于充实人的生活，增长人的知识，丰富人的情感，调整人的价值观；适度的正向情感的作用将使人变得友好、活泼和善良，而适度的负向情感的作用将使人变得深刻、沉稳和坚强。

第九节　意志与行为关系

心理学认为意志是人自觉地确定目的，并支配行动，克服困难，实现目的的心理过程，意志的根本作用在于有意识、有目的、有计划地调节和支配自己的行为。由此可见，意志与行为之间存在一种紧密的、内在的逻辑联系。深入探索这种内在的逻辑联系，是揭示意志本质的关键。

一、行为关系与价值关系

价值关系是指事物对于人类主体的生存与发展中所产生的推动作用。然而，事物之间的作用通常是相互的，在事物作用于人类主体的过程中，必然会引起人类主体对于事物（即客体）的反作用，从而进一步地、持续地推动人类主体的生存与发展。由此可得：

行为关系：是指人类主体对于事物的反作用，以进一步推动人类主体的生存与发展，就是行为关系。

主体与客体之间的相互作用可以分为两个相反的方面：一个是客体对主体的作用；另一个是主体对客体的反作用。主体与客体之间的作用与反作用相互促进、相互依赖、互为前提、共同发展。价值关系反映了客观事物对于主体生存与发展所产生的作用过程，行为关系则反映了人对于客观事物的反作用过程。行为关系体现了主体的能动性，反映了主体运用自己的本质力量对客体施加反作用力，创造新价值的过程，价值增值是行为关系的核心内容，也是价值关系与行为关系的根本差异之所在。任何价值关系既需要进行消费，也需要进行生产，才得以持续地存在和发展下去。如果没有价值生产，价值关系就会成为无源之水；如果没有价值消费，价值关系就会将变得毫无不意义。

人通过实践活动进行价值生产，使实践活动具有价值增值的特征，行为关系可以看作是一种特殊的、能够产生价值转化与价值增值的价值关系，它是一种把主体的本质力量和主体的生存与发展联系起来的价值关系。总之，行为关系是一种特殊的价值关系，是人类主体的自身行为的价值关系。

二、意志的本质

人类主体自身的行为关系作为一种特殊的事物，必然会反映到人的头脑中，人脑对于自身的行为关系的主观反映就是意志，它构成人的主观意识的第四种基本形式。由此可得：

意志的本质：人脑对于自身的行为关系（或行为的存在关系）所产生的

主观反映，就是意志。

意志是人对于自身行为关系的主观反映，其客观目的在于引导、控制和修正自己的行为关系，使之能够有效地约束自己的一切行为活动，正确地利用自身的脑力、体力和生理力，正确地支配自己的各种价值资源，并投入到正确的事物之中，使之产生最大的价值增长率。

意志既要考虑客观事物本身的运动状态与变化规律，还要考虑主体的利益需要，尤其要考虑人对于客观事物的反作用能力，它是一种能动的、创造性的反映活动。意志包括宏观目标的决策、整体规划的设计、实施细则的制定、具体行为的运行、行为模式的修正五个方面。意志的基本功能就在于引导人们如何正确地认识自己的行为、实施自己的行为、计算自己的行为、利用自己的行为、创造性地调整和修正自己的行为。

行为、行为关系及意志的逻辑关系，如下图：

行为、行为关系及意志的逻辑关系

三、意志与情感

意志与情感的关系主要表现在：

一是意志是一种特殊的情感。意志是人脑对于自身的行为关系的主观反映，人通过行为活动进行价值生产，使行为活动具有价值生产的特征，因此行为关系可以看作是一种特殊的、能够价值转化与价值增值的价值关系，而价值关系在人的头脑中的主观反映就是情感，因此意志是一种特殊的情感。

二是情感是人脑对于事物价值关系的相对性评价，因此意志是人脑对于行为价值关系的相对性评价。

三是情感的基本功能是帮助人类如何正确地识别价值、表达价值、计算价值、消费价值与创造价值；意志的基本功能是帮助人类如何正确地利用自己的行为、控制自己的行为和修正自己的行为，使自己的行为能够实现最大的价值率。

四、客观、主体关系及主观的逻辑关系

前面已经阐述了感觉与存在关系、认知与事实关系、评价与价值关系、意志与行为关系等内容，显然，物质、事物、价值、行为等都属于客观范畴，存在关系、事实关系、价值关系、行为关系等都属于主体关系范畴，感觉、认知、评价、意志等都属于主观范畴。

由于事实关系实际上就是事物的存在关系，因此事实关系是一种特殊的存在关系，那么认知就是一种特殊的感觉；由于价值关系实际上就是“以人的生存与发展相联系”的事实关系，因此价值关系是一种特殊的事实关系，那么情感就是一种特殊的认知；由于行为关系实际上就是行为的价值关系，因此意志是一种特殊的情感。

由此可得：客观、主体关系及主观的逻辑关系，如下图：

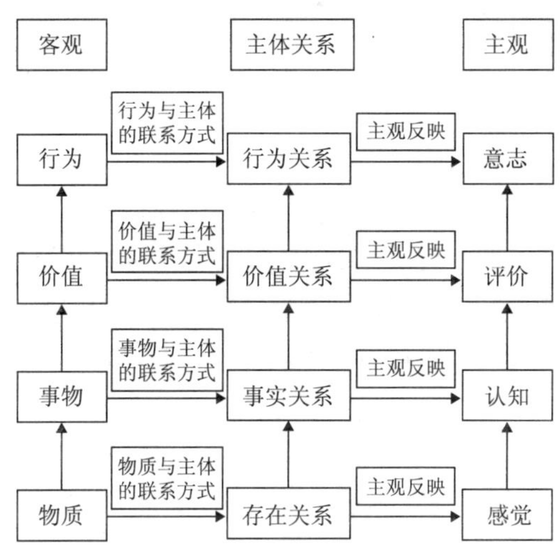

客观、主体关系及主观的逻辑关系

第十节　意志的生理机制

情感的本质是人脑对于事物价值关系所产生的主观反映。在所有的事物中，有一种特殊的事物，那就是人自身的行为。意志的本质是人脑对于自身行为的价值关系所产生的主观反映。人类的情感主要产生于事物在大脑所形成的兴奋灶与杏仁体之间的神经联系。人的每一种行为在大脑中的相应区域也存在相应的兴奋灶，并且都与杏仁体之间存在神经联系，从而使人脑对于自身的行为产生情感，这种特殊的情感就是意志。

一、意志的生理器官

一般情况下，人的行为是始终在意志的控制之下完成的，而意志的核心器官是基底核。

基底核：大脑深部一系列神经核团组成的功能整体，称之为基底核，它是位于大脑皮质底下一群运动神经核的统称，与大脑皮层、丘脑和脑干相连。大脑基底核包括：纹状体、苍白球、黑质、丘脑下核。其主要功能为自主运动的控制、整合调节细致的意识活动和运动反应，它同时还参与记忆、情感和奖励学习等高级认知功能。

基底核对于行为的作用主要有三条：

1. 行为逻辑开关系统

基底核通过直接通路和间接通路来实现对于各种行为的逻辑控制。其中，直接通路是：大脑皮质→纹状体→内苍白球/黑质→丘脑→大脑皮质，其主要目的在于激发相应的行为；间接通路是：大脑皮质→纹状体→外苍白球→丘脑下核→内苍白球/黑质→丘脑→大脑皮质，其主要目的在于抑制相应的行为。

2. 皮层注意系统

由于人类行为往往会引发许多事物的动态性变化，因此人必须对各种行为的实施过程进行有效的监控。注意系统的客观目的在于实现对于各种行为的有效监控。通常情况下，人的行为是在注意系统的作用下得以激发或抑制，并通过基底核的直接通路或间接通路反馈到大脑皮层。

3. 行为记忆系统

各种行为的实施过程会被记忆下来。其中，短期的行为实施情况会存入海马体内，长期的行为实施情况会通过基底核的直接通路或间接通路存入大脑皮层的相应区域。

二、行为与价值目标物

人的行为可分为超复杂行为、复杂行为、简单行为、具体动作四个基本层次。其中，超复杂行为是由众多的复杂行为进行有机组合而成的，复杂行为是由众多的简单行为进行有机组合而成的，简单行为是由众多的具体动作进行有机组合而成的，而且在这四个基本的行为层次之间还存在若干个亚层次的行为。

一般来说，人的任何行为都不是盲目的，都存在一定的价值目的，即使本能性、消遣性、娱乐性等方面的行为都存在直接或间接的、显性或隐性的价值目的。因此，人的每种行为都有确定的价值追求，都有确定的价值目标物与之相对应。

超复杂行为的价值目的通常有超复杂的价值目标物与之相对应，例如，两性间的行为与爱情（或家庭）、信仰行为与信仰类别、事业追求行为与事业类别等；复杂行为的价值目的通常有复杂的价值目标物与之相对应，例如，职务行为与工资（或奖金）、购物行为与商品类别、旅游行为与风景名胜类别等；简单行为的价值目标通常有简单的价值目标物与之相对应，例如，吃饭行为与消除饥饿、睡觉与消除疲劳、步行与回家（或上班）等。

无论是行为（超复杂行为、复杂行为和简单行为），还是价值目标物（超复杂行为的价值目标物、复杂行为的价值目标物、简单行为的价值目标物或具体动作的目标物），都会在大脑皮层的相应区域存在相应的兴奋灶。一般来说，行为的兴奋灶位于大脑的躯体运动中枢（即中央前回），价值目标物的兴奋灶位于额叶联络区。其中，超复杂行为及其价值目标物的兴奋灶通常位于大脑皮层的联络区（或多膜联合皮层），复杂行为及其价值目标物的兴奋灶通常位于大脑皮层的次级区（或单膜联合皮层），简单行为和具体动作及其价值目标物的兴奋灶通常位于大脑皮层的初级区（或初级联合皮层）。

三、行为激发与逻辑开关

超复杂行为是由众多的复杂行为进行有机组合而成的，超复杂行为在实施过程中，一方面必须对各种复杂行为在空间上进行合理分配；另一方面必须对各种复杂行为在时间上进行合理布置，因此必须有一个逻辑开关系统，来有效地控制各种超复杂行为的激发过程与抑制过程。同样，复杂行为、简单行为和具体动作必须分别有一个逻辑开关系统，来有效地控制各种行为的激发过程与抑制过程。

超复杂行为与复杂行为的逻辑开关可能位于大脑皮层内，简单行为与具体动作的逻辑开关可能位于基底核的纹状体。

基底核中的纹状体中大约有一亿神经元。其中 70%以上为输出神经元，这些输出神经元在其树突上分布有非常致密的棘头，故称为棘状神经元。这些棘头是棘状神经元与传入纹状体的轴突形成突触的部位，输入纹状体的轴突主要来自大脑皮层、丘脑和杏仁体。这些轴突进入纹状体后，展出覆盖范围甚大的侧枝，与大量纹状体神经元形成突触。反过来，每个纹状体神经元也和大量的输入轴突形成突触。据估计，每个棘状神经元接受来自 7500—15000 个不同轴突的输入。这种连接模式可能类似于一种电子电路中的组合逻辑，它主要就是用以控制人类简单行为和具体动作的逻辑开关。

四、人类行为的规划过程与实施过程

人类行为的规划过程大致可分为四个基本阶段：战略部署（即超复杂行为）、战役规划（即复杂行为）、战术设计（即简单行为）、细则安排（即具体动作），即“自上而下”地展开；人类行为的实施过程大致可分为四个基本阶段：细则安排（即具体动作）、战术设计（即简单行为）、战役规划（即复杂行为）、战略部署（即超复杂行为），即“自下而上”地展开。显然，两个过程的逻辑方向正好相反。

战略部署（即超复杂行为）规划过程的生理机制是：某一种超复杂行为

所对应的大脑皮层中相应区域的兴奋灶得到激发后，会使人产生强烈的情感体验，这个兴奋灶将对额叶区的若干复杂行为的兴奋灶产生强烈的吸引力，并使之按照一定的结构方式组合成一个新的兴奋灶群，组合的原则是尽可能使合成的兴奋强度达到最大值，从而使各个复杂行为能够协调一致，并产生具有极大值价值率的组合方式。这一过程往往会反复多次，最后来确定一个具有最大值价值率的复杂行为组合方式作为实现这一价值目标的战役规划。复杂行为、简单行为、具体动作的规划过程的生理机制，与超复杂行为规划过程的生理机制基本相同。

战略部署（即超复杂行为）实施过程的生理机制是：组成该超复杂行为的各个复杂行为分别在其兴奋灶的兴奋强度的作用下，并且在“行为激发和逻辑开关”的激发下，按照“战略部署”所规定的逻辑顺序、时间排序方法和空间配置法则，逐渐得以实施；随着各个复杂行为实施过程的不断展开，其兴奋灶的兴奋强度逐渐衰减，直到所有复杂行为实施完毕，所有复杂行为兴奋灶的兴奋强度全部降至零，该超复杂行为兴奋灶的兴奋强度也降为零，其实施过程全部完毕。复杂行为、简单行为、具体动作实施过程的生理机制，与超复杂行为实施过程的生理机制基本相同。

人类行为的实施过程，如下图：

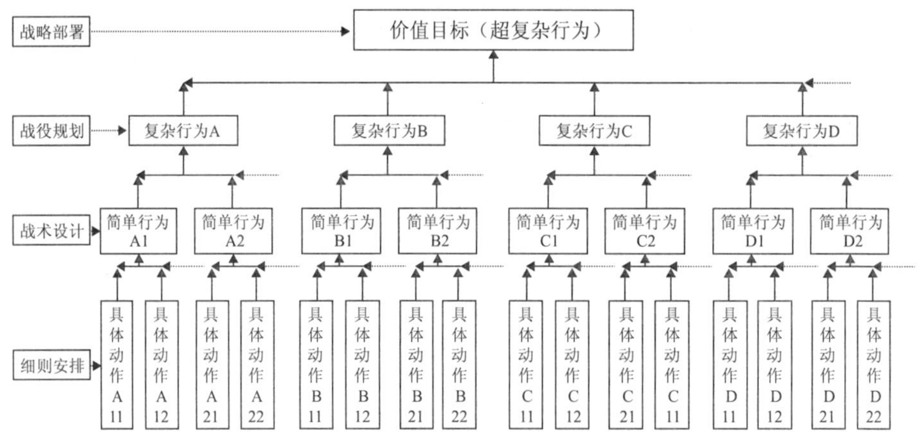

人类行为的实施过程

第十一节　人类意识的“四步曲”

人的四种基本的主观心理活动（感觉、认知、情感与意志）分别反映了四种基本的客观事物（存在关系、事实关系、价值关系和行为关系）。人为了生存和发展就必须：第一是感觉各种事物的存在关系，第二是了解各种事物的事实关系，第三是掌握这些事物对于人的价值关系，第四是掌握每种自身行为的价值关系，并且判断、选择、组织和实施一个最佳的行动方案。第一步由感觉活动来完成，第二步由认知活动来完成，第三步由评价（价值观与情感）活动来完成，第四步由意志活动来完成，因此从感觉到认知，再从认知到情感，最后从情感到意志，是一条基本的、不可分割的人类自控行为的流水线。

一、意识过程的四个基本阶段

人们认识世界的主观意识过程，通常可以分为四个基本阶段：

1. 感觉阶段

目的在于解决“有什么”或“什么存在”的问题。人只有首先了解事物的外在特性（或外部联系），然后才能在此基础上探索事物的内在规律（内在本质）。

2. 认知阶段

目的在于解决“是什么”或“什么事实”的问题。人只有首先了解事物的内在规律（内在本质），才能在此基础上探索事物的价值特性。

3. 评价阶段

目的在于解决“有何用”或“有什么价值”的问题。人只有首先了解事物的价值特性，才能在此基础上探索对于事物的处理措施。

4. 意志（或决策）阶段

目的在于解决“怎么办”或“实施什么行为”的问题。意志的根本作用在于选择一个最合适的行为，以便能够充分有效地利用事物的价值特性。

没有“感觉”的认知就是一种盲目的认知，没有“认知”的评价就是一种盲目的评价，没有“评价”的意志就是一种盲目的意志；没有“意志”的评价就是一种麻木的、空洞的评价，没有“评价”的认知就是一种麻木的、空洞的认知，没有“认知”的感觉就是一种麻木的、空洞的感觉。

二、感、知、情、意的辩证关系

感、知、情、意分别是人脑对于存在关系、事实关系、价值关系和行为关系的主观反映，感、知、情、意的辩证关系在根本上取决于存在关系、事实关系、价值关系与行为关系的辩证关系。

1. 感觉、认知、情感与意志的逻辑关系

感觉是从众多的物质之间的相互中找出存在关系，认知是从众多的存在关系中找出事实关系，情感（即评价、情感或价值观）是从众多的事实关系中找出价值关系，意志是从众多的价值关系中找出行为关系。

2. 感、知、情、意的进化顺序

首先产生感觉、再出现认知，然后出现情感，最后形成意志。认知作为一种特殊的感觉，是从一般的感觉中分离出来的；情感作为一种特殊的认知，是从一般的认知中分离出来的；意志作为一种特殊的情感，是从一般的情感中分离出来的。

3. 感、知、情、意的控制功能

从功能控制来看：意志控制着情感，情感又控制着认知，认知又控制着感觉。意志对情感的控制不是对情感的否定和压抑，而是对情感的综合运用和统筹兼顾，使人不至于在各种情感上顾此失彼或轻重失衡；同样，情感对认知的控制不是对认知的否定和压抑，而是对认知的协调和组织，使认知不至于盲目而忙乱；同样，认知对感觉的控制不是对感觉的否定和压抑，而是对感觉的协调和组织，使感觉不至于漫无边际。

4. 感知情意的逻辑递进关系

存在关系是指物质与周围其他物质所有联系的总和，事实关系是指事物与周围其他事物所有联系的总和，存在关系包括物质的存在关系与事物的存在关系两个方面，事实关系是一种特殊的存在关系，因此认知是一种特殊的感觉；价值关系是指事物对于人类主体的生存与发展中所产生的推动作用，而“人类主体的生存与发展”是一种特殊的事物，价值关系又是一种特殊的事实关系，因此评价（即价值观与情感）是一种特殊的认知；行为关系是指人类主体对于事物的反作用，以进一步推动人类主体的生存与发展，行为关系可以看作是一种特殊的、能够产生价值转化与价值增值的价值关系，因此意志是一种特殊的评价（即价值观与情感）。从广义角度来看，感、知、情、意都是人类的一种认识活动，只是各自侧重于不同的角度，感觉侧重于从信息接收的角度来进行认识，认知侧重于从信息分析的角度来进行认识，情感（即评价或价值观）侧重于从意义的角度进行认识，意志侧重于从行为效应的角度进行认识。

5. 感觉、认知、情感与意志相互区别

其主要区别是：感觉一般是以粗略的、即时的、现实的形式出现，认知一般是以抽象的、精确的、逻辑推理的形式出现，情感一般是以直观的、模糊的、非逻辑的形式出现，意志一般是以潜意识的、随意的、能动的形式出现；感觉主要是关于“有什么”的认识，认知主要是关于“是什么”的认识，情感主要是关于“应如何”的认识，意志主要是关于“怎么办”的认识。如果把感觉、情感、认知及意志割裂开来，就会使情感与意志没有客观依据而变成了“公说公有理，婆说婆有理”；如果把感觉、认知、情感与意志混淆起来，又会使情感与意志失去公正性而变成了“成者为王，败者为寇”；如果把情感与意志割裂开来，就会使情感成了空洞的情感；如果把情感与意志混淆起来，又会使情感成了糊涂的情感。

6. 感觉、认知、情感与意志相互依存、相互联系

存在关系是事实关系的源泉，事实关系是价值关系的源泉，价值关系是行为关系的源泉，因此感觉是认知的源泉，认知是情感的源泉，情感是意志的源泉；存在关系以事实关系为导向，事实关系以价值关系为导向，价值关系又以行为关系为导向，因此感觉以认知为导向，认知以情感为导向，情感以意志为导向；认知最初是从感觉中逐渐分离出来的，它又反过来促进感觉的发展；情感最初是从认知中逐渐分离出来的，它又反过来促进认知的发展；意志最初是从情感中逐渐分离出来的，它又反过来促进情感的发展；感觉、认知、情感与意志相互渗透、相互作用、互为前提、共同发展。

人类心理过程的逻辑关系如下图：

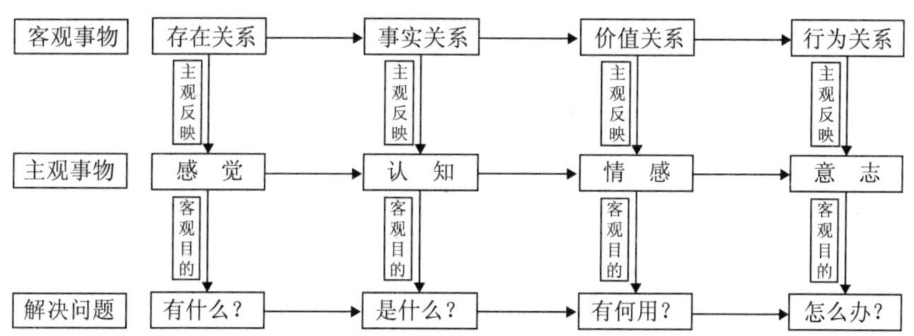

人类心理过程逻辑关系图

第十二节 感、知、情、意的交互作用

感、知、情、意是人类认识世界的四种基本的心理活动形式，它们分别是人脑对于存在关系、事实关系、价值关系、行为关系所产生的主观反映，四者相互配合、相互制约、相互促进、共同发展，它们之间的交互作用主要表现在四个方面。

一、基础作用

感觉是人脑对于存在关系所产生的主观反映，认知是人脑对于事实关系所产生的主观反映，情感是人脑对于价值关系所产生的主观反映，意志是人脑对于行为关系所产生的主观反映。事实关系是一种特殊的、高级形式的存在关系，认知是一种特殊的、高级形式的感觉；价值关系是一种特殊的、高级形式的事实关系，情感是一种特殊的、高级形式的认知；行为关系是一种

特殊的、高级形式的价值关系，意志是一种特殊的、高级形式的情感。反过来可以说，感觉是认知的基础，认知是情感的基础，情感是意志的基础。

1. 感觉对于认知的基础作用

感觉为认知提供基础的素材，感觉是认知的源泉，认知的过程实际上就是对于感觉所形成的素材进行加工。感觉的素材越丰富，认知的结果就越全面；感觉的素材越细致，认知的结果就越精确。

2. 认知对于情感的基础作用

认知为情感提供基础的素材，认知是情感的源泉，情感的过程实际上就是对于认知所形成的素材进行加工。认知的素材越丰富，情感的结果就越全面；认知的素材越细致，情感的结果就越精确。

3. 情感对于意志的基础作用

情感为意志提供基础的素材，情感是意志的源泉，意志的过程实际上就是对于情感所形成的素材进行加工。情感的素材越丰富，意志的结果就越全面；情感的素材越细致，意志的结果就越精确。

二、引导作用

意志的根本作用在于引导人对于不同的行为采取不同的态度和选择倾向：具有较高价值率的行为，将会得到优先激发，从而具有较高的使用频率和运动规模；具有较低价值率的行为，将会受到压抑，从而具有较低的使用频率和运动规模。由于行为关系与价值关系具有一定的内在逻辑联系，因此意志对于行为的这种引导作用将会转移和传播到价值关系上去，从而形成意志对于情感（或价值关系）的引导作用；由于价值关系与事实关系具有一定的内在逻辑联系，因此意志对于情感的这种引导作用将会转移和传播到事实关系上去，从而形成情感对于认知（或事实关系）的引导作用；由于事实关系与存在关系具有一定的内在逻辑联系，因此情感对于认知的这种引导作用将会转移和传播到存在关系上去，从而形成认知对于感觉（或存在关系）的引导作用。

1. 意志对于情感的引导作用

由于任何行为都会对应着许多相关的事物（包括行为主体、行为环境与行为对象等），意志对于行为价值特性的引导必然会包含或涉及对于事物价值特性的引导，因此对于意志、对于行为的引导必然会包含或涉及对于情感（或价值）的引导。例如，人将会对于那些与自己的价值目标、整体规划、实施细则等存在较高相关性的事物，产生较高的情感强度；对于那些与自己的价值目标、整体规划、实施细则等存在较低相关性的事物，产生较低的情感强度。

2. 情感对于认知的引导作用

由于任何价值都会对应着许多相关的事物（包括价值主体、价值环境与价值对象等），情感对于事物的价值特性的引导必然会包含或涉及对于事物的一般特性的引导，因此对于情感、对于价值的引导必然会包含或涉及对于认知（或事实）的引导。例如，对于与自己存在较强利益相关性的事物（如理论、观点、证据、规律、数据等），人将会形成较高的敏感性，并会优先进行认知；对于那些利益相关性较弱的事物，人将会形成较低的敏感性，往往不感兴趣，甚至是熟视无睹。

3. 认知对于感觉的引导作用

任何事物的一般属性都会与事物的存在属性有着直接或间接的联系，情感对于事物的一般属性的引导必然会包含或涉及对于事物的存在属性的引导，因此对于认知、对于事实的引导必然会包含或涉及对于感觉（或存在）的引导。例如，对于那些与自己形成直接联系的物理化学现象、自然现象（如声音、色彩、人物、物品等），人将会具有较高的敏感性，并会优先进行感觉；对于那些与自己没有直接联系的物理化学现象、自然现象，人将会具有较低的敏感性。

三、修正作用

人的一切行为都会遵循“最大价值率法则”，意志将会引导人实施具有最大价值率的行为，以实现价值资源的最大收益率。人在实施行为以后，将会对行为的实际价值率进行评价，然后，与行为的预期价值率进行对比，如果两者相吻合，人将会强化这种行为或意志；如果两者出现严重偏离，人就会修正这种行为或意志。

由于行为关系是在价值关系的基础上发展起来的，并与价值关系具有密切的联系，因此行为关系的认知修正，必然会引发价值关系的认知修正；同理，由于价值关系是在事实关系的基础上发展起来的，并与事实关系具有密切的联系，因此价值关系的认知修正，必然会引发事实关系的认知修正；同理，由于事实关系是在存在关系的基础上发展起来的，并与存在关系具有密切的联系，因此事实关系的认知修正，必然会引发存在关系的认知修正。

人对于感觉、认知、情感和意志的修正过程实际上就是不断总结经验、吸取教训的过程。感觉、认知、情感和意志在修正方面的交互作用主要表现在：

1. 意志对于情感的修正作用

由于任何行为都会对应着许多相关的事物（包括行为主体、行为环境与行为对象等），对于行为价值特性的认知修正必然会包含或涉及对于事物价值特性的认知修正，因此对于意志（或行为）的修正必然会包含或涉及对于情感（或价值）的修正。

2. 情感对于认知的修正作用

由于任何价值都会对应着许多相关的事物（包括价值主体、价值环境与价值对象等），对于事物价值特性的认知修正必然会包含或涉及对于事物一般属性的认知修正，因此对于情感（或价值）的修正必然会包含或涉及对于认知（或事实）的修正。

3. 认知对于感觉的修正作用

任何事物的一般属性都会与事物的存在属性有着直接或间接的联系，对于事物一般属性的认知修正必然会包含或涉及对于事物存在属性的认知修正，因此对于认知（或事实）的修正必然会包含或涉及对于感觉（或存在）的修正。

四、预测作用

根据事物运动的连续性以及事物之间的内在联系（尤其是因果联系），人可以对于各种事物的未来状态进行预测。预测包括意志的预测（即行为的预测）、情感的预测（即价值的预测）、认知的预测（即事实的预测）、感觉的预测（即存在的预测）。

1. 意志对于情感的预测作用

由于任何行为都会对应着许多相关的事物（包括行为主体、行为环境与行为对象等），对于行为价值特性的预测必然会包含或涉及对于事物价值特性的预测，因此对于意志（或行为）的预测必然会包含或涉及对于情感（或价值）的预测。当某一专业技术培训的计划制定并开始实施以后，必然引发自己在专业水平、社会地位、薪酬待遇等方面一系列的变化。

2. 情感对于认知的预测作用

由于任何价值都会对应着许多相关的事物（包括价值主体、价值环境与价值对象等），对于事物价值特性的预测必然会包含或涉及对于事物一般属性的预测，因此对于情感（或价值）的预测必然会包含或涉及对于认知（或事实）的预测。例如，当职务得到升迁以后，自己在同事、朋友及亲人之中，将会具有更多的话语权，更多的发展空间。

3. 认知对于感觉的预测作用

任何事物的一般属性都会与事物的存在属性有着直接或间接的联系。对于事物一般属性的预测必然会包含或涉及对于事物存在属性的预测，因此对于认知（或事实）的预测必然会包含或涉及对于感觉（或存在）的预测。例如，根据天体运动的规律推算出来，在未来的某一时刻人们将会观察到日食或月食现象。

第十三节 感商、智商、情商与意商

目前，人们普遍认为，在智力商数以外，只存在一个生命科学参照元素：情绪商数（即情商 EQ）。事实上，除了“智商”和“情商”外，还存在另外两个相对独立的生命科学参照元素，这就是“感商”与“意商”，它既不同于智商，也不同于情商。

一、综合心理素质的基本结构

人的全部认识活动可分解为感、知、情、意四种相对独立的心理活动，人的综合心理素质也相应地分解为四种相对独立的心理素质。

1. 感觉素质

感觉素质的高低取决于人对于存在关系的主观反映与实际情况相吻合的程度，它包括视觉、听觉、味觉、嗅觉、触觉等方面的能力。

2. 认知素质（或智力素质）

认知素质的高低取决于人对于事实关系的主观反映（包括感觉、知觉、表象、概念、判断和推理等）与实际情况相吻合的程度，它包括对事物的感觉、知觉和表象的能力，对概念进行判断、推理、分析、归纳等方面的思维能力。

3. 情感素质

情感素质的高低取决于人对于价值关系的主观反映（感情、欲望、情绪和价值观等）与实际情况相吻合的程度，它包括对价值的情感反映、情感记忆、情感应变、情感敏锐以及情感的理性思维等方面的能力等。

4. 意志素质

意志素质的高低取决于人对于自身行为关系的主观反映（设想、计划、方案、措施、毅力等）与实际情况相吻合的程度，它包括意志的果断性、自觉性、自制性、坚韧性等，具体体现为形成创造性设想、准确性判断、果断性决策、周密性计划、灵活性方案、有效性措施、坚定性行为等方面的能力。

二、感商、智商、情商与意商的内涵

人的智力素质可采用“智商”参量来描述，其大小取决于人的智力年龄与其实际年龄的比值。同理，人的感觉素质可采用“感商”参量来描述，其大小取决于人的感觉年龄与其实际年龄的比值；人的情感素质可采用“情商”参量来描述，其大小取决于人的情感年龄与其实际年龄的比值；人的意志素

质可采用“意商”参量来描述，其大小取决于人的意志年龄与其实际年龄的比值；人的综合心理素质可采用“心商”参量来描述，其大小取决于人的综合心理年龄与其实际年龄的比值。其中，心商可用感商、智商、情商与意商的加权平均值来确定，其加权数主要取决于存在关系、事实关系、价值关系与实践关系分别在人的生活和工作中所占据的比重。

“感商”较高的人能够敏锐地感觉各种自然物质的物理化学现象，从而为大脑的思维与判断提供准确的信息来源，“耳聪目明”实际上就是反映一个人对于外界事物各种物理化学信息的接收能力。

“智商”较高的人能够敏锐地感知自然现象和社会现象的某些细微变化，并迅速地、准确地、全面地、深刻地认识和掌握其内在本质和规律性，因而具有较高的专业技术水平和科研能力。这种人对于客观事物及其规律性有敏锐的观察能力、全面的分析能力、深刻的理解能力和强大的记忆能力。

“情商”较高的人能够敏锐地感知社会现象和个人言行的某些细微变化，并迅速、准确、全面、深刻地认识和掌握个人、集体及社会各种利益关系的内在本质，能够从他人细微的形体动作、面部表情、眼神等变化中，观察并摸索出对方的主观意图、感情、欲望、情绪等，能够从他人面部表情的细微变化中感受到自己的言行举止对于他人的情绪所产生的影响，从而推断出对于他人利益关系所产生的影响。这种人对于各种利益关系及其变化规律性有敏锐的观察能力、全面的分析能力、深刻的理解能力和强大的记忆能力，有很高的情绪控制能力和情绪感染能力，对周围人有强大的号召力和鼓动力，有较高的领导与管理才能，有灵活的处世方法和人际交往能力。

“意商”较高的人能够准确地、严格地控制自己各种活动的强度、稳定性、灵活性、发生频率或概率、牵涉范围、作用对象等，并准确地估算、全面地掌握、深刻地了解自己的活动可能产生的积极作用和消极作用，从而正确而果断地作出相应的行为决策，并有效地实施它。“意商”高的人既能顽强奋斗又能急流勇退，既有原则性又有灵活性，既有创造性又有继承性；他善于总结经验教训，不犯重复性错误；他善于中庸之道，既不犯“左”倾冒进的错误，也不犯“右”倾保守的错误；他能够保持其行为规范与道德准则的连续性和稳定性，在为人处世上做到不卑不亢、以身作则、言行一致、信守诺言；他办事利索、决策果断，有顽强的毅力和坚韧不拔的意志；他心胸宽阔、严于律己，有强烈的社会责任感和牺牲精神等。

三、感商、智商、情商与意商的辩证关系

感商、智商、情商与意商的辩证关系主要表现在四个方面：

一是感商是智商的基础，智商是情商的基础，情商是意商的基础。感商、

智商、情商与意商分别反映人对于存在关系、事实关系、价值关系和行为关系的处理能力。由于事实关系是在存在关系的基础上发展起来的，认知是从感觉的基础上发展起来的，因此感商是智商的基础；由于价值关系是在事实关系的基础上发展起来的，情感是从认知的基础上发展起来的，因此智商是情商的基础；由于行为关系是在价值关系的基础上发展起来的，意志是从情感的基础上发展起来的，因此情商是意商的基础。

二是智商是一种特殊的感商，情商是一种特殊的智商，意商是一种特殊的情商。由于事实关系是一种特殊的存在关系，认知是一种特殊的感觉，因此智商是一种特殊的感商；由于价值关系是一种特殊的事实关系，情感是一种特殊的认知，因此情商是一种特殊的智商；由于行为关系是一种特殊的价值关系，意志是一种特殊的情感，因此意商是一种特殊的情商。

三是情商与意商的发展，为感商与智商的发展确立基本的方向。情商与意商较高的人能够充分有效地利用自己现有的智力资源，并使自己的智力朝着能够产生最大效益的方向发展，而不是盲目地、凭一时兴致来发展自己的智力；意商的发展又为情商的发展确立基本的方向，意商较高的人能够有效地控制自己的情感和行为活动，不会盲目地爱一个人或恨一个人，他会使自己的情感朝着能够产生可持续的、最大效益的方向发展。

四是感商、智商、情商与意商既相互区别、相互独立，又相互促进、共同发展。一般来说，感商与智商的提高将有利于情商与意商的提高，情商与意商的提高也将有利于感商与智商的提高。不过，这四者毕竟是相对独立的，感商与智商较高的人，其情商与意商未必较高；情商与意商较高的人，其感商与智商未必较高。

第三章 情感进化论

达尔文认为，人类机体状态与生物机体的发展是一个不断进化的过程，具体表现为生物种类不断分化而增多，细胞结构不断复杂而有序，组织功能不断深化而加强。

“统一价值论”认为价值不是从来就有的，也不是人类独有的，是生物进化的产物，把达尔文的“生物进化论”思想应用于价值理论就形成了“价值进化论”，它是唯物主义还原论在价值论领域的延伸。价值进化论认为，生物是从非生物进化而来，人类又是从低等生物进化而来，那么具有人类性质的价值现象必然是从非人类的其他物质现象进化而来，即价值的前身或胚胎必然是某种物理量或化学量，价值现象的出现也必然经历一个从简单到复杂、从低层次到高层次、从单一性到多样性逐渐进化和演变的过程，价值的原始形式（称为潜价值）与价值之间没有不可逾越的鸿沟。价值事物与价值观念随着人类社会的进化而发展，不可能存在一个突然出现的、永恒不变的、理性的、绝对的价值尺度和价值标准。

人的情感是事物的价值在人的头脑中的主观反映，情感与价值的关系在本质上是主观与客观的关系，情感的产生在根本上取决于价值的产生，情感的变化在根本上取决于价值的变化。因此可以认为情感也不是从来就有的，也不是人类独有的，也是生物进化的产物，把达尔文的“生物进化论”思想应用于情感理论就形成了“情感进化论”，它是唯物主义还原论在情感领域和心理学领域的延伸。由于客观事物的价值反映到人的头脑中就形成了情感，因此价值进化论向人的精神领域的扩展就形成了情感进化论。情感进化论认为，既然生物是从非生物进化而来，人类又是从低等生物进化而来，那么具有人类性质的情感现象必然是从非人类的其他物质现象或生物现象进化而来，即情感的前身或胚胎必然就是某种生物现象（如趋性、无条件反射等），情感现象的出现也必然经历一个从简单到复杂、从低层次到高层次、从单一性到多样性逐渐进化和演变的过程，不可能存在一种突然出现的、永恒不变的、理性的、绝对的人类情感。

由于情感是人脑（或生物体）对于价值的主观反映，其客观目的在于引导生物体能够更好地利用这些价值。情感的进化过程在根本上取决于价值的进化过程，有什么样的价值形式必然对应着什么样的情感形式，情感的进化阶段划分与价值的进化阶段划分基本一致。

第一节 生命、价值与情感的起源

情感是人脑对于价值的主观反映，情感与价值的关系实际上就是主观与客观的关系，客观决定主观，价值决定情感，因此情感的起源必然取决于价值的起源；由于价值是生命的动力源，生命决定价值，因此价值的起源又取决于生命的起源。也就是说，生命的起源在根本上决定着价值的起源，而价值的起源在根本上又决定着情感的起源。

一、生命的起源

生命是物质运动的高级发展形式，它必须遵守一切物理规律和化学规律，生命不是从来就有的，它是物质运动不断进化的产物，生命的起源（化学起源说）可分为四个发展阶段。

1. 从“无机小分子”生成“有机小分子”

地球原是一个巨大的火球，随着温度的逐渐降低，在重力的作用下，较重的物质下沉到中心，形成了地核；较轻的物质漂浮到地面，冷却后形成地壳。地球内部所产生的氢气、氧气化合以后产生水蒸气，碳与氧气化合以后产生二氧化碳气体，碳与氢气化合以后产生甲烷，氮气与氢气化合以后产生氨气，硫与氢气化合产生硫化氢气体等，这些还原性气体在天空闪电、火山喷发、热泉喷发等自然现象的作用下，形成了多种氨基酸、有机酸（如核苷酸）等有机化合物。

2. 从“有机小分子”生成“有机大分子”

在原始海洋中，各种氨基酸、核苷酸等有机小分子物质经过长期积累，相互作用，在适当条件下（如黏土的吸附作用），通过缩合作用或聚合作用形成了原始的蛋白质分子、核酸分子和核蛋白分子等有机大分子。

3. 从“有机大分子”组成“有机多分子体系”

各种有机大分子经过长期积累，相互作用，并在适当条件下形成了有机多分子体系（即团聚体）。一般情况下，有机多分子体系同时表现出非生命特征和生命特征两个方面：当它处于中断状态（即停止活动）时，就是一个由众多有机大分子化合物所组合而成的聚合体，从而表现为非生命的基本特征；当它处于连续状态（即展开活动）时，就能够完成新陈代谢、自我生长和自我繁殖等生命过程，从而表现出生命的基本特征。

4. 从“有机多分子体系”演变为“原始生命”

有机多分子体系虽然具有合成、分解、生长、生殖等现象，但表现出不连续和不稳定的特征，不是真正的、完整的生命体。在原始的海洋中，各种团聚体经过长期积累，相互作用，并在适当条件下逐渐形成了具有连续而稳定的新陈代谢特征、生长特征和自我繁殖特性的原始生命（即原核生物）。

原始生命起源的时间序列，如下图：

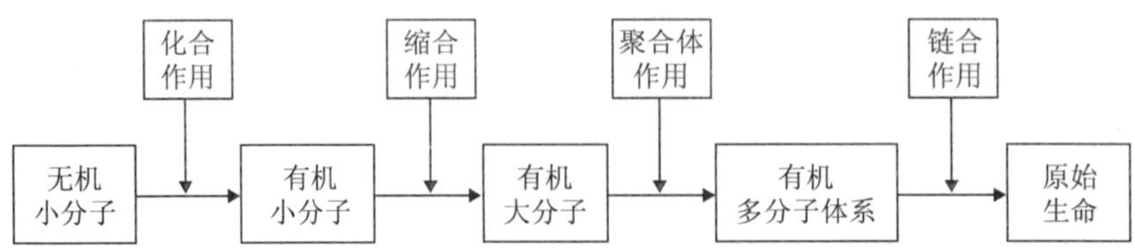

原始生命起源的时间序列

二、价值的起源

价值是生命得以生存和发展的动力源，价值不是从来就有的，它伴随着生命的产生而产生，并伴随着生命的进化而进化。价值的起源分为四个发展阶段。

1. 从“无机小分子能量”到“有机小分子能量”

地球原始的还原性气体（二氧化碳、氨气、硫化氢、水等）在天空闪电、火山喷发、热泉喷发等自然现象的作用下，形成了多种氨基酸、有机酸等有机化合物。有机小分子能量的特点是：具有高度的生物化学活性，便于进行能量的交换与传递，但它属于无序化有机能量。

2. 从“有机小分子能量”到“有机大分子能量”

在原始海洋中，各种氨基酸、核苷酸等有机小分子物质通过聚合作用形成了原始的蛋白质分子、核酸分子和酶分子等有机大分子。有机大分子能量的特点是：蛋白质的四级结构使其能量形式和功能特性呈现高度的多样性，核酸的信息储存、复制和传递功能使各种形式的蛋白质能够按照特定的功能要求进行自我生长和自我复制，酶能够加快能量交换与传递的效率和速度，加快蛋白质的自我生长和自我复制的效率和速度，但它仍然属于无序化有机能量。

3. 从“有机大分子能量”到“有机多分子体系能量”

各种有机大分子经过长期积累，相互作用，并在适当条件下形成了有机多分子体系（即团聚体）。有机多分子体系能量的特点是：能量能够在相对独立的环境中进行不连续的、不稳定的、不完整的有序化转化，这些有序化的能量就是“前价值”或“准价值”。有机多分子体系能量就是一种介于有序化能量与无序化能量之间，即介于价值与非价值之间，属于“准价值”。

4. 从“有机大分子体系能量”到“生物化学能”

在原始的海洋中，各种团聚体经过长期积累，相互作用，并在适当条件下逐渐形成了具有连续而稳定的新陈代谢特征、生长特征和自我繁殖特性的原始生命（即原核生物）。原核生物的特点是：其体内的生物化学能主要是由各种无机能、低分子有机能以及太阳能等转化而来，它们能够在相对独立的环境中对这些能量进行较为连续的、较为稳定、较为完整的有序化转化，因此这些生物化学能就是最原始的“价值”，它们是原核生命得以生存与发展的动力源。

原始价值起源的时间序列，如下图：

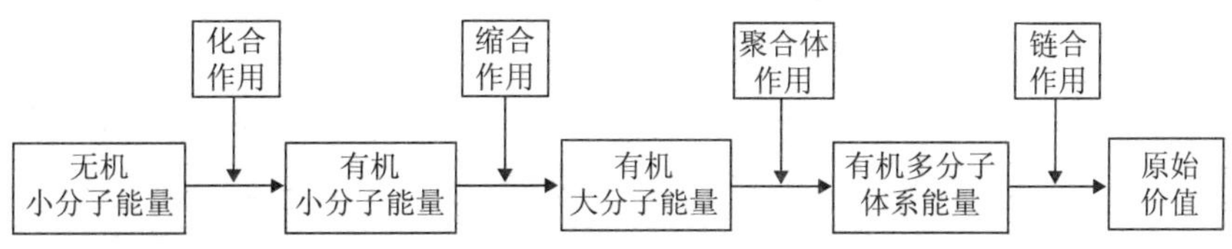

原始价值起源的时间序列

三、情感的起源

情感是生命主体对于价值的主观反映，价值是有序化能量，那么情感是生命主体对于有序化能量的主观反映。由于价值（即有序化能量）经历了从无序化无机能量、无序化有机能量、无序化高分子能量、准有序化多分子体系能量（即准价值）和生物化学能（即原始价值）。那么情感的起源可分为四个发展阶段。

1. 从“无机化学反应”到“有机化学反应”

能量是一切物质运动的动力源，运动的物质借助于无机化学反应，实现了不同物质之间能量的交换与传递。地球从一个火球逐渐冷却以后，其内部的各种元素如氧、氢、硫、碳、氮等，通过无机化学反应的形式，形成了水、甲烷、氨气、硫化氢气等无机小分子，构成了地球原始的还原性大气。无机化学反应所对应的能量就是“无序化无机能量”。地球的原始还原性大气，在天空闪电、火山喷发、热泉喷发等自然现象的作用下，通过有机化学反应的形式，形成了多种氨基酸、有机酸（如核苷酸）等有机小分子化合物，从而实现了有机小分子化合物之间能量的交换与传递。有机化学反应所对应的能量就是“无序化有机能量”。

2. 从“有机化学反应”到“有机高分子聚合反应”

在原始海洋中，各种氨基酸、核苷酸等有机小分子物质，通过聚合反应的形式，形成了原始的蛋白质分子、核酸分子和酶分子等有机高分子，从而实现了有机高分子化合物之间能量的交换与传递。聚合反应可分为缩聚反应与加聚反应两大类。其中，缩聚反应通常是指多官能团单体之间发生多次缩合，同时放出水、醇、氨或氯化氢等低分子副产物的反应，所得聚合物称缩聚物；加聚反应是指α-烯烃、共轭双烯和乙烯类单体等通过相互加成形成聚合物的反应，所得聚合物称加聚物，该反应过程中并不放出低分子副产物，因而加聚物的化学组成和起始的单体相同。有机高分子聚合反应所对应的能量就是“无序化有机高分子能量”。

3. 从“有机高分子聚合反应”到“有机多分子链式反应”

原始的蛋白质分子、核酸分子和酶分子等有机大分子，经过长期积累，相互作用，并在适当条件下形成了有机多分子体系（即团聚体）。在相对独立的团聚体中，各种不同功能的蛋白质之间通过循环链式反应的形式，形成了循环链式的能量交换与能量传递，借助于核酸的作用，实现了信息储存、复制和传递功能，使各种形式的蛋白质能够自我生长和自我复制，又借助于酶的作用，加快了能量交换与能量传递的效率和速度。有机多分子体系的循环链式反应所对应的能量就是有机大分子能量。当系统处于中断（即停止活动）时，有机多分子体系能量就是无序化能量；当系统处于连续状态（即展开活动）时，有机多分子体系能量就是有序化能量，就能够生长和繁殖，从而表现出生命的基本特征，所以有机多分子体系能量就是有序化能量是一种介于有序化能量与无序化能量之中，有机多分子链式反应所对应的能量就是“准有序化能量”（或“准价值”）。

4. 从“有机多分子链式反应”到“原核趋性”

各种团聚体经过长期积累和相互作用，逐渐形成了具有连续而稳定的新陈代谢特征、生长特征和自我繁殖特性的原始生命（即原核生物）。生命的基本特征：一是机体的组织结构及其功能特征相对稳定；二是机体可以进行自我生长和自我复制；三是机体的生物化学过程具有相对的连续性和稳定性。原核生物拥有细菌的基本构造并含有细胞质、细胞壁（除支原体）、细胞膜，以及鞭毛，但是没有成形的细胞核或线粒体。原核生物为了维持自己的生存，必须通过一定的反应方式以获取外界的能量（如无机化学能、有机化学能、光能等），并将这些能量在其内部组织中进行连续的、稳定的、有序化的转化，这种反应方式就是原核趋性。根据原核生物获取能量的不同途径或不同方式，原核趋性可分为嗜盐性、耐热（或耐冷）性、耐酸（或耐碱）性、厌氧（或喜氧）性、嗜氮性、光合性等。原核生命的各种趋性反应（即原核趋性）使各种无机能转化为体内的生物化学能，这就是最原始的有序化能量（或最原始的价值）。

总之，“原核生物”就是最原始的生命，“生物化学能”就是最原始的价值，“原核趋性”就是最原始的情感。

原始情感起源的时间序列，如下图：

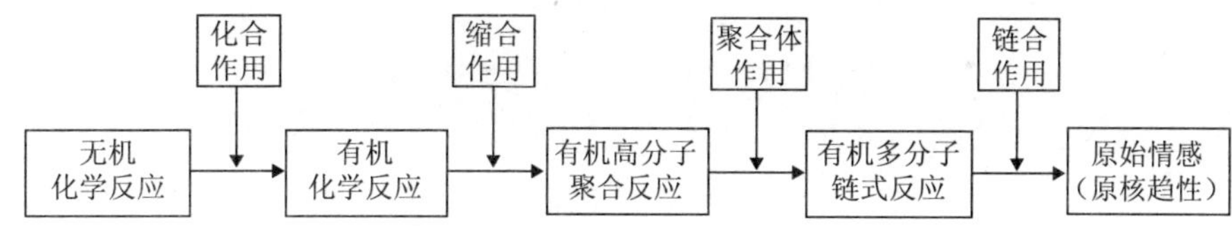

原始情感起源的时间序列

四、生命起源、价值起源与情感起源的对应关系

统一价值论认为，能量是物质的运动规模，因此能量尺度是物质运动规模进行统一度量的基本尺度。每一种物质形态都对应着一种特定的能量形态，而每一种能量形态都对应着特定的物质反应方式或物质运动方式。

生命机体是一个复杂的物质系统，它的形成是一个漫长的物质运动的演化过程。概括起来，生命的起源经历了四种类型的化学反应：化合作用、聚合作用、聚合体作用、链合作用。与此相对应，物质形态、能量形态与运动形态也经历了五个发展阶段。

1. 物质形态

物质形态经历了无机物、有机物、有机大分子、有机多分子体系、原核生物五个发展阶段。

2. 能量形态

能量形态经历了无机能、有机能、有机大分子能、有机多分子体系能、无机能价值五个发展阶段。

3. 运动形态

运动形态经历了无机化学反应、有机化学反应、有机高分子聚合反应、有机多分子链式反应、原核趋性五个发展阶段。

生命起源、价值起源与情感起源的对应关系，如下图：

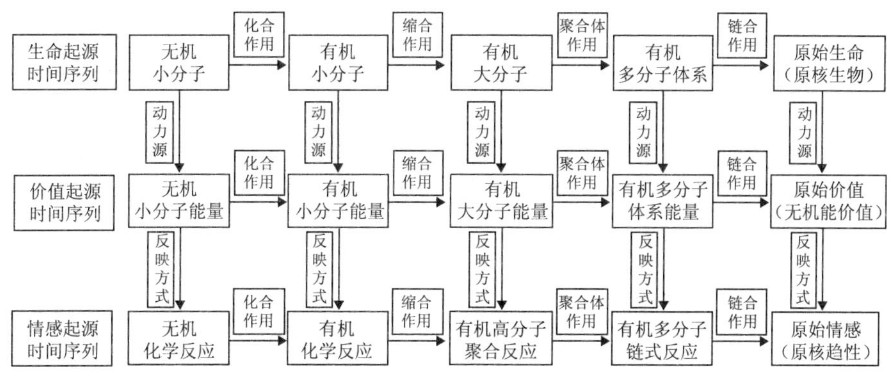

生命起源、价值起源与情感起源的对应关系

第二节 原核趋性情感

情感的本质是人脑（或生物体）对于价值关系的主观反映，其客观目的在于引导生物体能够更好地利用这些价值。一般来说，有什么样的价值形式，就有什么样的情感形式与之相对应。自然界最早出现的生命形态就是原核生物，最早被原核生物所利用的原始价值形态就是无机能价值（它主要由无机化学能或光能转化而来），最早出现的情感就是原核趋性。

一、原核生物的形成

原核生物是由原核细胞组成的生物，包括蓝细菌、细菌、古细菌、放线菌、立克次氏体、螺旋体、支原体和衣原体等。原核生物由于没有核膜，因此 DNA 的复制、RNA 的转录与蛋白质的合成与转运都是同时进行，在空间上也没有严格的界限区分，而不像真核细胞那样这些生化反应在时间和空间上是严格分隔开来的。

不同的原核生物，有不同的环境要求。例如，按细菌对氧气的需求来分类，可分为需氧（完全需氧和微需氧）和厌氧（不完全厌氧、有氧耐受和完全厌氧）细菌。按细菌生存温度分类，可分为喜冷、常温和喜高温三类。有的种类能在饱和的盐溶液中生活；有的却能在蒸馏水中生存；有的能在 0℃下繁殖，有的却以 70℃为最适温度；有的是完全的无机化能营养菌，以二氧化碳为唯一碳源；有的却只能在活细胞内生存。

原核生物的发展主要表现在：种类越来越多，对于各种无机能和光能的利用越来越多样化，所能适应的生存环境越来越严酷。

二、原核生物的主要动力源

原核生物种类虽不甚多，但其生态分布却极其广泛，生理性能也极其庞杂。根据能量的不同来源，原核生物可分为自养型与和异养型两种。自养型原核生物又可分为化能自养型和光能自养型。其中，化能自养型原核生物是以无机化学能作为其生命的动力源，其生命过程是将各种形式的外界无机能转化为体内生物化学能的过程；光能自养型原核生物是以光能作为其生命的动力源，其生命过程是将外界的光能转化为体内的生物化学能的过程。

1. 化能自养型原核生物

它能够利用各种形式的无机化学能。以细菌为例，主要有红色无硫细菌、红色硫细菌、绿色硫细菌、硝化细菌、硫细菌、氢细菌、铁细菌、一氧化碳细菌等（反硝化细菌除外），它们分别吸收和利用硫化物、硝化物、氧化物、氮化物、含铁化合物、含氢化合物等无机物中所蕴含的无机化学能。

2. 光能自养型原核生物（如蓝细菌）

它能够通过其中所含的叶绿素和藻蓝素产生光合作用，从而将光能（即无机无序化能量）转化为体内的生物化学能。

3. 异养型原核生物

它是在自养型原核生物的基础上进化而来，主要是通过腐生的方式，将自养型原核生物所产生的各种有机能量作为其生命的动力源。由于异养型原核生物是原核生物出现变异和进化以后的产物，而且它的能量转换模式或价值运行模式与其他自养型原核生物不同，因此它不作为原核生物的典型代表。

三、生物化学能

从能量的角度来看，原核生物（自养型）的生命过程实际上就是能量方面的新陈代谢过程（即能量代谢过程），它是外界的无机能（包括无机化学能与光能）与体内的有机化学能之间的相互转化与循环往复的过程。

为了区别外界的无机化学能与体内的有机化学能，现提出“生物化学能”的概念。

生物化学能：生物机体在进行新陈代谢过程中，通过吸收外界的无机能（包括无机化学能与光能）而在其体内所形成的、用以推动生命过程所需要的动力源，就是生物化学能。

原核生物的生物化学能是由外界的无机能（包括无机化学能与光能）经过有序化转化而产生的，由于它基本上总是处于瞬间形成、又瞬间消失的状态，因此生物化学能是一种过渡性价值形式。“生物化学能”是生物界最初级的过渡性价值，生物的所有食物都必须转化为有效的生物化学能才能真正体现出它的价值。

生物化学能的主要载体是三磷酸腺苷（即 ATP）和二磷酸腺苷（即 ADP），它们都是高能化合物。生物体内的生物化学能主要来自于 ATP 与 ADP 的相互转化：其中，ATP 通过水解转化为 ADP，并释放出大量能量，从而为细胞的一切活动提供动力源；同样，在提供能量的条件下，ADP 又转化为 ATP。

ATP 可通过多种细胞运动途径产生，最典型的细胞运动途径是在线粒体中通过氧化磷酸化由 ATP 合成酶合成，或者在植物的叶绿体中通过光合作用合成。ATP 合成的主要能源来自于葡萄糖或脂肪通过氧化分解所释放出的能量。对于动物来说，ADP 转化成 ATP 时所需要的能量，来自呼吸作用；对于绿色植物来说，ADP 转化成 ATP 时所需要的能量，来自呼吸作用和光合作用。在生物体的活细胞中，内部时刻进行着 ATP 与 ADP 的相互转化，同时也就伴随有能量的释放和储存。因其是能量“携带”和“转运”者，生物学家形象地称 ATP 为“能量通货”。

此外，生物体内的生物化学能还有其他的载体形式，如三磷酸盐、二磷酸腺苷等。

这里要注意：“生物化学能”严格区别于“有机化学能”。其中，只有能够转化为 ATP 或 ADP 的化学能才能称之为“生物化学能”，因此“生物化学能”只是“有机化学能”的特殊形式。生物化学能是人类社会一切价值的进化起点，所有复杂的价值形式都是从生物化学能进化而来；它也是一切价值的基础尺度，所有复杂的价值形式都可以折算成不同数量的生物化学能。

四、无机能价值

价值必须是直接或间接的有序化能量，因此无机物（或光）中所蕴含的化学能（或光能）如果不能有效地转化为生物体内的生物化学能，就不能称之为价值。如果它们能够有效地转化为生物化学能这种过渡性价值，才能称之为价值。因此，为了将这些无机能与生物化学能进行区别，现提出“无机能价值”的概念。

无机能价值：各种无机物或光中所蕴含的、能够被生物所吸收和利用的、并转化为其体内生物化学能的无机能（包括无机化学能与光能），就是无机能价值。

显然，无机能价值具有很强的相对性和针对性。例如，光能只有对于光能自养型原核生物（如蓝细菌）来说，才具有真正的价值特性，而且只有在特定的波长范围内的光能，才能具有真正的价值特性；硫化物中所含有的化学能只有对于硫细菌来说，才具有真正的价值特性。

生物化学能是瞬间形成又瞬间消失的过渡性价值形式，而无机能价值是可以长期存在的稳定性价值形式。

五、原核生物的价值运行

原核生物的生命过程可以分为两个基本部分：一是从外界获取食物（即无机能价值）的过程，即生产过程；二是在体内消化和吸收这些食物（即无机能价值）的过程，即消费过程。由于原核生物的生命过程是最低级的生命过程，并且总是以体内的新陈代谢为其生命的核心内容，因而称之为代谢性过程。

原核生物的代谢性过程实际上就是无机能价值与生物化学能之间的循环转化过程，因此其代谢过程可以分为两个部分：一是代谢性生产过程，它实际上就是生物化学能转化为无机能价值的过程；二是代谢性消费过程，它实际上就是无机能价值转化为生物化学能的过程。原核生物的价值运行情况，如下图：

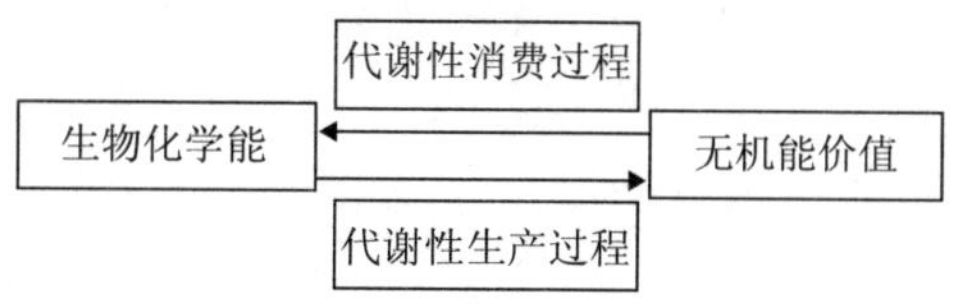

原核生物的价值运行图

对于原核生物来说，代谢性生产过程与代谢性消费过程通常是同时进行的，混合在一起的，两者还没有具备相对独立性。如果代谢性消费过程因故而中断或停止，代谢性生产过程就会立即中断或停止；相反，如果代谢性生产过程因故而中断或停止，代谢性消费过程也会立即中断或停止。

原核生物的出现，使许多的无机能（包括无机化学能与光能）能够转化为体内的生物化学能。其中，一部分生物化学能用于原核生物的生命过程而立即被消耗掉了，另一部分生物化学能将会转化为另一种化学能并贮存于各种有机物之中，这些有机物将成为原核生物的机体组成部件，从而为其他腐生性、寄生性和掠食性的生物提供了基本的食物来源。也就是说，一部分生物化学能将会以有机物（或有机能）的方式贮存于原核生物的体内，从而转化为其他腐生性、寄生性和掠食性生物的“有机能价值”。

六、原核趋性情感

原核生物为了维持自己的生存，必须通过一定的反应方式以获取外界的能量（如无机化学能、有机化学能、光能等），并将这些能量在其内部组织中进行连续的、稳定的、有序化的转化，这种反应方式就是原核趋性。

原核趋性情感：原核生物吸收和利用外界各种无机能量（如无机化学能、光能等）的反应方式，就是原核趋性情感，也称原核趋性。

根据原核生物获取能量的不同途径或不同方式，原核趋性可分为嗜盐性、耐热（或耐冷）性、耐酸（或耐碱）性、厌氧（或喜氧）性、嗜氮性、光合性等。原核生命的适应性反应（即原核趋性）所对应的能量主要是各种无机能（即无机化学能量和光能）。这些无机能经过原核生物的利用转化为体内的有序化能量，从而形成最原始的价值形式。异养型原核生物主要以有机能作为其生命动力源的反应方式，不属于原核趋性。

情感的本质是人脑（或生物体）对于价值关系的主观反映，其客观目的在于引导人类或生物体能够更好地利用这些价值。原核生物对于无机能价值的利用过程（即无机能与生物化学能的相互转化过程），实际上就是原始价值

(即无机能价值)的生产过程与消费过程，也就是原核生物对于无机能价值的主观反映过程，因此“原核趋性”是一种特殊的、最低级的情感形式。

原核生物的“无机能趋性”情感的作用过程可以分解为两个方面：一方面，无机能趋性是原核生物对于无机能价值所产生的主观反映（即来源于价值）；另一方面，无机能趋性又积极地推动着原核生物不断地从外部环境中获取相应的无机能价值（即服务于价值）。原核生物的情感运行情况，如下图：

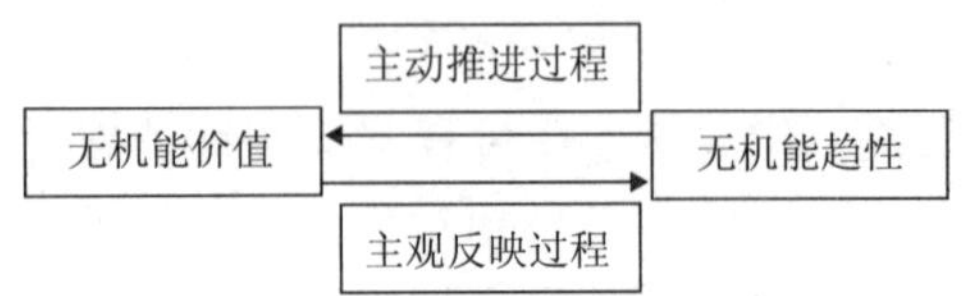

原核生物的情感运行图

原核趋性情感的发展主要表现在：原核趋性的种类越来越多，它们所对应的无机能价值形式越来越多样，它们所适应生存的环境越来越严酷。

高等生命对于客观事物的反映方式（即意识）可分解为感（即感觉）、知（即认知)、情（即情感)、意（即意志）四个相对独立的部分，情感的进化过程，实际上就是感、知、情、意不断走向独立与分离的过程，就是各种主观反映方式不断走向专业化与功能化的过程。然而，原核生物的意识是一种混沌的意识，它集感（即感觉)、知（即认知)、情（即情感)、意（即意志）于一体，也就是说，“原核趋性意识”“原核趋性感觉”“原核趋性认知”“原核趋性情感”“原核趋性意志”等概念，均具有完全相同的内涵。

原核生物开始认识和利用无机能价值，它对于无机能价值所产生的主观反映就是无机能趋性。原核生物、无机能价值与无机能趋性的对应关系如下图：

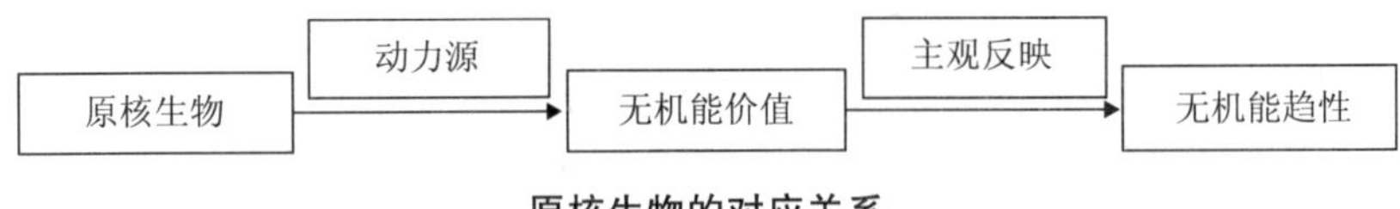

原核生物的对应关系

总之，“原核生物”是最原始的生命，无机能价值（或原核生物化学能）是最原始的价值，“原核趋性”是最原始的情感或最原始的意识，原核生物实现了无机能价值与生物化学能之间的循环转化。而且原核生物能够把自然界的无机能（无机化学能与光能）转化为生物化学能（主要载体是ATP和ADP)，而这种生物化学能属于原核生物的自身机体以及整个生物界的“能量通货”，因此原核生物实现了从不可通兑能量向可通兑价值的转化。

第三节 原生趋性情感

原核生物的原核趋性所对应的能量形式是无机能（无机化学能与光能），它主要是将外界的各种无机能转化为体内的生物化学能（即有机能），为维持自身的新陈代谢提供了动力源，并且为其他生物的生存提供了生命的动力源。原核生物的生命过程实际上就是“无机能价值”与“生物化学能”之间的循环转化过程。原生生物所对应的能量形式就是有机能，它主要是将原核生物所产生的有机能（即生物化学能）作为自身生命运动的动力源。

一、原生生物的形成

原生生物大部分都是单细胞生物，它们的细胞内具有细胞核和有膜的细胞器，比原核生物更大、更复杂，它是由原核生物演化而来的。原生生物是最简单的真核生物，真核生物是由真核细胞构成的生物，包括原生生物界、真菌界、植物界和动物界。真核生物与原核生物的根本性区别是前者的细胞内含有细胞核，许多真核细胞中还含有其他细胞器，如溶酶体、内质网、线粒体、叶绿体、高尔基体等。原生生物主要是指单细胞的真核生物以及没有组织分工的多细胞真核生物，主要包括原生藻类、原生菌类和原生动物。

五界系统（即原核生物界、原生生物界、真菌界、植物界、动物界）中，生物学家将单细胞的真核生物归在原生生物界，后来又扩充了原生生物界的界限，把一些类似植物的藻类、类似菌类的原生菌类和类似动物的原生动物类划归为原生生物。

原生生物通常是由多个原核生物有机地组合起来的，原生生物的所有细胞器都可以近似地看作一种原核细胞。单细胞的原生生物集多细胞生物功能于一个细胞，包括水分调节、营养、生殖等。原生生物包括简单的真核生物（即具有真正的细胞核，以核膜为界限的细胞核），多为单细胞生物，亦有部分是多细胞的，但不具组织分化。

在真核生物的细胞中，细胞核是细胞的“控制中心”，其主要功能是控制细胞的遗传、代谢、生长和分化过程；溶酶体是细胞的“消化中心”，其主要功能是与食物泡融合，将细胞吞噬进的食物、衰老细胞或致病菌等大颗粒物质消化成生物大分子，残渣通过外排作用排出细胞；内质网是细胞的“生产中心”，其主要功能是合成蛋白质大分子，并把它从细胞输送出去或在细胞内转运到其他部位；线粒体是细胞的“加工中心”，其主要功能是通过氧化磷酸化作用合成 ATP，为细胞各种生理活动提供能量；高尔基体是细胞的“物流中心”，其主要功能是将内质网合成的蛋白质进行加工、分类与包装，然后分门别类地送到细胞特定的部位或分泌到细胞外。

总之，真核生物是从原核生物进化而来的，它实现了机体的各个组成部分不断走向“专业化”和“功能化”的进化目的。

二、原生生物的主要动力源

原生生物通常进行三种类型的能量有序化转化：一是通过光合作用将二氧化碳和水转化为有机物，从而实现从无机无序化能量（即光能）向有机有序化能量的转化，如藻类；二是通过腐生方式将废弃的原核生物的残体转化为原生生物自身机体的有机物，从而实现从有机无序化能量向有机有序化能量的转化，如原生菌类；三是通过寄生方式或掠食方式，将宿主或被掠食者的有机能量转化为原生生物自身机体的有机能量，从而实现从有机无序化能量向有机有序化能量的转化（相对于寄生者或掠食者而言，宿主或被掠食者的有机有序化能量就是有机无序化能量），如原生动物。

藻类生物是从原始的光合细菌进化而来。其中，第一部分藻类（如蓝藻、红藻等）的光合作用需用大量的能量和物质合成，是很不经济的原始类型，所以只能发展到红藻类，形成进化上的一个盲枝；第二部分藻类（如浮游藻类和褐藻类的底栖藻类等）在海洋里产生含叶绿素 a 和叶绿素 c，代替了藻胆蛋白，解决了有效地利用光能的问题，但这个类群不能离开水体，仍是进化树上的一个盲枝；第三部分藻类（如绿藻）由于产生了叶绿体，有了比其他藻类更加进步的光合器，则逐渐进化为苔藓植物、蕨类植物及种子植物，但是所有植物的价值运行模式都是“光能”与“生物化学能”之间的循环转化，而不能进化为更高级别的价值运行模式；所有植物的主观反映方式都是生物对于光能的趋性，而不能进化为更高级别的主观反映方式。因此，藻类生物不是原生生物进行能量转换模式或价值运行模式的典型代表。

从整体上讲，原生生物的主要动力源是食物中所蕴含的有机化学能，而这些食物主要是由原核生物的残体或活体所产生的，因此原生生物的主要动力源就是有机能。

三、有机能价值

从能量的角度来看，原生生物（异养型）的生命过程实际上就是能量方面的新陈代谢过程（即能量代谢过程），它是外界的有机能与体内的有机化学能之间的相互转化与循环往复的过程。

原生生物的主要食物就是原核生物的残体或活体，这些食物都是由有机物所组成，这些食物中所蕴含的能量就是有机化学能。价值必须是直接或间接的有序化能量，因此食物中所蕴含的有机化学能如果不能有效地转化为生物体内的生物化学能，就不能称之为价值。如果它们能够有效地转化为生物化学能这种过渡性价值，才能称之为价值。因此，为了将这些有机能与生物化学能进行区别，现提出“有机能价值”的概念。

有机能价值：各种有机物中所蕴含的、能够被生物所吸收和利用的、并转化为体内生物化学能的有机能，就是有机能价值。

显然，生物化学能是瞬间形成又瞬间消失的过渡性价值形式，而有机能价值是可以长期存在的稳定性价值形式。

四、原生生物的价值运行

原生生物的生命过程可以分为两个基本部分：一是从外界获取食物（即有机能价值）的过程，即生产过程；二是在体内消化和吸收这些食物（即有机能价值）的过程，即消费过程。由于原生生物的生命过程是最低级的生命过程，并且总是以体内的新陈代谢为其生命的核心内容，因而称之为代谢性过程。

早期原生生物的代谢性过程实际上就是有机能价值与生物化学能之间的循环转化过程，因此其代谢过程可以分为两个部分：一是代谢性生产过程，它实际上就是生物化学能转化为有机能价值的过程；二是代谢性消费过程，它实际上就是有机能价值转化为生物化学能的过程。早期原生生物的价值运行情况，如下图：

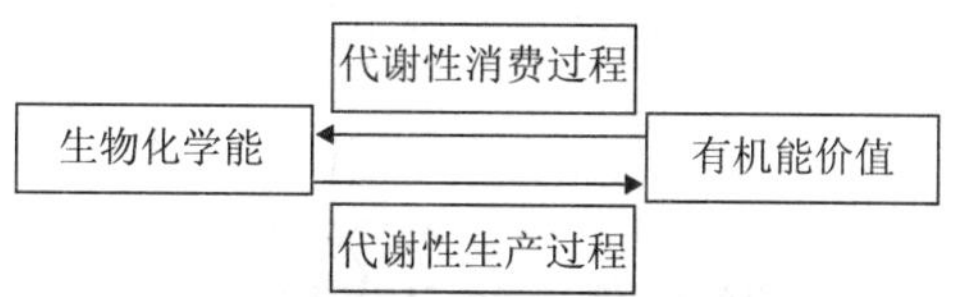

早期原生生物的价值运行图

对于原生生物来说，代谢性生产过程与代谢性消费过程通常是同时进行的，混合在一起的，两者还没有具备相对独立性。如果代谢性消费过程因故而中断或停止，代谢性生产过程就会立即中断或停止；相反，如果代谢性生产过程因故而中断或停止，代谢性消费过程也会立即中断或停止。

随着原生生物的逐渐进化，真核细胞开始具备一定的能量储备功能，从而使原生生物体内的生物化学能拥有一定的富余量，进而使生物化学能的消失存在一定的缓冲时间，于是，原生生物开始出现了代谢性消费过程与代谢性生产之间微弱的相对独立现象：如果代谢性消费过程在较短的时间内因故而暂时中断时，代谢性生产过程仍然会继续进行下去；相反，如果代谢性生产过程在较短的时间内因故而暂时中断时，代谢性消费过程仍然会继续进行下去。由于代谢性消费过程与代谢性生产过程的相对分离，后期原生生物的价值运行情况将会发生相应的变化，如下图。

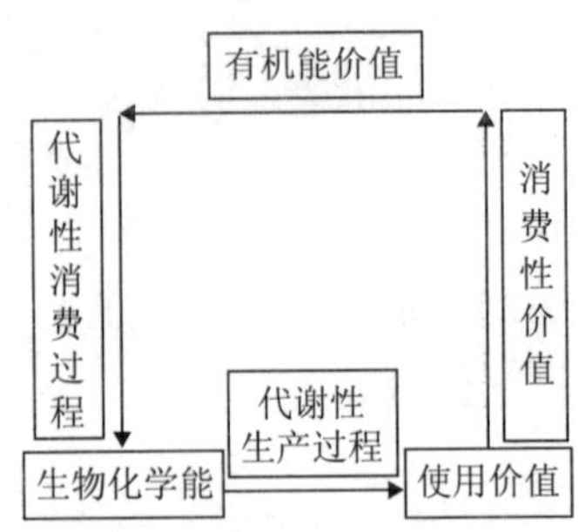

后期原生生物的价值运行图

对于早期原生生物来说，图中的食物类价值（或有机能价值）、消费性价值与使用价值具有完全相同的内涵，并且混合在一起。但是对于后期原生生物来说，这三者将会逐渐分化出来。而且原生生物的生产过程与劳动过程还没有出现分化，代谢性生产过程与代谢性劳动过程是混合在一起的，对于更高进化层次的生物来说，生产过程与劳动过程将会逐渐分化出来。

原生生物的出现，使许多的有机能（原生生物的残体与活体）能够转化为原生生物体内的生物化学能。其中，一部分生物化学能用于原生生物的生命过程而立即被消耗掉了，另一部分生物化学能将会转化为另一种化学能并贮存于各种有机物之中，这些有机物将成为原生生物的机体组成部件，从而为其他更高层次的腐生性、寄生性和掠食性的生物提供了基本的食物来源。也就是说，一部分生物化学能将会以有机物（或有机能）的方式贮存于原生生物的体内，从而可能转化为其他更高层次的腐生性、寄生性和掠食性生物的“有机能价值”或“食物类价值”。

五、原生趋性情感

原生生物为了维持自己的生存，必须通过一定的反应方式以获取外界的有机能量价值，并将这些能量型价值在其内部组织中进行连续的、稳定的、有序化的转化，这种反应方式就是原生趋性。

原生趋性情感：原生生物吸收和利用外界各种有机能价值的反应方式，就是原生趋性情感，也称原生趋性。

通常意义上的“趋性”是指：具有自由运动能力的生物，对外部刺激的反应而引起运动，这种运动具有一定方向性时称为趋性。趋性可分为趋化性、趋氧性、趋光性、趋触性、趋渗透压性、趋湿性、趋地性、趋电性、趋温性、趋流性、趋音性等。不论在哪种情况下，凡向刺激源方向运动者为正趋性，向刺激源相反方向运动者为负趋性。

这里所指的“原生趋性”是原生生物最低等形式的趋性，并不是指那些具有神经系统的完整反射弧的一般动物的“趋性”（如飞蛾的趋光性）。原生趋性是原生生物在细胞内一次性完成的，因而称之为原生趋性。

原生生物的所有趋性在本质都是对于能量的趋性，而对于各种物理化学特性的趋性都是基于这些物理化学特性的背后，必然隐藏着某种对应的能量。原生植物的能量来源于趋光性，具体过程是：具有叶绿体的游走性原生植物中（如游走性绿藻、各种藻类的游走子、鞭毛藻、双鞭藻和红色细菌等植物），通过其趋光性机制，以最大的概率、最大限度地来获取光能，再进行光合作用，并将光能以有机物的形式储存起来。

原生生物的所有趋性基本上都起源于原生植物的趋光性：由于原生植物的光合作用需要氧气的作用，从而逐渐使原生植物逐渐发展出一种新的趋性：趋氧性；由于原生植物需要往上生长和往下生根，从而使原生植物逐渐发展出一种新的趋性：趋地性（或背地性）；由于原生动物在摄取原生植物体内的化学能量时需要识别植物的某些物理或化学特性，从而逐渐发展出一系列新形式的原生趋性，如趋湿性、趋化性、趋电性、趋温性、趋音性、趋流性等。也就是说，其他形式的原生趋性都是从原生植物的趋性发展起来的，其客观目的在于：帮助原生植物更好地获取光能，或者帮助原生动物从原生植物体内更好地摄取所储存的化学能量。

原生生物的“有机能趋性”情感的作用过程可以分解为两个方面：一方面，有机能趋性是原生生物对于有机能价值所产生的主观反映（即来源于价值）；另一方面，有机能趋性又积极地推动着原生生物不断地从外部环境中获取相应的有机能价值（即服务于价值）。原生生物的有机能趋性情感的运行过程，如下图：

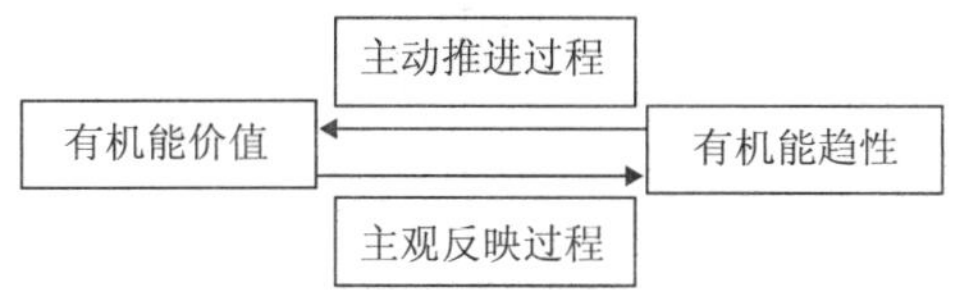

原生生物的情感运行图

原生趋性只能解决原生生物对于价值识别的方向性问题，不能解决对于价值识别的量度性问题。为了提高原生生物对于化学能量的生产能力和摄取能力，解决原生生物对于价值识别的量度性问题，原生生物逐渐发展出一种新的原生趋性，即原生动态趋性。

原生动态趋性：外界刺激引起的原生生物（原生植物或原生动物）非定向随机活动的量度变化现象。

原生动态趋性主要有以下几种具体形式：

一是光动态趋性：在阳光下非定向活动之量度加强的现象。

二是湿动态趋性：在感觉到湿度高时活动之量度加强的现象。

三是触动态趋性：被动接触刺激引起的暂时不活动现象。

四是直动态趋性：外源刺激引起的非定向活动之量度变化的现象，其强度或频率取决于该刺激的强度。

情感的本质是人脑（或生物体）对于价值关系的主观反映，其客观目的在于引导人类或生物体能够更好地利用这些价值。原生生物对于有机能价值的利用过程实际上就是有机能价值的生产过程与消费过程，也就是原生生物对于有机能量价值的主观反映过程，因此“原生趋性”是在“原核趋性”的基础之上发展起来的一种较高层次的情感形式或主观反映形式。

原核生物的意识仍然是一种混沌的意识，与“原核趋性”一样，“原生趋性”仍然集感（即感觉）、知（即认知）、情（即情感）、意（即意志）于一体。也就是说，“原生趋性意识”“原生趋性感觉”“原生趋性认知”“原生趋性情感”“原生趋性意志”等概念，均具有完全相同的内涵。

任何有机能价值都是从无机能价值转化而来，都是以无机能作为动力源的生物生产出来的。原生生物实现了各种细胞器之间的合作，并开始认识和利用有机能价值。原生生物、有机能价值与有机能趋性情感的对应关系如下图。

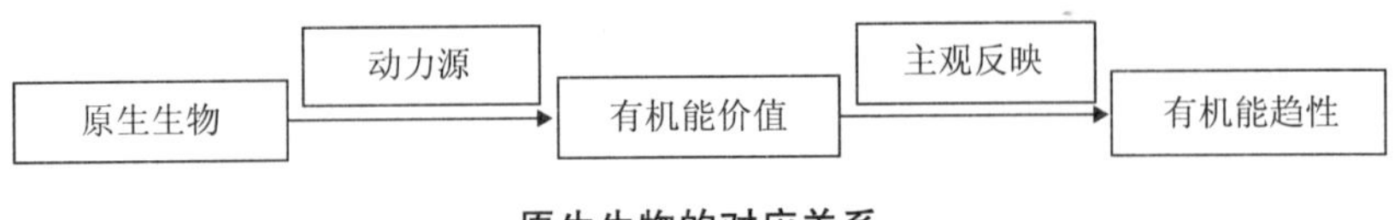

原生生物的对应关系

总之，“原生生物”是在“原核生物”的基础上进化出来的原始生命，“有机能价值”是在“无机能价值”的基础上进化出来的原始价值形式，“原生趋性”是在“原核趋性”的基础上进化出来的原始情感或原始意识。原生生物实现了有机能价值与生物化学能之间的循环转化，从而形成了新的能量转换模式或新的价值运行模式。由于原生生物通常是由多个原核生物有机地组合起来的，原生生物的所有细胞器都可以近似地看作一种原核细胞，因此真核生物还实现了各种不同的原核细胞之间的分工与合作关系，实现了原生生物体内的各个细胞器之间的分工与合作关系。

第四节　感性情感

原核生物的价值运行模式是生物化学能与无机能之间的循环转化，它所利用的价值形式是无机能价值，它所对应的情感形式是原核趋性；原生生物是在原核生物的基础上进化出来的，原生生物的价值运行模式是生物化学能与有机能之间的循环转化，它所利用的价值形式是有机能价值，它所对应的情感形式是原生趋性。此外，原生生物还实现了原核细胞之间的分工与合作关系。

随着真核细胞内部各个组成部分不断朝着功能化、专业化的方向发展，开始出现了真核细胞之间的分工与合作关系，这种分工与合作关系的发展过程可划分为两个基本阶段：一是细胞与细胞之间的松散合作，代表性的动物有海绵体动物；二是细胞与细胞之间的紧密合作，代表性的动物有腔肠动物。

一、细胞之间的松散合作

若干个多细胞通过相对松散的组织方式所组成的动物，称为简单多细胞动物，这种动物的各个细胞之间既有分工，也有合作，但是彼此的合作并不十分密切，这类动物的典型代表就是海绵体动物。

海绵不具备执行各种机能的器官，其最重要的结构是水管系，主要由入水孔、领细胞和出水口组成。其中，领细胞的主要功能是引起水流，并捕捉食物粒。体壁的皮层与胃层之间是中胶层，它是一种含有蛋白质的胶状透明基质。其中包括有游离的变形细胞及分散的骨针。变形细胞的细胞质中含有大量核糖核酸，既能把领细胞摄取的食物送到身体各部，又能演变为多种细胞，在再生中起作用，必要时还可生成雌、雄生殖细胞。变形细胞可以分化成不同的形态：有的变形细胞的伪足细长分支，彼此相连形成网状，称为星芒细胞，它很可能是一种最原始的具有神经机能的细胞；有的变形细胞较大，其细胞核也较大，有叶状伪足，称原细胞，这是一种未分化的细胞，除了本身具有吞噬及消化食物的机能外，它还可以转化成具有生殖功能的生殖细胞、能分泌骨骼的造骨细胞、贮藏营养物质的贮存细胞、能分泌黏液的腺细胞等。

总之，简单多细胞生物（海绵体动物）实现了各个细胞之间松散的分工与合作关系的进化目的。

二、细胞之间的紧密合作

随着细胞之间松散的分工与合作关系的进一步发展，开始出现了细胞与细胞之间紧密的分工与合作关系。

腔肠动物是有腔肠的动物类群所组成的一门动物，分为有刺胞类（水螅纲、钵水母纲、珊瑚纲）和无刺胞类（栉板类或栉水母类）两个亚门，前者有刺细胞，后者有黏细胞。腔肠动物的最重要特征是出现了原始的感觉器官：平衡囊、触手囊以及相应的网状神经系统。腔肠动物具有水螅型、水母型两种基本形态：水螅型营固着生活，体呈圆筒状，固着端称基盘，另一端为摄食的口，周围有触手，中胶层薄。珊瑚纲的水螅型，体壁的外胚层可分泌石灰质的外骨骼；水母型营漂浮生活，体呈圆盘状，突出的一面称外伞，凹入的一面称下伞。其中央悬挂着一条垂管，管的末端是口，由口通入消化循环腔和分支状的副管，并一直通到伞的边缘连接环管，伞的边缘有触手和感觉器官（平衡囊、触手囊）。

腔肠动物的神经细胞彼此以神经突起相连而呈网状，仅仅在外胚层有一个神经网，所以称为网状神经系统。神经细胞与内外胚层中的感觉细胞、皮肌细胞相连，对外界的各种刺激产生有效的反应，但没有神经中枢。神经传导一般没有固定的方向，因此称为分散性神经系统。

三、感觉类生物的形成

感觉类生物是指仅仅拥有感觉器官，而没有认知器官、评价器官和意志器官的生物，主要包括海绵体、腔肠动物等。

随着细胞的进一步发展，许多细胞进化出不同类型的生物功能，多细胞生物就是由多种不同生物功能的细胞共同组成的新生物体，并通过分工与合作，使生物体能够适应不同的环境。例如，皮肤细胞的隔热功能使生物体能够在更热或更冷的环境中生存；有些细胞的无氧呼吸功能与有氧呼吸功能，使生物体能够在缺氧或有氧的环境中生存；有些细胞的吸水功能，使生物体能够在缺水的环境中生存；有些细胞的运动功能，使生物体能够在大的空间中生存；有些细胞的消化功能，使生物体能够更快、更有效地消化食物。

然而，多细胞生物要想顺利地实现细胞之间的分工与合作，就必须具备两个重要条件：一是必须要有一个联络中介，从而确保各种细胞运动之间的协调；二是必须要有一个对外窗口或感觉器官，以便检测外部环境的变化。多细胞生物的联络中介就是神经网络，而神经网络本身就是一种特殊的细胞：神经细胞，它可能是由海绵体的星芒细胞进化而来，神经网络用以协调生物体内各种细胞之间的运动；腔肠动物开始具备了感觉器官（即平衡囊、触手囊），从而可以初步地、简略地感觉外部环境的变化。

具有神经网络与感觉器官的生物称之为感觉类生物（如海绵体、腔肠动物等），感觉类生物是在原生生物的基础上进化而来的。神经网络与感觉器官的形成，使生物的进化出现了重大飞跃，使生物能够适应更加复杂的自然环境。

四、生理潜能

感觉类生物使具有不同功能的细胞之间实现了分工与合作，就可以使生物体能够在更广阔的空间和更大的环境要素（如水分、空气、温度等）变动范围下进行生存。当某一环境要素或生命要素（如水、氧气、温度、矿物质等）出现稀缺状态或非正常状态时，生物体内就会通过具有特定生物功能的细胞运行来进行适当补偿。例如，皮肤细胞的隔热功能、无氧呼吸细胞的无氧呼吸功能、吸水细胞的吸水功能、运动细胞的运动功能、消化细胞的消化功能等。然而，所有具备特定生物功能的细胞运行，都必须以生物化学能为其动力源，都必须以消耗一定的有机能价值为代价。由此可见，各种生物功能都是由生物体内的生物化学能转化而来。

生物器官的生理功能千差万别，并且都可以用不同的物理量来进行衡量，各种生理功能之间难以进行相互比较和度量，但是它们有一个共同特性，那就是它们都是以消耗一定数量的生物化学能为代价，都是由生物化学能转化而来，都可以折算成一定数量的生物化学能。由此提出“生理潜能”的概念。

生理潜能：生物机体内各种细胞组织的不同生理功能所折算成的生物化学能的数量，就是生理潜能。

生理潜能是继生物化学能之后，生物机体在价值循环转化过程中的第二种过渡性价值形式。一般情况下，生理潜能是由生物化学能转化而来，并凝聚于生物器官之中，在生物器官履行它的生物功能之后就会立即消失。

不过，由于真核细胞具有一定的能量储备功能，从而使生物化学能具有一定的富余量，使生物化学能的消失存在一定的缓冲时间。由于真核细胞微弱的能量储备功能，使各种生理潜能也具有一定的富余量，使生理潜能的消失也存在一定的缓冲时间。而且随着生物的不断进化，感觉类生物的体内开始能够储备一定数量的脂肪，以备在急需的时候能够及时地转化为生物化学能，以便在代谢性生产过程中出现暂时中断时，能够保障代谢性消费过程对于生物化学能和生理潜能的需要，从而避免代谢性消费过程的中断或停止。

生理潜能相对于生物化学能来说，是一种更为高级的过渡性价值，它使生物细胞的能量特性升华为非能量特性，使生物能够充分地利用各种物质的非能量特性，从而达到间接地利用各种无机能或有机能的进化目的。

五、环境要素价值

由于受到生理极限的制约，生物细胞或生物器官的生理功能具有较强的局限性，当某些环境要素或生命要素（如水、氧气、温度等）出现较为严重的短缺状态时，仅仅依靠生物细胞的生理功能难以补偿环境要素或生命要素的严重短缺，难以使生物生存下来，此时，生物必须依靠和利用外部物质的某些物理化学功能，并且使它们能够在一定程度上可以补偿、增强、替代、扩展某些生物器官的生物功能。例如，在寒冷季节，洞穴、植物的皮与叶、动物的皮与毛、衣物等，可以减少生物机体的体热散失，从而客观上替代和补偿了皮肤细胞的隔热功能；在气候干燥的环境里，水分以及带有较多水分的某些物质可以帮助生物体保持体内的水平衡，从而在客观上替代和补偿了节水细胞的节水功能。

由于这些外部物质的物理化学功能可以在一定程度上补偿、增强、替代、扩展某些生物器官的生物功能，从而在一定程度上减少了生物机体对于生理潜能的消耗量，从而使这些外部物质具有了一定的价值特性，并且可以折算成一定数量的生理潜能。由此提出“环境要素价值”的概念。

环境要素价值：某些外部物质的物理化学特性能够在一定程度上补偿、增强、替代、扩展生物器官的某些生理功能，并且可以折算成一定数量的生理潜能，就是环境要素价值，也称“要素性价值”或“非能量性价值”。

生物机体对于环境要素价值的利用过程就是生物的消费过程，这一过程实际上就是环境要素价值转化为生理潜能的过程。由此可见，生理潜能的来源主要有两个：一是由生物化学能转化而来；二是由环境要素价值转化而来。

六、感觉类生物的价值运行

感觉类生物的价值运行特点是：

1. 两个消费过程

由于环境要素价值的形成，感觉类生物开始具有了两种消费性价值（即食物类价值与环境要素价值），一方面将使生物的消费过程与生产过程进一步走向相对独立；另一方面将使消费过程分解为两个相对独立的阶段：一是食物类价值转化为生物化学能的过程，即代谢性消费过程；二是环境要素价值转化为生理潜能的过程，即生理性消费过程。

2. 两个劳动过程

由于生理潜能的形成，感觉类生物开始具有了两种过渡性价值（即生物化学能与生理潜能），一方面将使生物的消费过程与生产过程进一步走向相对独立；另一方面将使生物的劳动过程分解为两个相对独立的阶段：一是生物化学能转化为生理潜能的过程，即代谢性劳动过程；二是生理潜能转化为使用价值的过程，即生理性劳动过程。

归纳起来，感觉类生物的价值运行过程可以描述为：

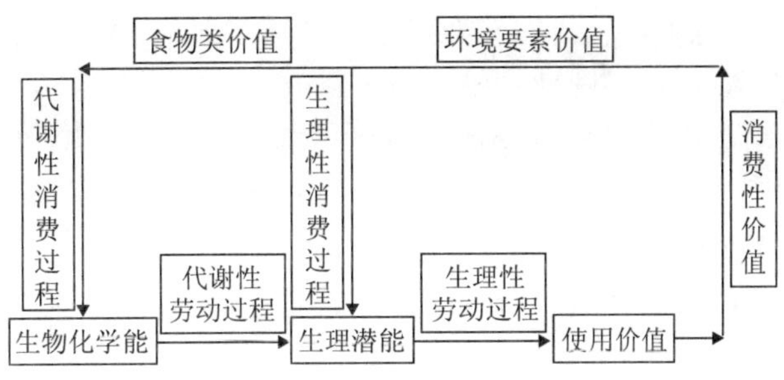

感觉类生物的价值运行图

在这里，感觉类生物的消费性价值已经分化为食物类价值与环境要素价值两大类，即消费性价值等于食物类价值与环境要素价值之和。感觉类生物的过渡性价值也分化为生物化学能与生理潜能两大类。但是使用价值与消费性价值仍然具有完全相同的内涵，并且混合在一起（此时，感觉类生物还没有出现生产性价值）。对于更高进化层次的生物来说，使用价值与消费性价值将会逐渐分化出来。而且感觉类生物的生产过程与劳动过程还没有出现分化，生理性生产过程与生理性劳动过程是混合在一起的。对于更高进化层次的生物来说，生产过程与劳动过程将会逐渐分化出来。

七、感性意识与感性情感

感觉类生物为了维持自己的生存，必须通过一定的主观反应方式以获取外界各种环境要素的相关信息，这种反应方式就是感性意识。

感性意识：感觉类生物对于各种外部环境要素的刺激信号所产生的主观反映方式，就是感性意识。

感觉器官的出现，使生物体形成了相对独立的感性意识，并逐渐从生物体对于外部事物所形成的综合意识中分离出来。

情感的本质是人脑（或生物体）对于价值关系的主观反映，其客观目的在于引导人类或生物体能够更好地利用这些价值。感觉类生物已经开始具备了对于一些环境要素价值的获取和利用能力，在此基础上必然会产生对于环境要素价值的情感，以引导生物体能够有效地利用这些环境要素价值，这种情感就是感性情感。

感性情感：感性器官生物对于环境要素价值所形成的主观反映方式，就是感性情感。

感觉器官的出现，使生物体形成了相对独立的感性情感，并逐渐从生物体对于外部价值所形成的综合情感中分离出来。

感觉类生物的形成经历了两个进化阶段，同样，感性意识与感性情感的形成也经历了两个进化阶段：一是多细胞之间松散的分工与合作（如海绵体），它形成了准感性情感或准感性意识；二是多细胞之间紧密的分工与合作（如腔肠动物），它形成了感性情感或感性意识。

感觉类生物它实现了各种细胞之间的合作，并开始认识和利用一些非能量型生态性价值（如水分、氧气、温度、盐分等），这些价值简称为“要素性价值”。感觉类生物对于要素性价值所产生的主观反映就是感性情感。感觉类生物、要素性价值与感性情感的对应关系如下图：

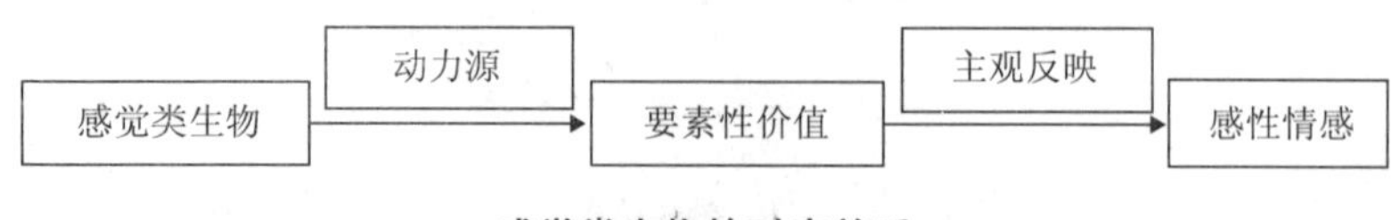

感觉类生物的对应关系

总之，感觉器官的形成，使生物能够初步了解“有什么?”使生物（即多细胞生物体）实现了“感性意识”从综合意识中分离出来的进化目的，实现了“感性情感”从综合情感中分离出来的进化目的，实现了从“能量形态价值”向“环境形态价值”（或非能量形态价值）转化的进化目的。此外，感觉类生物实现了温饱类价值、环境要素价值、生物化学能与生理潜能之间的循环转化，从而形成了新的能量转换模式或新的价值运行模式。由于感觉类生物通常是由多个真核细胞有机地组合起来的，感觉类生物的所有组织都可以近似地看作一种真核细胞，因此感觉类生物还实现了各种不同的真核细胞之间的分工与合作关系，实现了感觉类生物体内的各个细胞之间的分工与合作关系。

感觉类生物的“感性情感”的作用过程可以分解为两个方面：一方面，感性情感是感觉类生物对于环境要素价值所产生的主观反映（即来源于价值）；另一方面，感性情感又积极地推动着感觉类生物不断地从外部环境中获取相应的环境要素价值（即服务于价值）。感觉类生物的感性情感的运行过程，如下图：

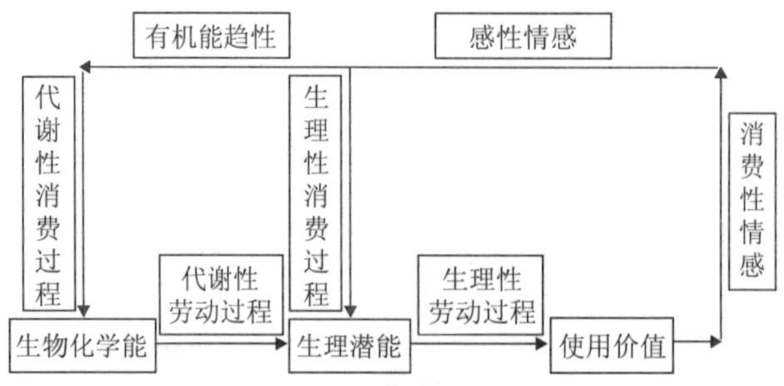

感觉类生物的感性情感运行图

第五节　知性情感

生物的进化过程，一方面表现为价值形式的不断丰富和价值层次的不断提升；另一方面表现为主观反映方式的不断发展，各种意识器官的不断分离和独立出来。原核生物实现了对于无机能价值的利用，原生生物实现了对于有机能价值的利用，多细胞生物实现了对于环境要素价值的利用，并且实现了感觉意识从综合意识中的分离，实现了感觉器官从综合器官中的分离。不难理解，生物的继续进化，必然会实现认知意识从综合意识中的分离，必然会实现认知器官从综合器官中的分离。

一、认知类生物的形成

认知类生物是指仅仅拥有感觉器官和认知器官，但没有评价器官和意志器官的生物，主要包括扁形动物、节肢动物、鱼类、鸟类、两栖类、爬行类动物等。

中枢神经系统和神经节是最原始的认知器官（或分析器官），分析器官是在网状神经系统的基础上发展起来的，而网状神经细胞是由变形细胞进化而来。认知器官的发展经历了四个基本阶段：网状神经系统、梯状神经系统、链状神经系统、索状神经系统。

1. 网状神经系统（腔肠动物）

是动物界中最简单最原始的神经系统，神经细胞（即神经元）之间一般以突触相连接，也有非突触的连接。腔肠动物虽然没有神经中枢和神经节，其神经系统为扩散神经系统，但它为神经中枢或神经节（即认知器官或分析器官）的形成奠定了基础。

2. 梯状神经系统（扁形动物）

众多神经元的胞体集合在一起就构成了神经节，众多神经元的突起集合在一起就构成了神经干或中枢神经。扁形动物一方面还保持着网状的特征，即神经细胞分散，并以突触相连接成网；另一方面很多神经细胞已经集中而成身体腹部的两个神经索和头部的“脑”。扁形动物有两侧对称的神经系统，其侧面有外耳，这种外耳有用来觅食的化学感应器。扁形虫有单眼，单眼与脑神经节相连接，可以感光。

3. 链状神经系统（节肢动物）

节肢动物的神经细胞集中成神经节，一系列的神经节通过神经纤维联系在一起形成神经链。每一段神经节只能从身体的一个局部区域获得感觉信息，也只能控制局部区域的肌肉，每一个神经节既管本体节的反射机能，也与邻近几节的反射活动有关。环节动物与节肢动物都有腹神经索。链状神经系统的特点：一是链状神经系统可分为中枢与外围两个部分，脑与腹神经索属于中枢系统，从脑和各神经节伸到身体各部的神经属外围系统；二是脑对于腹神经索已处于优势的控制地位，腹神经索是受制于脑的；三是具有巨大的神经，这是由具有快速传导功能的神经纤维构成的神经；四是能形成记忆。

4. 索状神经系统（鱼类、鸟类、两栖类、爬行类动物）

索状神经系统与链状神经系统相比更为集中，主要表现在：两条纵行神经索合二为一；前三对神经节合而为脑；食管下神经节也由头部后三对神经节愈合而成；各环的神经节分段归并；神经节向前部集中，提高了“头脑化”程度；脑部日趋发达，并形成了前脑、中脑和后脑。

二、认知类生物的生命特征

认知类生物是指仅仅拥有感觉器官和认知器官，而没有评价器官和意志器官的生物，它主要包括扁形动物、节肢动物、鱼类、鸟类、两栖类、爬行类动物等，但不包括腔肠动物。

动物一旦拥有了认知器官，就可以开始感知各种事物之间的时间关系、空间关系和逻辑关系，还可以感知各种价值之间的时间关系、空间关系和逻辑关系，动物就可以根据自己的生存需要调节自己的效应器官，从而使自己对于各种价值资源可以根据不同的时间、不同的地点、不同的环境条件、不同的对象进行合理的利用。

不过，认知类生物对于价值资源这种合理的支配是刚性的、本能的、不能变更的、无条件的，它必须通过几代甚至几十代、几百代生命过程的信息积累，才能逐渐形成并且稳定下来，它属于动物的遗传性状或无条件反射。例如，鸟类的筑巢本能，就是长期进化而形成的，它能够根据不同的时间，不同的地点，不同的环境条件，不同的建造材料，选择并建造出比较适宜的巢穴，从而满足自己生存与繁殖的价值需求。

通常情况下，认知类生物对于事物或价值的分析和推理都是定性的，而不是定量的。

三、感觉器官、认知器官与效应器官

中枢神经和神经节的形成与发展，有力地推动着动物的感觉器官、认知器官及效应器官的分化与发展，使动物能够形成比较完整的“感觉—分析—效应”反射弧。

感觉器官是动物用以感觉外部事物的直接物理化学刺激信号，以了解外部事物与生命机体直接的物理化学联系。

认知器官是动物对于感觉器官所感觉的外部事物的刺激信号进行分析与推理，从而了解外部事物与其他事物之间的各种联系，了解外部事物与动物之间间接的物理化学联系，这种间接的物理化学联系主要包括时间联系、空间联系、声乐联系、逻辑联系以及上述联系之综合联系等。由此可见，认知器官（或分析器官）是一种高级形式的、系统化的感觉器官，是对于各种关联特性的感觉器官，它是在感觉器官基础上发展起来的，它也是网状神经系统不断集中化和“头脑化”的产物。

效应器官的形成与发展，使动物能够采取越来越多样化、复杂化的手段来间接地作用于外部事物，间接地获取各种价值。

由于认知器官的形成，认知类生物实现了器官与器官之间比较严密而明确的分工与合作。

四、温饱类价值

感觉器官只能直接地、孤立地、片面地、单方面地感觉外部物质的物理化学特征。随着认知器官或分析器官的形成，动物能够了解事物与动物之间各种间接的物理化学联系，还能够进一步了解事物与事物之间的各种物理化学联系，主要包括时间联系、空间联系、声乐联系、逻辑联系等。

感觉类生物虽然开始利用环境要素价值，但是只能孤立地、片面地、单方面地、直接地利用环境要素价值。然而，认知器官生物能够根据认知器官的分析结果，根据不同的时间、不同的地点、不同的环境条件、不同的对象来调节自己的效应器官，从而达到全面地、综合地、联系地、多方面地、适度地利用各种环境要素价值。由此提出“温饱类价值”的概念。

温饱类价值：某些外部物质的物理化学特性能够直接或间接地补偿、增强、替代、扩展生物器官的某些生理功能，并且可以折算成一定数量的生理潜能，就是温饱类价值。

温饱类价值是一种更加广泛的“环境要素价值”，温饱类价值与环境要素价值的联系与区别主要表现在四个方面：

一是直接性与间接性的关系。环境要素价值通常表现为一种直接的物理化学联系，温饱类价值既可以表现为一种间接的物理化学联系，又可以表现为一种直接的物理化学联系。

二是单一性与多样性的关系。环境要素价值往往表现为单一因素的、简单的价值，而温饱类价值往往表现为多因素的、复合性的价值。

三是静态性与动态性的关系。环境要素价值往往表现为一种静态性的价值，而温饱类价值往往表现为一种动态性的价值。

四是独立性与关联性的关系。环境要素价值往往表现为一种独立性的价值，而温饱类价值往往表现为一种关联性的价值。

五、认知类生物的价值运行

认知类生物的价值运行特点是：

1. 两个消费过程

与感觉类生物一样，认知类生物具有两种消费性价值（即食物类价值与温饱类价值），因此它具有两个相对独立的消费过程：一是食物类价值转化为生物化学能的过程，即代谢性消费过程；二是温饱类价值转化为生理潜能的过程，即生理性消费过程。

2. 两个劳动过程

与感觉类生物一样，认知类生物具有两种过渡性价值（即生物化学能与生理潜能），因此它具有两个相对独立的劳动过程：一是生物化学能转化为生理潜能的过程，即代谢性劳动过程；二是生理潜能转化为使用价值的过程，即生理性劳动过程。

归纳起来，认知类生物的价值运行过程可以描述为：

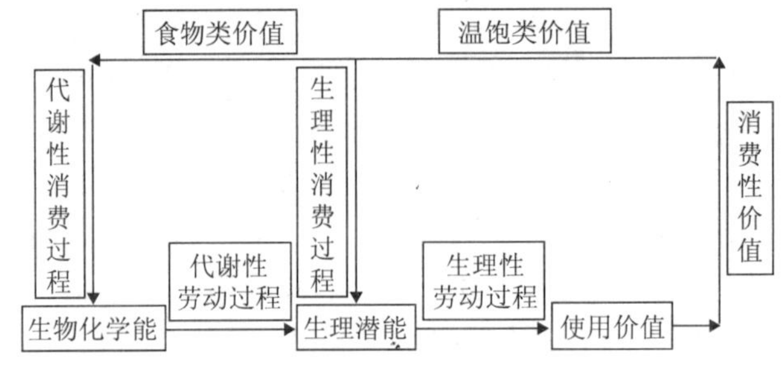

认知类生物的价值运行图

六、知性意识与知性情感

随着多细胞生物的进一步发展，一些多细胞生物（如扁形动物、节肢动物、鱼类、鸟类、两栖类、爬行类动物）进化出了认知器官或分析器官（如中枢神经或神经节），形成了知性意识与知性情感。其中，知性意识是生物体对于事物关联性的认识，知性情感是生物体对于价值关联性的认识。

知性意识：认知类生物对于事物关联性刺激信号所产生的无条件性主观反映方式，就是知性意识。

知性情感：认知类生物对于价值关联性刺激信号所产生的无条件性主观反映方式，就是知性情感。

由于知性是动物的刚性本能，属于无条件反射的范畴，因此，“知性意识”也称作为“刚性意识”，“知性情感”也称作“刚性情感”。

有些事物虽然不能直接对生物的生存与发展产生价值作用，但它可以通过影响其他事物的价值特性来间接地体现自己的价值，因此价值关联特性实际上反映了一个事物的间接价值特性，也就是说，价值关联特性是一种间接的、特殊的价值特性，因此认知意识是一种间接的、特殊的感觉意识。

感觉器官只能感觉事物本身的独立特性，而不能感觉事物与事物之间的关联特性。动物一旦拥有了认知器官（或分析器官），就可以开始感知和利用各种事物之间的时间关系、空间关系和逻辑关系，并根据自己的生存需要调节自己的效应器官。拥有独立认知器官的生物实现了各种生理器官之间的合作，并开始认识和利用一些多要素、复合型的生态性价值（即生理性价值或温饱类价值）。认知类生物对于生理性价值所产生的主观反映就是知性情感。认知类生物、生理性价值与知性情感的对应关系如下图：

认知类生物的对应关系

总之，认知器官的形成使生物（如扁形动物、节肢动物、鱼类、鸟类、两栖类、爬行类动物）能够初步了解“是什么?”，实现了从“环境要素价值”向“温饱类价值”转化的进化目的，实现了认知意识从机体的综合意识中分离出来的进化目的，实现了“知性情感”从综合情感中分离出来的进化目的，实现了各种生理器官与生理器官之间分工与合作的进化目的。

认知类生物的“知性情感”的作用过程可以分解为两个方面：一方面，知性情感是认知类生物对于温饱类价值所产生的主观反映（即来源于价值）；另一方面，知性情感又积极地推动着认知类生物不断地从外部环境中获取相应的温饱类价值（即服务于价值）。认知类生物的知性情感的运行过程，如下图：

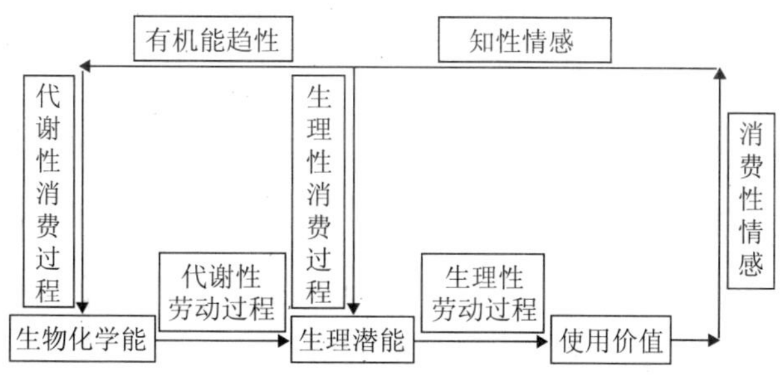

认知类生物的知性情感运行图

第六节 弹性情感

认知器官生物只能实现对于事物或价值的分析与推理，则不能实现对于事物或价值的数学运算，也就是说，认知器官生物只能对事物或价值进行定性分析，而不能对事物或价值进行定量分析。随着生物的不断进化，各种外部事物的复杂性、多样性、动态性、关联性不断提高，这就要求动物对于事物实现精细化、动态化和定量化的认识。评价器官的形成就能够满足动物对于事实进行精细化、动态化和定量化认识的客观要求。

一、评价器官的形成（旧哺乳类动物）

旧哺乳类动物开始产生了原始的评价器官，这标志着生物的评价意识从机体的综合意识中分离出来了。分析器官是动物为了感觉外部事物的间接物理化学刺激信号，以了解外部事物与生命机体间接的物理化学联系；评价器官是动物为了感觉外部事物的一种特殊的间接物理化学刺激信号——“价值信号”，以了解外部事物对于生命机体生存与发展的关系。由此可见，评价器官是一种高级形式的分析器官，是在分析器官基础上发展起来的。

动物的评价器官主要是大脑中的边缘系统：其中，杏仁体是用以评价事物之价值大小与方向的核心器官。

边缘系统：在大脑半球内侧面，由扣带回、海马旁回及海马回钩等组成的，在大脑与间脑交接处的边缘体，故称边缘叶。边缘叶与邻近皮质（额叶眶部、岛叶、颞极、海马及齿状回等）以及与它联系密切的皮质下结构（包括与扣带回前端相连的隔区、杏仁复合体、下丘脑、上丘脑、丘脑前核、部分丘脑背侧核以及中脑内侧被盖区等）在结构与功能上相互间都有密切的联系，从而构成一个功能系统，称为边缘系统。

对于价值规模的计算又可以分解为两个方面：一是价值规模的正负方向判断；二是价值规模的大小计算。大脑边缘系统由边缘叶和相关的皮质及皮质下结构组成，边缘叶主要为胼胝体、海马、海马旁回、钩及矩状回，皮质下结构包括杏仁体、隔核、下丘脑、背侧丘脑的前核及中脑被盖的一些结构。其中，杏仁体的基本功能主要用于识别价值规模的正负方向（即正的价值使生物体产生愉快的情感体验，负向价值使生物体产生痛苦的情感体验）；海马的基本功能主要用于短期记忆，以配合杏仁体的价值方向识别工作；边缘系统的其他部分的基本功能主要用于识别价值规模的大小；大脑边缘系统对于价值方向的识别情况和价值大小的识别情况，通过脑干的网状结构传送到大脑皮层的相对区域，以完成价值计算的基本功能。

边缘系统产生于旧哺乳类动物（如食虫类哺乳动物），它使旧哺乳类动物具有了对于外部事物之价值的量度大小和正负方向的评估能力。其中，边缘系统中的杏仁体在动物的价值评价过程中起着关键性的作用。

总之，原始评价器官的形成使动物能够初步了解“有何用?”的问题，实现了评价意识从机体的综合意识中分离出来的进化目的。

二、评价类生物的生命特征

评价类生物是指仅仅拥有感觉器官、认知器官和评价器官而没有意志器官的生物，主要包括旧哺乳类动物（如猫科、鼠兔科、象科等）。

认知器官只能对于事物或价值进行定性分析，指导动物按照分析的定性结果来实施自己的行为，所产生的行为只能是无条件反射的本能行为，这种本能行为是先天形成的，由遗传性状来决定的，主要是属于无条件反射的范畴。因此认知器官生物基本上没有具备后天学习的能力。

动物一旦拥有了评价器官，就可以开始感知各种事物之间的量度关系，包括事物的规模性、强度性、持久性、范围性、稳定性五个方面。认知器官生物对于价值资源这种合理的支配是刚性的、本能的、不能变更的、无条件性的，它必须通过几代甚至几十代、几百代生命过程的信息积累，才能逐渐形成并且稳定下来，它属于动物先天产生的遗传性状，属于无条件反射的范畴。然而，评价类生物对于价值资源的这种合理的支配是弹性的、能够变更的、条件性的，能够经过后天学习而产生的非遗传性状，属于条件反射的范畴。因此评价类生物开始具备后天学习的能力。

由于评价类生物能够对各种事物的价值特性进行分析与推理，从而可以借助于外部物质资源和自然力量来间接地作用于劳动对象，并间接地获取各种价值，因此这类动物开始具备了初步的制造和使用劳动工具的能力。

总之，评价器官（如大脑边缘系统）的出现，使生物实现了从定性分析向定量分析的发展，实现了从无条件反射向条件反射的发展。

三、劳动潜能

当生物机体就是单个细胞（原核细胞或真核细胞）时，食物类价值将通过代谢性消费过程转化为生物化学能，该细胞将以生物化学能作为其动力源，以完成生物机体的代谢性生产过程。

当生物机体是由众多细胞有机地组合而成时，各种具有不同生理功能的细胞将以代谢性消费过程所产生的生物化学能作为其动力源，并为生物机体提供生理潜能。同时，温饱类价值也将通过生理性消费过程转化为生理潜能。生物机体将这两个方面的生理潜能有机地配合起来，并以此作为生命运动的动力源，以完成生物机体的生理性生产过程。由于生理潜能是由生物化学能转化而来，因此生理潜能等于它所折算的生物化学能的数量；由于温饱类价值的客观作用在于它所能补偿、替代、增强和扩展的生理潜能的数量，温饱类价值等于它所折算的生理潜能的数量，因此也等于它所折算的生物化学能的数量。

随着动物的不断进化，较高等动物机体的生理构造越来越复杂，由数量庞大的真核细胞有机地组合起来并构成了各种各样的生理器官或生理组织（如皮肤、肌肉、血液、神经等），又由若干个生理器官或生理组织有机地组合起来并构成了若干个生理系统，旧哺乳类动物机体通常就是由几大生理系统（如呼吸系统、消化系统、血液循环系统、神经系统、内分泌系统、运动系统等）所组成。此时，每个生理系统或生理器官将会以每一个生理细胞所提供的生理潜能作为动力源，为动物机体提供不同的劳动功能。动物机体再把各种不同的劳动功能有机地组合起来，以完成较高等动物的个体性劳动过程。显然，这些劳动功能就是以生理潜能作为动力源而形成的，它将为生物机体提供更高层次的动力源。

生理器官或生理系统的劳动功能千差万别，并且都可以用不同的物理量来进行衡量，各种劳动功能之间难以进行相互比较和度量，但是它们有一个共同特性，那就是它们都是以消耗一定数量的生理潜能为代价，都是由生理潜能转化而来，都可以折算成一定数量的生理潜能。由此提出“劳动潜能”的概念。

劳动潜能：动物机体各种生理性系统的劳动功能所折算成生理潜能的数量，就是劳动潜能。

“劳动潜能”是继生物化学能和生理潜能之后，生物机体在价值循环转化过程中的第三种过渡性价值形式，它是较高等动物（旧哺乳类动物）生命运动的动力源。一般情况下，劳动潜能是由生理潜能转化而来，并凝聚于劳动器官之中，为劳动器官提供动力源，在劳动器官履行它的劳动功能之后就会立即消失。

不过，由于真核细胞具有一定的能量储备功能，从而使生物化学能具有一定的富余量，使生物化学能的消失存在一定的缓冲时间。由于生理器官具备一定的能量储备功能，使各种生理潜能也具有一定的富余量，使生理潜能的消失也存在一定的缓冲时间。而且随着生物的不断进化，评价类生物的体内已经能够储备大量的脂肪，以备在急需的时候能够及时地转化为生物化学能，以保障代谢性消费过程对于生物化学能的需要；再转化为生理潜能，以保障生理性消费过程对于生理潜能的需要；然后，再转化为劳动潜能，以保障个体性消费过程对于劳动潜能的需要。由此可见，较高等动物的劳动潜能的消失通常具有较长的缓冲时间。

四、个体性生产价值

低等动物通常只能通过强化身体的某些功能如利爪功能、耐寒功能等方式来适应环境和获取食物。较高等的动物经过漫长的进化，逐渐发现了某些自然界物质（如石头、树枝等）经过简单的加工或修理以后，可以用来有效地延伸、加强和扩展自己的劳动器官。评价类生物由于能够对各种事物的价值特性进行分析与推理，较为容易发现各种外部物质和自然力量对于自己的生存意义，从而引导生物机体借助于外部物质和自然力量来替代、补偿、增强和扩展自己相应的劳动器官的劳动功能，以间接地作用于劳动对象，并获取更多的价值资源。由此提出“个体性生产资料”和“个体性生产价值”的概念。

个体性生产资料：一切能够对生物机体劳动器官的劳动功能产生替代、补偿、增强、扩展作用的外部物质，就是个体性生产资料。

由于个体性生产资料的客观作用在于替代、补偿、增强、扩展生物机体劳动器官的劳动功能，而所有劳动功能都可以折算成一定数量的生理潜能，因此个体性生产资料的价值取决于它所能折算成的劳动潜能的数量，由此可得：

个体性生产价值：外部物质的物理化学特性用以替代、补偿、增强、扩展劳动器官的劳动功能，从而折算成的劳动潜能的数量，就是个体性生产价值。

显然，个体性生产价值的客观作用在于对劳动潜能产生一定的放大效应。

五、安全与健康类价值

人类在制造和使用各种个体性生产资料之前，外部环境的复杂性和机体内部器官的复杂性都较低，动物所面临的外部安全风险和内部健康风险并不大。然而，随着人类不断地开发利用越来越多的个体性生产资料，必然会出现两种趋势：一方面，人类机体器官及生理功能日益多样化和复杂化，人类将面临越来越大的健康风险；另一方面，人类的外部环境日益多样化和复杂化，人类将面临着越来越大的安全风险。这两种趋势形成了人类对于降低外部安全风险和内部健康风险越来越迫切的客观要求，由此提出“安全与健康类价值”的概念。

安全与健康类价值：用以提高个人与环境的相互适应程度、降低个体失效率的一切价值，称之为安全与健康类价值。

安全与健康类价值可以分解为安全类价值与健康类价值两种具体形式。其中，安全类价值的客观目的在于提高环境对于个人的适应程度，以降低环境相对于个人的失效率；健康类价值的客观目的在于提高个人对于环境的适应程度，以降低个人相对于环境的失效率。

1. 安全类价值

用以降低动物机体的外部因素所产生的自然生命失效率（即伤残率与死亡率）的物质资料，就是安全类价值。如洞穴、安全设施、防护性措施等。

2. 健康类价值

用以降低动物机体的内部因素所产生的自然生命失效率（即疾病率与死亡率）的物质资料，就是健康类价值。如营养物质、生命要素等。

对于一般的动物来说，安全与健康类价值的主要形式：营养化、多样化的食物，防护之用的洞穴等。但是对于人类来说，由于其身体机能越来越高级，机体结构及其功能的复杂化程度越来越高，所需要的机体外环境与机体内环境越来越苛刻，那么能够影响人类机体生理机能的环境因素越来越多，其安全与健康类价值的物质范围将会所有扩大。在现在的人类社会，水果、药物、营养品、住房、私家车、健身器材等，都可以归类为安全与健康类价值。

归纳起来，劳动潜能的来源主要有三个：一是由生理潜能经过生理性劳动过程转化而来；二是由个体性生产价值经过个体性生产过程转化而来；三是由安全与健康类价值经过个体性消费过程转化而来。

六、个体性对偶价值

人类区别于低等动物的根本性标志就是能够开发和利用各种自然性生产资料（或劳动类工具），也就是人类能够开发和利用各种个体性生产价值。然而，在开发和利用各种个体性生产价值的同时，人类具备了一种与之相对应的消费性的价值需求，即人类为了能够顺利地开发和利用各种个体性生产价值，必须消费一定的安全与健康类价值，使人类能够具备基础的生理条件和心理条件，并且使外部环境朝着有利于人类生存的方向发展。由于安全与健康类价值是伴随着个体性生产价值而出现的，并且两者相互配合、共同发展，因此安全与健康类价值与个体性生产价值，合称为个体性价值。

个体性价值与个体性对偶价值：个体性消费价值（或安全与健康类价值）与个体性生产价值，统称为个体性价值，它们互称为个体性对偶价值。

个体性生产价值与个体性消费价值之间的关系：个体性消费价值的客观目的在于积累劳动潜能，个体性生产价值的客观目的在于替代、加强和扩展劳动潜能，并产生等量的（或当量的）劳动潜能，因此个体性生产价值是一种特殊的个体性消费价值；个体性消费价值为个体性生产价值提供必要的生理基础与心理基础，个体性生产价值又为个体性消费价值提供发展的主导方向，两者相互配合、相互促进、共同发展。

根据以上分析，劳动潜能有三个基本来源：一是由生理潜能经过生理性劳动过程转化而来；二是安全与健康类价值经过个体性消费过程转化而来；

三是个体性生产价值经过个体性生产过程转化而来。

七、评价类生物的价值运行

评价类生物的价值运行特点是：

1. 三个消费过程

评价类生物具有三种消费性价值（即食物类价值、温饱类价值、安全与健康类价值），因此它具有三个相对独立的消费过程：一是食物类价值转化为生物化学能的过程，即代谢性消费过程；二是温饱类价值转化为生理潜能的过程，即生理性消费过程；三是安全与健康类价值转化为劳动潜能的过程，即个体性消费过程。

2. 三个劳动过程

评价类生物具有三种过渡性价值（即生物化学能、生理潜能与劳动潜能），因此它具有三个相对独立的劳动过程：一是生物化学能转化为生理潜能的过程，即代谢性劳动过程；二是生理潜能转化为劳动潜能的过程，即生理性劳动过程；三是劳动潜能转化为使用价值的过程，即个体性劳动过程。

3. 一个生产过程

评价类生物具有一种生产性价值（即个体性生产价值），因此它具有一个生产过程：个体性生产价值转化为使用价值的过程，即个体性生产过程。

评价类生物第一次出现了生产性价值，从而实现了生产性价值与消费性价值的分化，使用价值因而可以划分为生产性价值与消费性价值两大类。由此，评价类生物的生产过程从劳动过程中分化出来，在此以前，所有的生产过程与劳动过程都是混合在一起的（即代谢性生产过程与代谢性劳动过程、生理性生产过程与生产性劳动过程都是混合在一起的）。

归纳起来，评价类生物的价值运行过程可以描述为：

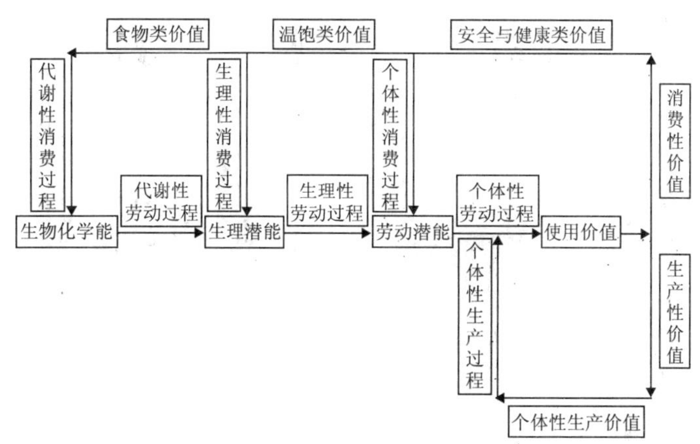

评价类生物的价值运行图

八、弹性意识与弹性情感

评价器官是在认知器官的基础上发展起来的，它使生物能够对事物的价值进行定量分析，并形成更高层次的意识与情感，从而引导生物能够对外界的环境变化产生灵活的、适度的反应，并且能够有效地利用外部物质的物理化学特性，以替代、补偿、加强和扩展自己的劳动器官。这种高层次的意识与情感就是“弹性意识”与“弹性情感”。

弹性意识：评价类生物对于各种事物的变量性刺激信号所产生的主观反映方式，就是弹性意识。

由于弹性意识（或弹性情感）都是生物对于动态的事物（或价值）所产生的动态反应，是一种可调性的意识或情感，因此它们都属于条件反射的范畴，它使动物和人类具备了后天学习的能力，使动物能够灵活应对外部环境的变化，并且能够有效利用外部的物质资料来增强和扩展自己的劳动能力。只具备无条件反射能力的动物，通常不具备学习的能力，从而不具备制造和使用各种劳动工具的能力；只有具备条件反射能力的动物，才开始具备学习的能力，从而具备制造和使用各种劳动工具的能力，因此弹性意识又称作“条件反射意识”。认知类生物通常只具备无条件反射能力，不具备学习的能力，也不具备制造和使用各种劳动工具的能力，因此知性意识属于“无条件反射意识”。

总之，评价器官的形成，使生物能够初步了解“有何用?”使动物（即旧哺乳类动物）实现了“评价意识”从综合意识中分离出来的进化目的，实现了“弹性情感”从综合情感中分离出来的进化目的，实现了从“温饱类价值”向“安全与健康类价值”及“个体性价值”发展的进化目的，实现了动物或人类的生理系统与生理系统之间分工与合作的进化目的。

弹性情感：评价类生物对于各种变量性的价值所产生的主观反映方式，就是弹性情感。

由于具备了一定的学习能力，评价类生物不仅能够适应不断变化的环境，而且能够进行适当的环境改造。由于具备了条件反射功能，而且能够对各种条件反射的价值进行准确的评价，评价类生物可以不断地产生新的条件反射内容，还可以不断地选择和保留具有较高价值意义的条件反射内容，及时地调整和淘汰没有价值意义的条件反射内容。由此一来，评价类生物就具备了利用外界各种物质资料的能力，并将这些物质资料进行规范化的加工，使之成为特定的劳动工具或消费工具，延伸自己的劳动器官（手、脚、脑），从而充分利用各种个体性价值，因此，“变量性价值”实际上就是个体性价值。由此，弹性情感还可定义为：

弹性情感：评价器官生物对于个体性价值（包括个体性消费价值和个体性生产价值）所产生的主观反映方式，就是弹性情感。

个体性价值包括两个方面：个体性消费价值与个体性生产价值，因此弹性情感也相应地可分解为两个分量：弹性消费性情感与弹性生产性情感。其中，弹性消费性情感是生物体对消费性价值（即个体性消费价值或安全与健康类价值）所产生的主观反映，弹性生产性情感是生物体对于生产性价值（即个体性生产价值）所产生的主观反映。

评价类生物的“弹性情感”的作用过程可以分解为两个方面：一方面，弹性情感是评价类生物对于个体性价值（包括安全与健康类价值及个体性生产价值两个方面）所产生的主观反映（即来源于价值）；另一方面，弹性情感又积极地推动着评价类生物不断地从外部环境中获取相应的个体性价值（即服务于价值）。评价类生物的弹性情感的运行过程，如下图：

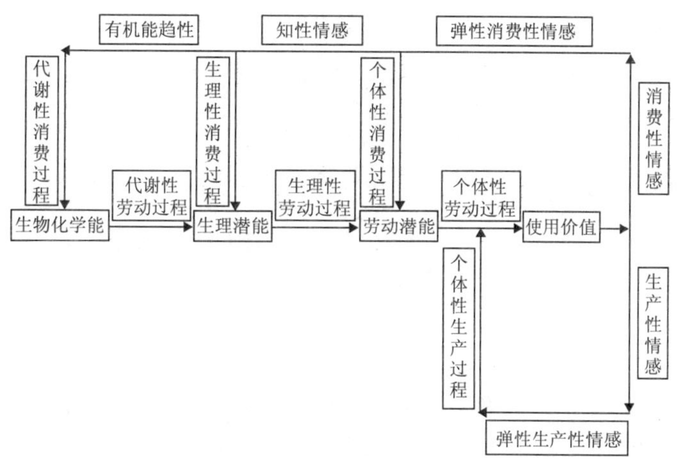

评价类生物的弹性情感运行图

九、个体性价值与弹性情感的对应关系

认知器官只能认识事物与事物之间一般性的关联特性，而不能认识事物与事物、事物与人的价值关联特性。动物一旦拥有了评价器官（或情感器官），就可以开始感知和利用各种事物之间，以及事物与人之间的价值关系，并根据自己的生存需要调节自己的效应器官。拥有独立评价器官的生物就是评价类生物（旧哺乳类动物），它实现了各种生理系统之间的合作，并开始认识和利用一些个体性价值（包括个体性消费价值和个体性生产价值）。评价类生物、个体性价值与弹性情感的对应关系，如下图：

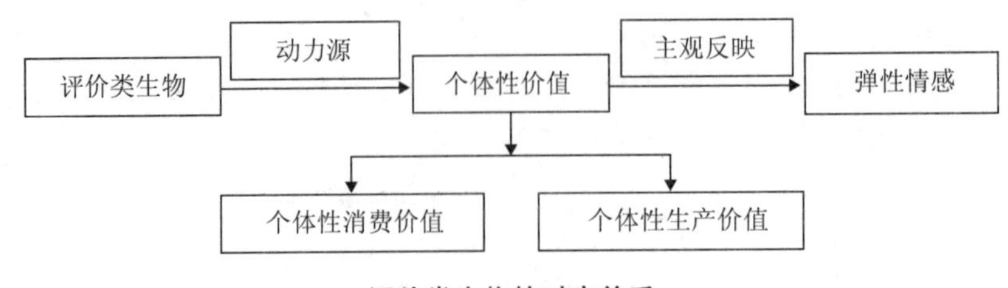

评价类生物的对应关系

第七节 理性情感

认知器官生物实现了对于事物或价值的定性分析与逻辑推理，评价器官生物实现了对于事物或价值的定量分析与数学运算。然而，认识世界的最终目的在于改造世界，而改造世界必须通过人类的行为来实现，因此在所有事物中，有一种特殊事物具有特殊的价值，那就是人类自身的行为。人类的任何行为都可以产生一定的价值效应，同时需要消耗一定的价值资源，人为了实现价值资源的最大增长率，就必须选择和实施具有最大价值率的行为，因此对于自身行为的价值特性进行分析和计算，就必然成为人类意识中的最重要内容。

一、意志器官的形成（新哺乳类动物）

新哺乳类动物（如灵长类动物）开始产生了原始的意志器官，这标志着动物的意志意识从生命的综合意识中分离出来了。评价器官是动物为了感觉和识别外部事物的动态性和复杂性的价值信号，以了解外部事物与生命机体之间的动态性和复杂性的价值联系；意志器官是动物为了感觉和识别自身行为的价值联系，以了解自身行为对于生命机体生存与发展的价值关系。由此可见，意志器官是一种高级形式的评价器官，是在评价器官基础上发展起来的，是对于自身行为进行价值评价的器官。

大脑皮层：大脑皮层分为新皮层和旧皮层两个部分。新皮层是由端脑泡的假分层上皮演化而成，在人的大脑半球上方，是具有六层结构的新皮层，它占据成年人整个大脑皮层表面的 94%，亦被称为均匀皮层；半球其余表面结构包括古皮层及旧皮层，在神经系统发生中出现较早，这些部分统称为非均匀皮层，将来发展成为边缘系统的主要部分。

大脑皮层由感觉皮层、运动皮层和联合皮层所组成：

1. 感觉皮层

包括视觉皮层、听觉皮层、躯体感觉皮层、味觉皮层和嗅觉皮层。

2. 运动皮层

包括初级运动区、运动前区和辅助运动区。

3. 联合皮层

包括顶叶联合皮层、颞叶联合皮层和前额叶联合皮层。其中，顶叶联合皮层主管触知觉和空间知觉（地理位置）；颞叶联合皮层主管视觉和听觉信息处理（图像的记忆与识别、面孔记忆与识别、物体记忆与识别、声乐记忆与识别等）；前额叶联合皮层主管注意力调控、规则学习、情景记忆、工作记忆、行为抑制、行为计划与策略、发散性思维。

新哺乳类动物（如猩猩、狒狒、类人猿、人类等）大脑皮层的联合区域与运动区域之间所建立的神经联系构成了各个层次行为动作（简单行为、复杂行为、超复杂行为）的基本模式，而大脑皮层的运动区域与边缘系统之间所建立的神经联系，构成了动物对于自身的各种行为模式进行价值评价，并使动物能够优先诱发和实施具有最大价值率的行为动作，屏蔽具有最小价值率的行为动作。

大脑皮层是新哺乳类动物的意志器官，而意志器官的核心是联合皮层。联合皮层与大脑边缘系统之间的神经联系决定着各个层次行为模式（简单行为、复杂行为、超复杂行为）的价值率大小，进而决定着动物对于各个行为动作的取舍关系。

总之，意志器官的形成使动物能够初步了解“怎么办?”，实现了意志意识从机体的综合意识中分离出来的进化目的。

二、意志类生物的生命特征

意志类生物是指完整拥有感觉器官、认知器官、评价器官和意志器官的生物，主要包括新哺乳类动物（如猩猩、狒狒、类人猿、人类等）。

意志器官的形成，将会使高等动物产生两个方面的效应。一方面，意志的本质就是人脑对于自身行为的价值关系所产生的主观反映，其客观目的在于引导高等动物能够实现最大的行为价值率。为此，它必须按照最大价值率法则，确立最佳的行为目标，作出最佳的行为方案和实施细则，从而完成人的各个层次的行为在时间上、空间上和逻辑顺序上的合理安排，以实现价值资源的最佳配置。总之，意志器官的形成，可以使高等动物能够确立价值目标，预测各种事物的价值变化范围，并且合理地规划和部署行为方案，积极主动地开展各种工作，并具备高度的自主创新能力和深远的预见能力。

另一方面，根据动力源的不同，人的行为可以分为四个基本层次：代谢性行为（以生物化学能作为其动力源）、生理性行为（以生理潜能作为其动力源）、个体性行为（以劳动潜能作为其动力源），社会性行为（以劳动价值作为其动力源）。意志体现了人脑对于自身行为的价值率所产生的主观反映，当然也体现了人脑对于自身社会行为的主观反映，其客观目的在于引导自己的社会行为实现最大的价值率。总之，意志器官的形成，可以使高等动物能够合理地调整自己的社会行为，合理地利用各种社会性价值资源（即劳动价值），并实现各种社会性价值资源的最大价值率。

三、劳动价值

人类在没有实现社会分工的时期，个人的劳动潜能将会直接转化为使用价值，并凝聚于劳动产品之中。人类在实现社会分工之后，个人的劳动潜能不再直接转化为其使用价值，而是先转化为一种过渡性价值形式，并凝聚于劳动产品之中，然后通过社会交换以后，再转化为使用价值，并凝聚于社会交换之后的劳动产品之中。每个人所生产出来的产品是千差万别的，分别具有不同的物理特性与化学特性，分别满足人的不同形式的生理需要和精神需要，虽然各种劳动产品不同的使用功能之间难以进行相互比较和度量，但是它们有一个共同特性，那就是它们都是由劳动者的劳动潜能转化而来，都可以折算成一定数量的劳动潜能。由此提出“劳动价值”的概念。

劳动价值：人们在生产某劳动产品时所付出的劳动潜能的数量，就是该劳动产品的劳动价值。

劳动价值是继生物化学能、生理潜能、劳动潜能之后，生物机体在价值循环转化过程中的第四种过渡性价值形式，一般情况下，它总是由劳动潜能转化而来，并凝聚于劳动产品之中，这些劳动产品一旦实现了社会交换，那么劳动价值就会立即消失，并转化为使用价值而凝聚于社会交换以后的劳动产品之中。

由于劳动产品在生产出来以后，通常情况下并不会立即交换出去，往往需要一定的缓冲时间才能完成，因此劳动价值的消失往往存在一定的缓冲时间。一般来说，四种过渡性价值的“存活时间”长短的顺序是：生物化学能、生理潜能、劳动潜能和劳动价值。其中，生物化学能的“存活时间”最短，劳动价值的“存活时间”最长。

四、社会性生产价值

社会分工可以使个人的劳动能力得到加强与扩展，它相当于一种特殊的生产资料或劳动工具，用以加强与扩展个人的劳动器官。人与人一旦实现了社会分工，那么任何人的劳动产品不再直接供自己消费，而是通过交换的方式来获取自己所需要的劳动产品。也就是说，人们不是直接从劳动产品获取使用价值，而是首先转化为一种过渡性价值形式（即劳动价值），然后，通过社会交换以后再获取所需要的使用价值。这样一来，社会性生产价值对于个人劳动能力的加强与扩展，实际上就是对于劳动价值的加强与扩展。由此，提出“社会性生产资料”与“社会性生产价值”的概念。

社会性生产资料：一切能够对个人的劳动功能产生替代、补偿、增强、扩展作用的社会分工与合作关系，就是社会性生产资料。

社会性生产资料包括社会分工（含经济）、社会管理（含政治）与社会意识（含文化）三个基本层次。其中，规范化的社会分工就是经济；社会管理是关于社会分工的规则体系，规范化的社会管理就是政治；社会意识是关于社会管理的规则体系，也是关于社会分工的规则之规则体系，规范化的社会意识就是文化。

由于社会性生产资料的客观作用在于替代、补偿、增强、扩展个人的劳动功能，而所有人的劳动功能都可以折算成一定数量的劳动潜能，因此社会性生产资料的价值取决于它所能折算成的劳动价值的数量，由此可得：

社会性生产价值：用以补偿、增强、替代、扩展每个人的劳动功能，并且可以折算成一定数量劳动价值的所有社会分工方式，就是社会性生产价值。

显然，社会性生产价值的客观作用在于对劳动价值产生一定的放大效应。

五、人尊与自尊类价值

随着社会分工的不断发展，社会的复杂化程度越来越高，社会产品的多样化、复杂化不断增长，个人的劳动产品能否符合社会的需要，能否顺利地销售出去，个人的劳动价值能否顺利地转化为产品的使用价值，将会存在越来越多的不确定性因素，产生越来越大的失效率；另一方面，随着社会分工的不断发展，个人的复杂化程度也在不断增长，个人对于各种社会知识与社会经验的积累时间越来越漫长，社会的现实状态能否适应个人的需要，社会所供应的产品使用价值能否转化为个人所需要的使用价值，也会存在越来越多的不确定性因素，产生越来越大的失效率。总之，随着社会分工的不断发展，个人与社会的相互适应、相互认同的过程存在着越来越多的不确定性因素，产生越来越高的失效率。由此提出“人尊与自尊类价值”的概念。

人尊与自尊类价值：用以提高个人与社会的相互适应度与相互认同度，从而提高劳动价值转化为产品使用价值的概率的所有外部事物，就是人尊与自尊类价值。

人尊与自尊类价值可以分为两大类：一是人尊类价值，它的客观目的在于降低个人相对于社会的失效率；二是自尊类价值，它的客观目的在于降低社会相对于个人的失效率。

由于人尊与自尊类价值提高了劳动价值转化为产品价值的概率，因此人尊与自尊类价值等效地增加了劳动价值的数量，从而可以折算成一定数量的劳动价值。

归纳起来，劳动价值的来源主要有三个：一是由劳动潜能经过个体性劳动过程转化而来；二是由社会性生产价值经过社会性生产过程转化而来；三是由人尊与自尊类价值经过社会性消费过程转化而来。

六、意志类生物的价值运行

意志类生物的价值运行特点是：

1. 四个消费过程

意志类生物具有四种消费性价值（即食物类价值、温饱类价值、安全与健康类价值、人尊与自尊类价值），因此它具有四个相对独立的消费过程：一是食物类价值转化为生物化学能的过程，即代谢性消费过程；二是温饱类价值转化为生理潜能的过程，即生理性消费过程；三是安全与健康类价值转化为劳动潜能的过程，即个体性消费过程；四是人尊与自尊类价值转化为劳动价值的过程，即社会性消费过程。

2. 四个劳动过程

意志类生物具有四种过渡性价值（即生物化学能、生理潜能、劳动潜能与劳动价值），因此它具有四个相对独立的劳动过程：一是生物化学能转化为生理潜能的过程，即代谢性劳动过程；二是生理潜能转化为劳动潜能的过程，即生理性劳动过程；三是劳动潜能转化为劳动价值的过程，即个体性劳动过程；四是劳动价值转化为使用价值的过程，即社会性劳动过程。

3. 两个生产过程

意志类生物具有两种生产性价值（即个体性生产价值、社会性生产价值），因此它具有两个生产过程：一是个体性生产价值转化为劳动价值的过程，即个体性生产过程；二是社会性生产价值转化为使用价值的过程，即社会性生产过程。

归纳起来，意志类生物的价值运行如下图：

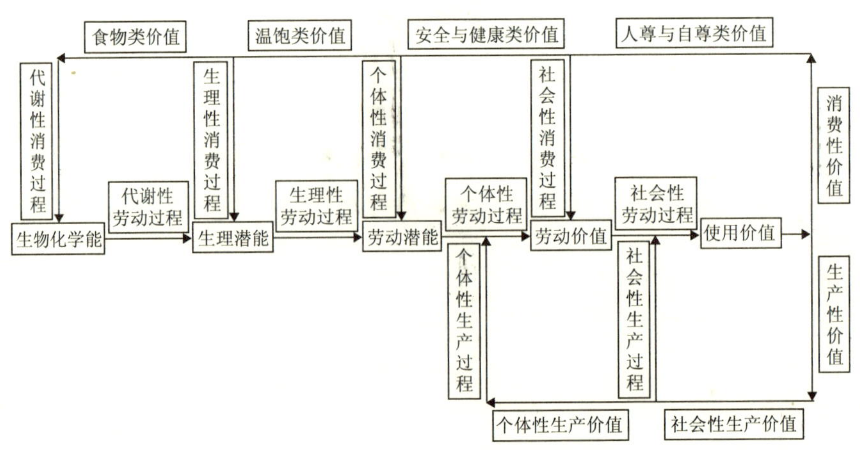

意志类生物的价值运行图

七、社会性对偶价值

人类区别于低等动物的另一个重要标志就是能够建立各种形式的社会关系（如经济关系、政治关系与类文化关系），也就是人类能够开发和利用各种社会性生产价值。然而，在开发和利用各种社会性生产价值的同时，人类具备了一种与之相对应的价值需求，即人类为了能够顺利地开发和利用各种社会性生产价值，必须消费一定的社会性消费价值（或人尊与自尊类价值），使人类能够具备基础的心理条件：能够积极主动地应对复杂的人文环境条件，并最大限度地降低社会适应性风险和个人适应性风险（即降低社会性失效率）。这就是说，社会性生产价值与社会性消费价值是一对偶合的价值形式，前者为了开发和利用各种社会性生产资料，后者是为前者创造基础条件。

社会性对偶价值：社会性消费价值（或人尊与自尊类价值）与社会性生产价值，统称为社会性价值，它们互称为社会性对偶价值。

社会性生产价值与社会性消费价值之间的关系：社会性消费价值的客观目的在于积累劳动价值，社会性生产价值的客观目的在于替代、加强和扩展劳动价值，因此社会性生产价值是一种特殊的社会性消费价值；社会性消费价值为社会性生产价值提供必要的心理基础，社会性生产价值又为社会性消费价值提供发展的主导方向，两者相互促进、共同发展。

根据以上分析，劳动价值有三个基本来源：一是由劳动潜能经过个体性劳动过程转化而来；二是人尊与自尊类价值经过社会性消费过程转化而来；三是社会性生产价值经过社会性生产过程转化而来。

八、理性情感与理性意识

人类的意识由感觉、分析、评价和意志四种相对独立的意识所组成，它们分别用以解决“有什么”“是什么”“有何用”和“怎么办”的问题。其中，意志是最高层次的意识。意志器官的形成，使高等动物（如灵长类动物和人类）实现了对于自身行为的价值计算与有效控制，尤其是实现了对于其社会行为的价值计算与有效控制。语言最初产生于人与人之间的沟通与交流，并随着社会分工不断发展而发展。借助于语言工具，人类对于物理化学的刺激信号的感觉与分析转化为对于第二信号系统的感觉与分析，从而跳出了时间与空间的限制，使人们所接触事物的空间与时间不断延伸和扩展，信息来源大幅度增长，信息的处理速度和传播速度大幅度提高，人类对于外界事物的主观反映趋于完整、准确和及时，使人类具有了高度的自主创新能力和深远的预测能力，因此在意志器官作用下的意识具有高度的“理性”。由此可得：

理性意识：意志类生物对于自身行为的关联性所产生的主观反映形式，就是理性意识，它可使高等生物具有高度的自主创新能力和深远的预测能力。

在意志器官作用下的情感，实现了对于自身行为的价值计算与有效控制，尤其是实现了对于其社会行为的价值计算与有效控制，从而使人类能够正确地处理眼前利益与长远利益、个人利益与社会利益、低层次利益与高层次利益之间的关系，因此这种情感具有高度的“理性”。由此可得：

理性情感：意志类生物对于自身行为的价值关联性所产生的主观反映形式，就是理性情感，它可使高等生物具有高度的自主价值创造能力和深远的价值预测能力。

人是一个具有高度自主性和灵活性的动物，人与人的分工与合作所产生的实际效果更是具有高度的模糊性和不确定性，因此要想充分利用好人与人的分工与合作，就必须具有高度的预测能力和深层次的理性思维能力。意志的本质就是对于自身行为的价值评价，而行为的价值评价实际上就是对于行为所产生的价值效果进行预测，因此对于自身行为的评价能力实际上就是对于未来事物在自身行为或他人行为的作用下价值运动与价值变化的预测能力。意志类生物一旦具备了对于自身行为的评价能力，也就具备了对于他人行为的评价能力，而且还具备了对于自己与他人的合作行为以及他人与他人的合作行为的评价能力，这样，他就具有了对于所有未来事物及其价值变化的预测能力。意志类生物由于具备了预测的能力（包括对于自身行为所产生社会价值效果的预测能力），开始学会如何有效地利用人与人之间的分工与合作关系，延伸了个人的劳动能力，从而充分利用和各种社会性消费价值和社会性生产性价值。因此，“自身行为的关联性价值”实际上就是社会性价值。由此，理性情感还可定义为：

理性情感：意志类生物对于社会性价值（包括社会性消费价值和社会性生产价值）所产生的主观反映方式，就是理性情感。

总之，意志器官的形成使生物（如新哺乳类动物）能够初步了解“怎么办?”实现了从“安全与健康类价值”向“人尊与自尊类价值”转化的进化目的，实现了从“个体性价值”向“社会性价值”转化的进化目的，实现了意志器官从机体的综合反映器官中分离出来的进化目的，实现了意志意识从机体的综合意识中分离出来的进化目的，实现了“理性情感”从综合情感中分离出来的进化目的。实现了人与人之间的分工与合作关系。

社会性价值包括两个方面：社会性消费价值与社会性生产价值，因此理性情感也分解为两个分量：理性消费性情感与理性生产性情感。其中，理性消费性情感是生物体对社会性消费价值（或人尊与自尊类价值）所产生的主观反映，理性生产性情感是生物体对于社会性生产价值所产生的主观反映。

意志类生物的“理性情感”的作用过程可以分解为两个方面：一方面，理性情感是意志类生物对于社会性价值（包括人尊与自尊类价值及社会性生产价值两个方面）所产生的主观反映（即来源于价值）；另一方面，理性情感又积极地推动着意志类生物不断地从外部环境中获取相应的社会性价值（即服务于价值）。意志类生物的理性情感的运行过程，如下图：

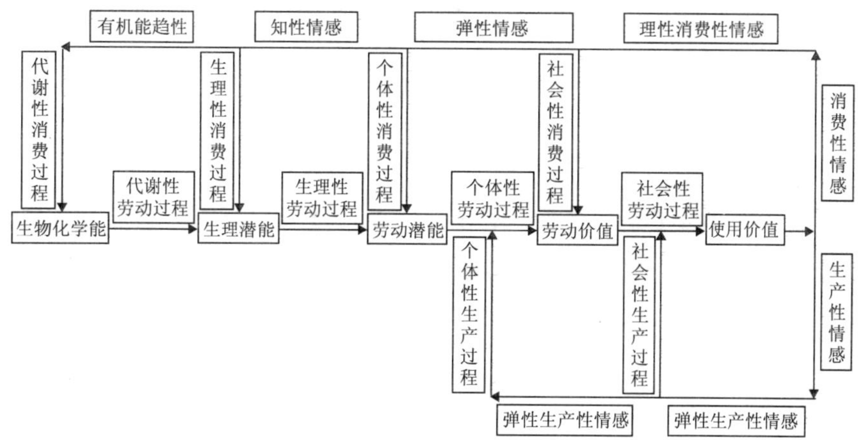

意志类生物的理性情感运行图

九、社会性价值与理性情感的对应关系

评价器官只能认识事物与事物以及事物与人之间的价值关系，而不能认识人自身的行为所产生的价值关系。动物一旦拥有了意志器官，就可以开始感知和利用自身行为的价值关系，并根据自己的行为所产生的价值效应不断调节自己的行为方式。拥有独立意志器官的生物就是意志类生物（新哺乳类动物和人类），它实现了人与人之间的合作，并开始认识和利用一些社会性价值（包括社会性消费价值和社会性生产价值）。意志类生物对于社会性价值所产生的主观反映就是理性情感。意志类生物、社会性价值与理性情感的对应关系如下图：

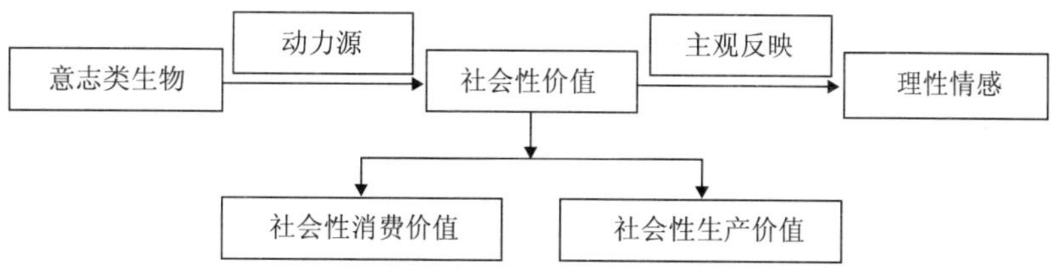

意志类生物的对应关系

第八节　人类情感进化的基本趋势

情感的本质就是人脑对于价值关系的主观反映，那么情感进化的基本趋势在根本上取决于价值进化的基本趋势。统一价值论认为，价值进化的基本趋势是：价值形式越来越多样化、价值结构越来越多层化、价值运动越来越动态化、价值内容越来越关联化、价值功能越来越精细化和专业化、价值程度越来越程序化、价值跨度越来越深远化。因此人类情感进化的基本趋势是：

一、情感模式越来越多样化

人类的情感模式（包括情感表达模式和情感识别模式）不断朝多样化、复杂化的方向发展，它根源于人类的价值形式不断朝多样化、复杂化的方向发展。根据价值目标指向的不同，人的情感模式可分为对物情感、对人情感、对己情感以及对社会情感四大类；根据价值变化时态的不同，人的情感模式可分为过去式情感、现在式情感、将来式情感和过去完成式情感；根据价值变动的不同方向，情感可以分为正向情感与负向情感。显然，人类的情感模式越是多样化，人的情感表达方式（即表情方式）就越丰富，这就是人类区别于低等动物的一个重要特征。人类的表情方式主要分为面部表情、语言声调表情、身体姿态表情三种基本类型。

二、情感结构越来越多层化

情感的逻辑结构不断朝高层次的方向发展，它根源于人类价值关系的逻辑结构不断朝高层次的方向发展。人类价值关系的逻辑结构可分为食物类价值、温饱类价值、安全与健康类价值、人尊与自尊类价值四个基本层次，因此人类情感的逻辑结构也相应地分为温饱类情感、安全与健康类情感、人尊与自尊类情感四个基本层次，而且人的情感层次越高，人将会表现出更高的包容性、共享性、主观能动性和情感稳定性。

三、情感运动越来越动态化

随着价值的变量因素将会越来越多、越来越复杂，人类的价值运动越来越趋于动态化与多变性，从而使人类的情感越来越呈现动态多变的特征，具体表现为文化艺术潮流、服饰走向、消费取向、职业选择、旅游热点、个人爱好、男女爱情、婚姻与家庭、政治理念、道德规范等均呈现出动态多变的情感特征。

四、情感内容越来越关联化

随着人类的进步和社会的发展，人与人的利益联系越来越密切，价值内容的关联性越来越提高，人的情感内容的关联性也随之提高，具体表现为人越来越关心他人、关心社会，越来越具有同情心和仁慈心，越来越关注国家和国际的经济、政治和文化状况，越来越关心共同的自然环境问题和资源状况。

五、情感功能越来越精细化

随着人类机体、社会事物和自然事物的复杂化程度不断提高，各种形式的价值正反馈现象和价值负反馈现象越来越增多、越来越激烈，一些特殊事物的事实关系或价值关系的微小变化往往会导致其他事物价值关系的重大变化，这就要求人们越来越重视、关注和认识那些精细化、专业化、特异化事物的价值功能及其变化趋势，不断提高情感功能的精细性和敏锐性。

六、情感运行越来越程序化

随着价值的分类管理和规范化管理成为价值发展的重点方向，价值运行将会有着越来越严格、越来越精细、越来越规范的程序，各种形式的价值规则体系将会不断建立和发展起来，人类情感各种相应的约束规则将会随之建立和发展起来，人的情感自我约束能力将会不断增强，人们将会越来越自觉地遵守各种公共道德规范，自觉地维护各种经济规则、政治与法律制度，自觉地树立各种共同的文化意识。通俗而言，男人越来越绅士化，女人越来淑女化，公民越来越本分化。

七、情感跨度越来越深远化

随着人类社会的不断发展，价值的时间跨度越来越久远，价值的空间跨度越来越广泛，人类情感的时间跨度也相应地越来越久远，人类情感的空间跨度也相应地越来越广泛，具体表现为人们将会越来越关心他人、越来越关注环境、越来越关心历史，越来越关注将来，越来越关心国际事务和他国国情。

第九节　人类意识的进化过程

生命和价值都不是天生就存在的，也不是一夜之间突然产生的，生命的进化和价值的进化是一个从低级到高级、从简单到复杂的逐渐发展过程，而意识是生命体对于外部事物之特性（特别是价值特性）的主观反映，它是伴随着生命的进化和价值的进化而进化的，因此意识不是天生就存在的，也不是一夜之间突然产生的，它伴随着生命进化和价值进化而进化。

最早的生命意识形式是“原始趋性”，这种意识形式集感觉、认知、评价与意志于一体。也就是说，原始趋性是感觉、认知、评价与意志的混合体，它同时完成生命体的四个意识过程：感觉过程、认知过程、评价过程和意志过程。原始趋性的进化过程又可以分解为三个阶段：无机能趋性、有机能趋性和环境要素趋性。

从总体上来讲，意识的进化可分解为以下七个阶段：

一、“无机能趋性”意识的形成

许多原核生物能够在极端环境中生活，并通过分解或合成无机物（如硫化物、氧化物或氮化物等）来获取能量，或者能够通过其中所含的叶绿素和藻蓝素产生光合作用来获取能量，使生物体实现了从“无机无序化能量”向“有机有序化能量”的发展。

这些原核生物为了有效地获取各种无机物能量，逐渐形成了对于各种无机物或太阳光所对应的物理化学特性的趋向性或适应性，这就是“无机能趋性”。

二、“有机能趋性”意识的形成

许多原生生物能够通过腐生方式将废弃的有机物转化为原生生物自身的有机物，或者通过寄生方式将宿主的有机物转化为原生生物自身的有机物，或者通过掠食方式将被掠食者的有机物转化为原生生物自身的有机物，从而实现从“有机无序化能量”向“有机有序化能量”的发展。

这些原生生物为了有效地获取各种有机能量，逐渐形成了对于各种有机物或生物所对应的物理化学特性或生物特性的趋向性或适应性，这就是“有机能趋性”。

一般来说，原生生物的有机能主要来自于原核生物的无机能，有机能是一种间接的无机能，因此“有机能趋性”是一种间接的、高层次的“无机能趋性”。

三、“环境要素趋性”意识的形成

随着细胞的进一步发展，出现了细胞与细胞之间的相互合作。许多细胞进化出不同类型的生物功能，如消化功能、运动功能、呼吸功能、生殖功能、吸水功能或能量传送功能等，多种不同生物功能的细胞组成一个新的生物体

（如海绵体），并通过分工与合作使生物体能够适应不同的环境（如温度环境、湿度环境、空气环境、酸碱环境、空间环境或地理环境等），就可以使生物体能够在更广阔的空间和更大的环境要素（如水分、空气、温度、酸碱等）变动范围下进行生存。

这些简单多细胞生物为了有效地获取各种有机能量，逐渐形成了对于各种环境要素的物理化学特性或生物特性的趋向性或适应性，这就是“环境要素趋性”。“环境要素趋性”意识的形成使生物机体实现了从能量型价值向非能量型价值的转换。

一般来说，简单多细胞生物的环境要素价值主要来自于原生生物的有机能，环境要素价值是一种间接的有机能，因此“环境要素趋性”是一种间接的、高层次的“有机能趋性”。

四、“感觉”意识的形成

随着多细胞生物的进一步发展，一些复杂多细胞生物（如腔肠动物）进化出了感觉器官，从而使生物能够更准确、更及时地辨别事物外部的各种不同的物理化学特性，进而能够更准确、更及时地辨别各种不同形态的价值特性，实现了生物体对于多种不同形态价值的识别与选择。

这些复杂多细胞生物（如腔肠动物）通过感觉器官形成了对于各种环境要素的物理化学特性或生物特性（特别是价值特性）的识别与选择，这就是“感觉”意识。

总之，感觉器官的形成，使生物体实现了从“能量型价值”向“非能量型价值”的发展，而且使生物体实现从“单形态环境价值”识别向“多形态环境价值”识别的发展。

一般来说，复杂多细胞生物的多形态价值主要来自于简单多细胞生物的单形态价值（如环境要素价值），因此“感觉意识”是一种间接的、高层次的“环境要素趋性”。

由于简单多细胞生物与复杂多细胞生物一样，都使生物机体实现了从能量型价值向非能量型价值的转换，而且都是实现了细胞与细胞之间的分工与合作，因此“环境要素趋性”意识与“感觉”意识可以归属为同一类意识。

五、“认知”意识的形成

随着多细胞生物的进一步发展，一些多细胞生物（如扁形动物、节肢动物、鱼类、鸟类、两栖类、爬行类动物）进化出了认知器官或分析器官（如中枢神经或神经节），实现了生物体对于不同形态价值之间关联特性的识别与选择。

这些多细胞生物通过认知器官形成了对于各种环境要素的物理化学关联特性或生物关联特性（特别是价值关联特性）的识别与选择，这就是“认知”意识。

总之，认知器官（如中枢神经或神经节）的形成，使生物体实现了从“独立性价值”向“关联性价值”的发展；认知意识的形成，使生物体实现了从“独立性价值”识别向“关联性价值”识别的发展。对于事物之间的关联所产生的感觉，就是认知，因此认知是一种特殊的感觉。

有些事物虽然不能直接对生物的生存与发展产生价值作用，但它可以通过影响其他事物的价值特性来间接地体现自己的价值，价值关联特性实际上反映了一个事物的间接价值特性，也就是说，价值关联特性是一种间接的、特殊的价值特性，因此认知意识是一种间接的、特殊的感觉意识。

六、“评价”意识的形成

随着动物的进一步发展，一些动物（如旧哺乳类动物）进化出了评价器官（如大脑边缘系统、杏仁体），实现了生物体对于不同形态价值关联特性之关联程度的识别与选择。

价值关联的程度主要有价值关联的规模性、价值关联的强度性、价值关联的持久性、价值关联的范围性、价值关联的稳定性五个方面。一些动物（如旧哺乳类动物）通过评价器官形成了对于各种价值关联特性之关联程度的识别与选择，这就是“评价”意识。

总之，评价器官（如大脑边缘系统、杏仁体）的出现，使生物体实现了从“无计量价值”向“可计量价值”的发展；评价意识的形成，大脑边缘系统的出现，使生物体实现了从“无计量价值”识别向“可计量价值”识别的发展。

事物的价值关联性主要表现在两个方面：价值关联的类别与价值关联的程度。认知器官主要侧重于识别价值关联的类别，评价器官主要侧重于识别价值关联的程度。由于价值关联的程度是一种特殊的价值关联性，因此评价意识是一种特殊的认知意识。

七、“意志”意识的形成

随着动物的进一步发展，一些高等动物（如灵长类动物和人类）进化出了意志器官（如大脑新皮层），实现了生物体对于自身行为的价值计算。

人的行为模式存在四个基本层次：超复杂行为、复杂行为、简单行为和本能行为。那么人的行为所追求的价值就必然存在层次性：超复杂行为模式和复杂行为模式侧重于追求较高层次的价值（长远的价值、社会的价值和精神价值)，简单行为模式和本能行为模式则侧重于追求较低层次的价值（眼前的价值、个人的价值和物质价值)。

总之，意志器官（如大脑新皮层）的出现，使灵长类动物（包括人类）实现了从“不可预测价值”向“可预测价值”的发展。

事物的价值作用主要体现在两个方面：一方面是事物对于生物体的价值作用，主要通过事物对于生物体的价值规模（即事物的价值量或价值率）来体现；另一方面是生物体对于事物的价值反作用，主要通过生物体的行为价值规模（即行为的价值量或价值率）来体现。评价器官主要侧重于计算事物对于生物体的价值规模，意志器官主要侧重于计算生物体自身行为对于外部事物反作用的价值规模。由于生物体自身行为的价值是一种特殊事物的价值，因此意志意识是一种特殊的评价意识。

几点说明

1. 意识进化的基本顺序

意识进化的基本顺序是：无机能趋性、有机能趋性、环境要素趋性、感觉意识、认知意识、评价（即情感或价值观）意识、意志意识。

2. 意识进化与价值进化（或生命进化）之间的关系

意识是生命机体对于事物特性（特别是价值特性）的主观反映，意识与生命（或价值）的关系是相辅相成、相互促进的关系，生命的进化（或价值的进化）必然推动着意识的进化，意识的进化必须推动着生命的进化（或价值的进化)。

3. 感觉、认知、评价与意志之间的关系

认知意识是一种特殊的感觉意识，评价（即情感与价值）意识是一种特殊的认知意识，意志意识是一种特殊的评价意识。

4. 人类意识的分类

人类的意识可分为四大类：感觉、认知、情感（或评价）与意志。其中，感觉是为了解决“有什么?”的问题，认知是为了解决“是什么?”的问题，情感是为了解决“有何用?”的问题，意志是为了解决“怎么办?”的问题。人类的心理活动可以划分为四个相对独立的过程：感觉过程、认知过程、评价过程和行为过程。

5. 人类意识进化的集中表现

意识的进化过程集中表现为感觉、认知、评价与意志不断趋于相对分离、不断走向相对独立的过程，即随着意识的不断进化，首先是认知逐渐从感觉中分离出来，然后是情感（或价值观）逐渐从认知中分离出来，最后是意志逐渐从情感中分离出来。

第十节　生物进化、价值进化与情感进化

生物是从低级到高级、从简单到复杂逐渐进化而来的，这就是“生物进化论”；动物的生存与发展必须以价值作为其动力源，因此价值也必然是从低级到高级、从简单到复杂逐渐进化而来的，这就是“价值进化论”；价值在主体的头脑中所产生的主观反映就是情感，情感也必然是从低级到高级、从简单到复杂逐渐进化而来的，这就是“情感进化论”。

一、生物的进化序列

物质运动经历了四个基本的进化阶段，才形成了原始生命：即从“无机小分子”生成“有机小分子”，从“有机小分子”生成“有机大分子”，从“有机大分子”生成“有机多分子体系”，从“有机多分子体系”演变为“原始生命”（原核生物）。原始生命出现以后，将会自发地向高层次的生命进化。归纳起来，生物的进化可分为六个阶段：

1. 原核生物的形成

原核生物是由原核细胞构成的生物，主要包括蓝细菌、细菌、古细菌、放线菌、立克次氏体、螺旋体、支原体和衣原体等。原核细胞主要由细胞壁、细胞质、细胞膜、脱氧核糖核酸分子、中膜体、核糖体、鞭毛等组成。原核生物可以看作是多种有机物（如多糖、脂类、蛋白质、多磷酸盐、DNA 分子等）所组成，可以看作是多种有机物进行分工与合作的结果。总之，原核生物实现了机体内部各组成部分之间的分工与合作的进化目的，它集机体的感觉功能、认知功能、评价功能与意志功能于一体。

2. 原生生物的形成

原生生物是最简单的真核生物，可分为藻类、原生菌类、原生动物类三大类。原生生物通常由多个原核细胞或单个真核细胞所组成，它是由原核生物演化而来，单个真核细胞的原生生物的每个细胞器都可以近似地看作是一个原核细胞，真核细胞中的每个细胞器（如细胞核、溶酶体、内质网、线粒体、叶绿体、高尔基体等），分别扮演控制中心、消化中心、生产中心、加工中心、物流中心。总之，真核生物是从原核生物进化而来的，它的各个组成部分不断走向“专业化”和“功能化”，从而实现了细胞器官之间分工与合作的进化目的，但它仍然是集机体的感觉功能、认知功能、评价功能与意志功能于一体。

3. 感觉类生物的形成

原核生物实现了各种有机物质之间的分工与合作，原生生物实现了各种

细胞器之间的分工与合作，感觉类生物将实现各种细胞之间的分工与合作。具有感觉器官的生物称为“感觉类生物”，感觉类生物有神经细胞作为联络中介，以沟通细胞之间的联络，还具备了初步的感觉器官（即平衡囊、触手囊），主要是指腔肠动物。但是在腔肠动物出现之前，有一种过渡形式：海绵体动物。海绵体动物虽然实现了各个细胞之间初步分工与合作的进化目的，但这种细胞之间的分工与合作是非常松散的，各自具有较强的相对独立性，如将海绵磨碎过筛。其中分离了的细胞仍能存活数天（相当于原生动物），因此它是细胞之间进行分工与合作的过渡形式，可以把它划归为感觉类生物。海绵体中的变形细胞有些彼此相连形成了网状，构成了星芒细胞，它很可能是一种最原始的具有神经机能的细胞，用以沟通细胞与细胞之间的联系，并开始具有了原始的感觉功能。总之，原始感觉器官的形成使动物能够初步了解“有什么?”并完整地实现了细胞之间分工与合作的进化目的，开始把感觉意识从机体的综合意识中分离出来。

4. 认知类生物的形成

感觉器官是动物用以感觉外部事物的直接物理化学刺激信号，以了解外部事物与生命机体直接的物理化学联系；认知器官是动物用以感觉外部事物的间接物理化学刺激信号，以了解外部事物与生命机体间接的物理化学联系，这种间接的物理化学联系主要包括时间联系、空间联系、声乐联系、逻辑联系、数量联系以及上述联系之综合联系等。由此可见，认知器官（或分析器官）是一种高级形式的感觉器官，它是在感觉器官基础上发展起来的。具有认知器官的生物称为“认知类生物”，主要是指扁形动物、节肢动物、鱼类、鸟类、两栖类、爬行类动物等。中枢神经系统和神经节是最原始的分析器官，分析器官是在网状神经系统的基础上发展起来的，分析器官的发展经历了四个基本阶段：网状神经系统（腔肠动物，归于感觉类生物）、梯状神经系统（扁形动物）、链状神经系统（节肢动物）、索状神经系统（鱼类、鸟类、两栖类、爬行类动物）。总之，原始认知器官（或分析器官、运算器官）的形成使动物能够初步了解“是什么?”并实现了生理器官之间分工与合作的进化目的，动物开始把认知意识从机体的综合意识中分离出来。

5. 评价类生物的形成

分析器官是动物为了感觉外部事物的间接物理化学刺激信号，以了解外部事物与生命机体间接的物理化学联系；评价器官是动物为了感觉外部事物的一种特殊的间接物理化学刺激信号——价值信号，以了解外部事物对于生命机体生存与发展的关系。由此可见，评价器官是一种高级形式的分析器官，是在分析器官基础上发展起来的。具有评价器官的生物称为“评价类生物”，主要是指旧哺乳类动物（如虎、牛、狗等）。动物的评价器官主要是边缘系统：其中，杏仁体是评价器官的核心组织。总之，原始评价器官的形成使动物能够初步了解“有何用?”，并完整地实现了生理系统之间分工与合作的进化目的，开始把评价意识从机体的综合意识中分离出来。

6. 意志类生物的形成

评价器官是动物为了感觉外部事物的价值信号，以了解外部事物与生命机体的价值联系；意志器官是动物为了感觉自身行为的价值联系，以了解自身行为对于生命机体生存与发展的价值关系。由此可见，意志器官是一种高级形式的评价器官，它是在评价器官基础上发展起来的。具有意志器官的生物称为“意志类生物”，主要是指新哺乳类动物（如猴子、猩猩、猿、人类等）。大脑皮层是新哺乳类动物的意志器官，而意志器官的核心是联合皮层。联合皮层与大脑边缘系统之间的神经联系决定和预测着各个层次行为模式（具体动作、简单行为、复杂行为、超复杂行为）的价值率大小，进而决定着动物对于各个行为动作的取舍。总之，意志器官的形成使动物能够初步了解“怎么办?”并完整地实现了个体之间（或人际间）分工与合作的进化目的，开始把意志意识从机体的综合意识中分离出来。

生物的进化序列如下图：

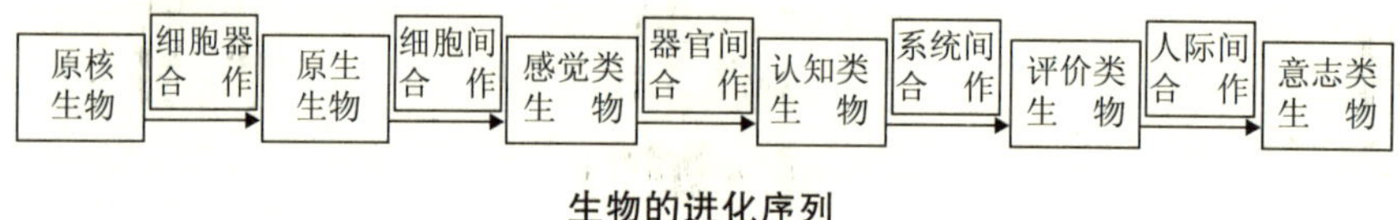

生物的进化序列

二、价值的进化序列

价值是生命机体的动力源，价值的进化取决于生物的进化，并且价值进化的各个阶段与生物进化的各个阶段之间存在一定的对应关系。价值的进化序列可分为六个阶段：

1. 从“无机能”到“无机能价值”

价值是能量的有序化状态（即广义有序化能量），生物界（包括人类）的一切价值都起源于能量，而最早的能量都是无机的化学能或光能，而且它们基本上都来源于太阳。最早的生物就是原核生物，它将各种无序化状态的无机化学能或光能转化为有序化状态的能量。原核生物种类虽不甚多，但其生态分布却极其广泛，生理性能也极其庞杂，它能够利用各种形式的无机化学能或光能，从而使各种无序的无机化学能转化为有序的无机能（即无机能价值），如红色无硫细菌、红色硫细菌、绿色硫细菌、硝化细菌、硫细菌、氢细菌、铁细菌、一氧化碳细菌等（反硝化细菌除外），它们分别吸收和利用各种硫化物、硝化物、氧化物、氮化物、含铁化合物、含氢化合物等无机物中所蕴含的无机化学能。蓝细菌或蓝藻的主要功能就是将光能转化为体内的能量，并以此为生命运动的动力源。因此，原核生物的根本目的在于使各种无序的“无机能”（包括无机化学能与光能）转化为有序的无机能（即“无机能价值”）。

2. 从“无机能价值”到“有机能价值”

原生生物包括原生藻类、原生菌类和原生动物。其中，原生藻类相对于原核生物进一步提高了光能的利用效率，属于自养型生物，其主要功能仍然是将无序的无机能转化为有序的无机能；原生动物大多为可运动的掠食者或寄生者，通过掠食或寄生于原生藻类，把储存于体内的碳水化合物之中的能量转化为自己的能量，由于原生动物的能量来源是有机物，它开始把有机能转化为有机能价值，进而转化为其他食肉动物的食物来源，由此进入生物能量的循环系统之中，实现了价值资源在整个生物圈之内的可通兑性；原生菌类（如黏菌）虽然能够吞入固体食物，并分泌酵素，将食物分解而进行吸收，但是基本上不能转化为其他生物的食物来源，很少进入生物能量的循环系统之中，因此不能实现价值资源的可通兑性。对于原核生物，能够吸收和利用各种无机化学能，但是一种无机化学能往往只能适应于一种原核生物的生存，这种化学能及其价值不具有可通兑性；对于原生动物，能够吸收和利用各种有机化学能，而有机化学能却能够适应于众多生物的生存，可以成为可通兑的价值。因此，从原核生物向原生生物的进化，就是从“无机能价值”向“有机能价值”的发展，实际上也是从“不可通兑性能量型价值”向“可通兑性能量型价值”的发展。

3. 从“有机能价值”到“要素性价值”

物质的某些物理特性和化学特性虽然不属于能量特性，但是它们能够改变生物机体对于能量的利用率，能够在一定程度上替代、补偿、增强和扩展一部分能量型价值。随着细胞的进一步发展，许多细胞进化出不同类型的生物功能，多细胞生物就是由多种不同生物功能的细胞共同组成的新生物体，并通过分工与合作，使生物体能够适应不同的环境。当某一环境要素或生命要素（如水、氧气、温度等）出现稀缺状态或非正常状态时，生物体内就会通过具有特定生物功能的细胞运行来进行适当补偿或替代，并以消耗一定数量的有机能价值为代价。与此同时，一些非能量特性的生命要素（如氧气、水分、温度等）能够替代、补偿、增强和扩展一些细胞的生物功能，从而可折算成一定数量的生物化学能或有机能价值，因而具有了价值。这些环境要素或生命要素对于生物机体所产生的价值，等效于一定的能量型价值，因而称作“要素性价值”。因此，从原生生物向感觉类生物的进化，就是从“有机能价值”向“要素性价值”的进化，实际上也是从“能量型价值”向“非能量型价值”的发展，使价值的内涵从能量领域向非能量领域的扩展，从“有序化能量”向“扩展有序化能量”的延伸。

4. 从“要素性价值”到“生理性价值”

如果不同事物的价值之间是相互独立的，则生物机体就不需要具备一定的分析能力；如果不同事物的价值之间存在一定的关联性，则生物机体就必须具备一定的分析能力。动物一旦拥有了认知器官，就可以开始感知各种事物及其之间的时间关系、空间关系和逻辑关系。感觉类生物虽然开始利用各种要素性价值，但是只能孤立地、片面地、单方面地、直接地利用各种要素性价值。多种生命要素共同作用于生物机体，从而为生物机体的各种生理性运动提供动力源，因而称作生理性价值。由于多种生命要素的价值有机地组合起来所产生的综合价值（即生理性价值）往往不是各种生命要素的价值的简单叠加，这就需要生物机体具有一定的认知能力、分析能力和归纳能力，以深入了解各种生命要素价值与生理性价值之间的时间关系、空间关系和逻辑关系。认知器官生物能够根据认知器官的分析结果，根据不同的时间、不同的地点、不同的环境条件、不同的对象来调节自己的效应器官，从而达到综合地、关联性地、适度地、多方面地、间接地利用各种要素性价值，以实现最大的生理性价值。因此，从感觉类生物向认知类生物的进化，就是从“要素性价值”向“生理性价值”的发展，实际上也是从“独立性价值”向“关联性价值”的发展。

5. 从“生理性价值”到“个体性价值”

如果事物的价值量度不发生变化，则生物机体对于它的反应模式就是刚性的、本能的、无条件性的；如果事物的价值量度发生变化，生物机体对于它的反应模式就是弹性的、机动的、有条件性的，这就需要生物具备一定的学习能力。动物一旦拥有了评价器官，就可以开始感知各种事物及其价值之间的量度关系，从而形成对于动态性价值产生动态性的反应。认知器官生物对于价值资源的利用行为通常是刚性的、本能的、不能变更的、无条件性的，它属于无条件反射的范畴。评价类生物对于价值资源的利用行为通常是弹性的、能够变更的、条件性的，它属于条件反射的范畴，它使生物具备了后天学习的能力。由于评价类生物能够对各种事物的价值特性进行分析与计算，从而可以借助于外部物质资源和自然力量来间接地作用于劳动对象，并间接地获取各种价值，这类动物还具备了初步的制造和适度操作劳动工具的能力。因此，从认知类生物向评价类生物的进化，就是从“生理性价值”向“个体性价值”的发展，实际上也是从“不可计量价值”向“可计量价值”的发展，也是从“价值的定性分析”向“价值的定量分析”的发展。

6. 从“个体性价值”到“社会性价值”

高等动物的行为通常具有高度的动态性、复杂性和关联性，而对于各种行为所产生的价值进行准确的评估，就需要具备高度的预测能力。高等动物的行为主要是依靠意志来控制，意志的本质是人脑对于行为关系的主观反映，其客观目的在于引导人追求最大的行为价值率。由于高等动物的行为往往具有很强的社会性，这种社会性通常包括社会分工、社会管理与社会意识三个层次。意志器官的核心作用在于提高人对于各种社会性生产资料（包括社会分工、社会管理与社会意识）的利用效率，并通过调节自己的社会行为，来实现最大的行为价值率。由于人类社会是一个高度复杂化、动态化、关联化的系统，人的社会行为通常具有高度的复杂性、动态性和关联性，因此要想实现社会行为的最大价值率，就必须确立正确的价值目标，制定正确的行为方案，实施正确的行为细则，而要做到这一点，就必须对各种社会行为所涉及的各种社会事物的价值特性进行全面而精确的预测，并在社会行为的实施过程中进行不断的修正。意志类生物的最大特点，就是对自身的行为（特别是社会行为）所产生的价值进行准确的预测，因而必须具有高度的价值预测能力，特别是具有高度的社会性价值的预测能力。因此，从评价类生物向意志类生物的进化，就是从“个体性价值”向“社会性价值”的发展，实际上也是从“不可预测价值”向“可预测价值”的发展。

价值的进化序列如下图：

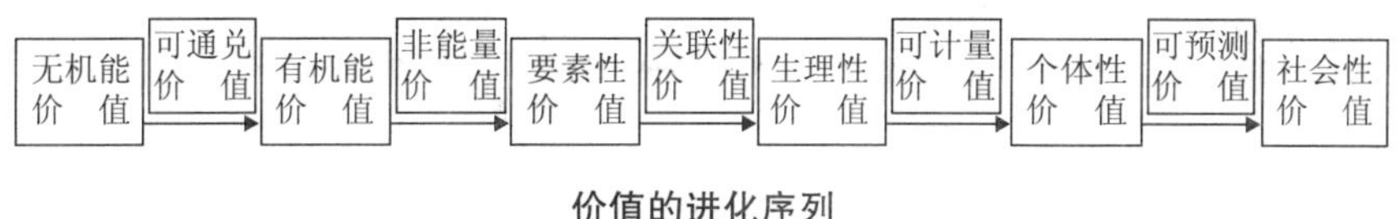

价值的进化序列

三、情感的进化序列

情感是生物对于价值所产生的主观反映，情感的进化取决于价值的进化，并且情感进化的各个阶段与价值进化的各个阶段之间存在一定的对应关系。情感的进化序列可分为五个阶段：

1. 从“化学反应”到“无机能趋性”

无机物（主要是碳、氢、氧、氮、硫等）之间的无机化学反应形成了有机物质，有机物（主要是水、甲烷、氨气、硫化氢气等）之间的有机化学反应形成了有机高分子物质，有机高分子物质（主要是氨基酸、核苷酸等）之间的缩合反应形成了有机大分子体系物质，有机大分子体系物质（主要是蛋白质分子、核酸分子和酶分子等）之间的聚合反应形成了团聚体，不同团聚体之间的链合反应形成了原核生物，实现了从“化学反应”向“无机能趋性”

的进化，实际上就是实现了从“无情感”向“有情感”的发展。

2. 从“无机能趋性”到“有机能趋性”

任何有机能价值都是从无机能价值转化而来，都是以无机能（无机化学能与光能）作为动力源的生物（如藻类、植物）生产出来的。原核生物对于无机能价值所产生的主观反映就是无机能趋性，原生生物对于有机能价值所产生的主观反映就是有机能趋性。对于有机能价值的直接利用，就是对于无机能价值的间接利用；对于有机能价值的直接趋性，就是对于无机能价值的间接趋性。因此，从“无机能趋性”向“有机能趋性”的进化，实际上就是从“直接性情感”向“间接性情感”的发展。

3. 从“有机能趋性”到“感性情感”

随着细胞的进一步发展，许多细胞进化出不同类型的生物功能，感觉类生物是各种不同生物功能的细胞之间进行分工与合作的产物，它能够在更广阔的空间和更大的要素性变动范围下进行生存。由于许多要素性或生命要素（如水、氧气、温度、阳光等）能够对感觉类生物细胞的生物功能产生替代、补偿、加强与扩展作用，因而开始具备了价值。这样一来，价值的表现形态就从单一性的能量形态向多样性的非能量形态扩展，与此相对应，情感的表现形态也呈现多样化的发展趋势。因此，从“有机能趋性”向“感性情感”的进化，实际上就是从“单一性情感”向“多样性情感”的发展。

4. 从“感性情感”到“知性情感”

感觉器官只能感觉事物本身的独立特性，而不能感觉事物与事物之间的关联特性。动物一旦拥有了认知器官（或分析器官），就可以开始感知和利用各种事物及其价值之间的时间关系、空间关系和逻辑关系，并根据自己的生存需要调节自己的效应器官。关联性的价值必然会产生关联性的情感，因此，从“感性情感”向“知性情感”的进化，实际上就是从“独立性情感”向“关联性情感”的发展。

5. 从“知性情感”到“弹性情感”

情感是人脑对于价值关系的主观反映，情感的变化情况必须与价值的变化情感相对应，才能正确地指导自己的行为，并产生最高的价值率。随着生物的不断进化，生物的复杂性、动态性和关联不断加强，从而导致它所对应的价值关系的复杂性、动态性和关联性不断加强，进而导致它所对应的情感的复杂性、动态性和关联性不断加强。感觉类生物对于价值的感觉是本能的、刚性的、不可变更的，它往往通过几十代、几百代生命过程的信息积累，才能逐渐形成并且稳定下来，这种情感属于动物的遗传性状或无条件反射范畴。然而，评价类生物开始具备了学习的能力，能够针对不断变化着的价值来不断调整自己的情感，这种情感属于动物的条件反射范畴。因此，从“知性情感”向“弹性情感”的进化，实际上就是从“不可调性情感”向“可调性情感”的发展。

6. 从“弹性情感”到“理性情感”

意志是人脑对于行为关系的主观反映，其客观目的在于引导自己的行为，选择最佳的价值目标，规划最佳的行为方案，实现最大的行为价值率。意志类生物（即人类）能够自主性地、积极性地、辩证地、创造性地调节和控制自己的情感，而不是盲目地、被动地、机械地、因循守旧地在情感的驱动下实施自己的行为，从而可以应对各种高度复杂的、动态的、关联的价值关系（特别是社会性价值关系），以更多地获取长远利益、整体利益和高层次利益。因此，从“弹性情感”向“理性情感”的进化，实际上就是从“被动性情感”向“自主性情感”的发展，也是从“不可预测情感”向“可预测情感”的发展。

情感的进化序列如下图：

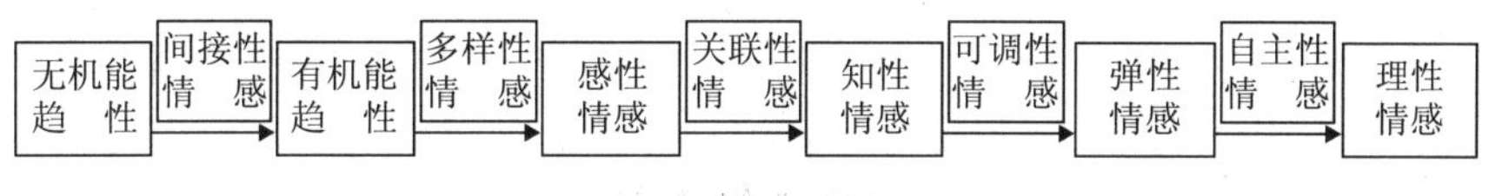

情感的进化序列

四、生物进化、价值进化与情感进化的对应关系

生物、价值与情感各有自己特有的进化序列，由于情感是主体对于价值所产生的主观反映，因此情感的进化序列取决于价值的进化序列，而且情感进化的每个阶段与价值进化的每个阶段之间存在着一定的对应关系，因此“情感进化论”必须建立在“价值进化论”的基础之上；由于价值是生物的动力源，因此价值的进化序列取决于生物的进化序列，而且价值进化的每个阶段与生物进化的每个阶段之间存在着一定的对应关系，因此“价值进化论”必须建立在“生物进化论”的基础之上。

生物进化、价值进化与情感进化的对应关系如下：

1. 原核生物、无机能价值与无机能趋性

它的主要动力源是无机能价值，主要的主观反映方式是无机能趋性，它实现了有机物之间的分工与合作，实现了从无机能向无机能价值的转化。

2. 原生生物、有机能价值与有机能趋性

它的主要动力源是有机能价值，主要的主观反映方式是有机能趋性（即有机能情感），它实现了细胞器之间的分工与合作，实现了从无机能价值向有机能价值的进化。

3. 感觉类生物、要素性价值与感性情感

它的主要动力源是要素性价值（或非能量性价值），主要的主观反映方式是感性情感（即间接性情感），它实现了细胞之间的分工与合作，实现了从能量型价值向要素性价值的转化。

4. 认知类生物、生理性价值与知性情感

它的主要动力源是生理性价值（或关联性价值），主要的主观反映方式是知性情感（即关联性情感），它实现了生理器官之间的分工与合作，实现了从独立性价值向关联性价值的进化。

5. 评价类生物、个体性价值与弹性情感

它的主要动力源是个体性价值（或可计量价值），主要的主观反映方式是弹性情感（即可调性情感），它实现了生理系统之间的分工与合作，实现了从不可计量价值向可计量价值的进化。

6. 意志类生物、社会性价值与理性情感

它的主要动力源是社会性价值（即可预测价值），主要的主观反映方式是理性情感（即自主性情感），它实现了人际之间的分工与合作，实现了从不可预测价值向可预测价值的进化。

生物进化、价值进化与情感进化及其对应关系，如下图：

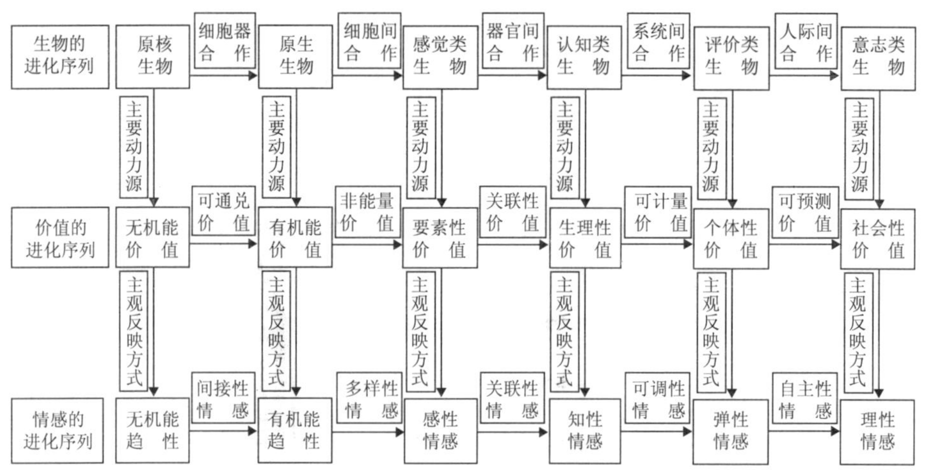

生物进化、价值进化与情感进化的对应关系

第十一节　性情感的起源与进化

性是生物繁衍的基础，在人的所有需要中，继饮食需要之后，最强烈的就是性需要。性情感是性需要或性价值的主观反映，正确认识性情感的客观本质，揭开性情感的神秘面纱，研究性情感发生的基本规律，有助于消除人们在两性关系认识上的盲目性、自发性，有利于帮助人们寻找纯洁的爱情、理想的伴侣和美满的婚姻。

一、性价值与一般价值

种族的延续与发展是人类生存与发展的重要内容之一，生殖价值是人类价值的重要组成部分。建立在生殖价值基础之上的性价值是人类价值的重要组成部分。性价值不仅包括生殖价值，还包括男人与女人之间的互补性消费价值和互补性生产价值。由此可得：

性价值的本质：男女之间在生殖过程、消费过程和生产过程中所产生的互补性价值关系。

性价值是一种特殊的价值，产生于男女两性之间的分工与合作关系，而这种分工与合作关系最初起源于男女之间在生殖领域的生理分工。随着人类的不断进化和社会生产力的不断发展，男人之间的分工与合作关系不断从生殖领域向消费领域和生产领域进行延伸和扩展。

性价值与一般价值之间的关系：性价值与一般价值相互渗透、相互补充、相互促进、共同发展。

二、性价值与性情感

情感的客观本质是人脑对于价值关系的主观反映，性情感（特别是爱情）是一种特殊的情感，它产生于男女之间，是对男女之间的一种特殊价值关系（即两性价值关系）所产生的主观反映。也就是说，性情感是人脑对于两性价值关系所产生的一种特殊的主观反映。男女两性之间的价值关系最初起源于人类种族繁衍的生命价值，但是随着人类的不断进化，男女之间的生理分工不断向劳动分工与职业分工等方面延伸，男女两性之间的价值关系也随着不断扩展，并表现为男女两性之间的价值关系日趋多样化、复杂化和多层次化。因此，性情感也随着人类的不断进化而日趋多样化、复杂化和多层次化。

情感是人脑对于价值关系的主观反映，情感与价值的关系在本质就是主观与客观的关系，情感以价值为基础，并随着价值的变化而变化。性情感是一种特殊的情感，由此可得：

性情感的本质：人脑对于性价值所产生的主观反映，就是性情感。

性情感与性价值之间的关系，在本质上就是主观与客观的关系，具体表现在三个方面：

1. 性情感以性价值为基础

性情感的运动与变化在根本上取决于性价值的运动与变化；性情感的层次结构在根本上取决于性价值的层次结构；性情感的基本状态取决于性价值的基本状态；性情感的总体规模取决于性价值的总体规模；性情感的变化范

围与发展方向取决于性价值的变化范围与发展方向；性情感的作用方式取决于性价值的作用方式；性情感的强度与方向取决于性价值的大小与正负；性价值一旦变化，性情感迟早要发生变化。

2. 性情感对性价值具有反作用

一是性情感可以在一定程度上阻止、压抑、诱发、转移、强化或诱导人对性价值的需要，可以相对自主地选择性价值的生存环境和发展方向；二是人在性情感的驱动下，可以对性价值施加反作用力，并使之发生价值增值，不过，这种反作用不能任意地和无限地施加，它在整体上受制于或服从于性价值对性情感的决定作用。

3. 性情感具有相对独立性

一是时间上的异步性，如果性价值发生了变化，与之相对应的性情感往往需要迟滞一段时间才能形成与发展起来；二是量度上的差异性，如果性价值量发生了变动，性情感的强度难以与之保持同步变化；三是方式上的局限性，性价值的变化方式是无限的，而性情感的反映方式却是有限的；四是机制上的异化性，某些性情感完全脱离了性价值的客观基础，甚至与之背道而驰，这是由于人的性情感机制产生了某种异化。

三、家庭关系与两性价值的延伸

性情感是人类的重要情感，其客观目的在于引导人们如何正确地识别性价值、表达性价值、计算性价值、消费性价值和创造性价值。男女之间不仅只是性情感，而且更多的是一般情感，如母子情感、兄妹情感、异性朋友情感、异性同事情感等，性情感只是男女情感的特殊形式。性情感与其他情感相互渗透、相互补充、相互促进、共同发展。

性价值起源于人类的生殖需要，随着社会的发展逐渐向人类其他方面的需要进行扩展。性情感是人脑对于性价值的主观反映，它起源于人类的生殖欲望，随着社会的发展逐渐向人类其他方面的欲望进行扩展。

1. 国家起源于家庭

生殖合作的延伸就产生了家庭（或婚姻），家庭的延伸就产生了家族，家族的延伸就产生了氏族部落，氏族部落的延伸就产生了国家。因此，国家起源于家庭，家庭是国家的胚芽。

2. 社会关系起源于夫妻关系

人类最早的社会关系就是男女之间的生殖合作关系，生殖合作关系的延伸就产生了夫妻关系，夫妻关系的延伸就产生了家庭关系（包括母子父子关系，兄弟姐妹关系），家庭关系的延伸就产生了婆媳关系、岳婿关系、连襟关系、妯娌关系等。人与人之间的合作关系由最早的生殖合作关系延伸到消费合作关系，再由消费合作关系延伸到生产合作关系，一切社会关系都起源于夫妻关系，夫妻关系是一切社会关系的胚芽。

3. 社会价值起源于两性价值

一切社会关系都可分为三种基本类型：生殖互补性关系、消费互补性关系和生产互补性关系；一切社会价值也可分为三种基本类型：生殖互补性价值、消费互补性价值和生产互补性价值。生殖互补性价值的延伸就产生了消费互补性价值，消费互补性价值的延伸就产生了生产互补性价值。因此，所有的社会价值都起源于两性互补性价值，两性互补性价值（或两性价值）是一切社会价值的胚芽。

四、性的起源

两性之间最原始的价值就是生殖价值，两性之间所有高层次价值都是在生殖价值的基础上发展起来的。性情感是生物体对于两性价值关系所产生的主观反映，最原始的性情感就是生殖情感（即性欲），它是生物体对于生殖价值所产生的主观反映，所有高层次的性情感都是在生殖情感的基础上发展起来的。

在 35 亿年前，地球就开始出现了原核生物，包括蓝细菌、细菌、古细菌、放线菌、立克次氏体、螺旋体、支原体和衣原体等，原核生物只进行无性生殖。

原核生物进化到一定程度，开始出现“准有性生殖”：细菌接合。它是细菌通过细胞的暂时沟通和遗传物质转移而导致基因重组的过程。细菌中导致基因重组的过程还有转化和转导，这两个过程都不需要细菌细胞的直接接触，而且基因重组的范围更小，只限于更小的一段染色体片段和少数几个紧密连锁的基因。

在 15 亿年前，就开始出现了原生生物，它包括原生菌类、原生动物类与原生植物类。原生生物既可进行无性生殖，也可进行有性生殖。原生生物的有性生殖主要依靠配子来完成，可以是同配或异配。同配由形状大小一样的配子相互接近，融合形成厚壁的合子，而异配则由大小不同，甚至形状不一样的配子融合形成合子。卵配是一种异配，其雌性细胞较大，一般不能游动，而其雄性细胞较小，有两根鞭毛，能自由游动。

五、性进化的意义

从进化的意义上说，性的主要功能是生殖，通过生殖来提高物种的进化速度。生殖按其方式可分为无性生殖和有性生殖两类。无性生殖是单个细胞分裂成两个细胞，有性生殖则是两个细胞结合并融合为一个单独的新细胞。

这种看来不太“经济”而又复杂化的过程，却有利于物种的进化速度。

物种的进化速度主要取决于两个方面的因素：一是突变；二是选择。“突变”是指生物遗传性状的变异或突变，有性生殖过程能将双亲的各种突变结合在同一个体中，而且两个亲体的基因在减数分裂和受精结合中重新组合，会使后代中出现多种多样的遗传性状，从而增加了生物遗传性状的突变机会。“选择”包括自然选择和性选择两种方式。其中，自然选择是指自然环境对于生物的选择；性选择是指同一性别的生物个体（主要是雄性）之间为争取异性生殖而发生竞争，得到生殖的个体就能繁殖后代，使有利于竞争的性状逐渐巩固和发展。显然，无性生殖过程只存在自然选择一种方式，有性生殖则存在自然选择与性选择两种方式。由于有性生殖既增加了突变的机会，又增加了选择的方式，从而大大提高了物种对于环境的适应能力和进化速度。所有高等生物基本上都采取有性生殖的方式。

六、性的原始价值与原始情感

性的原始价值就是生殖价值，具体体现为生育的后代具有更优势的遗传基因和更强大的生存能力。

不同的动物通常具有不同的性选择方式，以体现性的生殖价值：有些动物通过打斗的方式来进行性选择，打斗往往是最能综合体现该种动物的生存能力，如牛、羊、马等通过打斗体现了它们抵御捕食者（例如虎、豹、狼等）；鸟类则是通过炫耀自己的羽毛来进行性选择，羽毛的色彩通常能够体现它获取食物的能力、营养状态以及它的健康状态，从而间接地体现它优势的遗传基因；鹤类则翩翩起舞，以优美的舞姿来赢得对方的好感，优美的舞姿可以间接地体现它优势的遗传基因；每只座头鲸都唱着自己的特殊歌曲来进行性选择，它们的歌声嘹亮，旋律奇异而美妙，这些歌声可以间接地体现它优势的遗传基因。

情感是主体对于价值所产生的主观反映，性的原始情感来源于性的原始价值（即生殖价值），性的原始情感就是生物体对于性的原始价值（即生殖价值）所产生的主观反映。

性的原始情感的客观目的在于建立两性（即雌雄、男女）之间相互吸引和相互作用的机制，以引导生物的两性之间进行合理的选择和有效的合作，从而最大限度地优化后代的遗传基因和增强后代的生存能力。

七、性情感的进化过程

随着生物的不断进化，雌雄两性之间的分工与合作逐渐从低级到高级、从简单到复杂发展起来，由此产生的性情感也逐渐从低级到高级、从简单到复杂发展起来，这是一个既有循序渐进的量变，也有阶段性发展的质变的进化过程。与一般情感的进化过程相同，性情感的进化大致经历了五个基本阶段：

1. 感性性情感

低等生物的体温、气味、色彩、形状等单一物理特性或化学特性可以构成对于异性的吸引力，由此产生的对于异性的生殖欲就是感性性情感。

在这一阶段，雌雄之间的合作最简单而且最短暂，由雄性提供生殖活动所需要的精子，由雌性来接受精子并使之与体内的卵子结合，雄性通常不会与雌性共同担负哺育子女的责任。感性性情感只能通过单一物理或化学特性来帮助生物识别对方的雌雄性别。

2. 知性性情感

动物机体的复合物理特性或复合化学特性如体态、灯语、舞语、叫声等，可以构成对于异性的吸引力，由此产生的对于异性的趋向欲就是知性性情感。

在这一阶段，雌雄之间的合作进行了扩展，雄性除了在发情时完成生殖行为外，还将在其他有限的时间内担负部分哺育子女的责任，如筑窠、觅食、看护等。知性性情感可以通过复合的物理或化学特性帮助生物识别对方的雌雄性别。

3. 弹性性情感

旧哺乳类动物的某些生理特性和行为特性可以构成对异性的吸引力，由此产生的对于异性的亲和欲就是弹性性情感。

随着生物的不断进化，生物的组织结构和生物本能日趋复杂化，生育后代（包括妊娠和哺乳）所需要的时间就越长，所耗费的精力就越多，这就需要两性之间形成更多、更广泛、更持久的合作关系，彼此产生更连续、更持久、更稳定的吸引力或性情感。发情期延长甚至消失就意味着性情感朝着连续、持久和稳定的方向发展，使动物或人更多地摆脱发情期的约束，在更宽泛的时间、空间范围内从容地、灵活地、准确地选择优秀的配偶，并且可以根据自己的需要和具体环境的变化不断调整自己的选择标准，从而具有较高的可变性或灵活性。

在这一阶段，雌雄双方除了在任何时候完成生殖行为外，还需要在其他较长时间内共同担负哺育子女的责任。弹性性情感不仅能够帮助生物识别对方的雌雄性别、能力大小和素质高低，还可灵活调整自己的选择标准以及与异性之间的利益关系，使两性之间的吸引力相对持久，使自己及后代的生存和发展能够得到配偶相对持久而有力的支持，因此它所反映的性价值将会具有较大的可变性或灵活性。弹性性情感可以通过复杂可变的物理或化学特性，一方面帮助生物识别对方的雌雄性别；另一方面还在一定程度上识别对方的能力大小或素质高低，以便在遗传基因上进行优胜劣汰，并使自己及后代的生存和发展能够得到配偶有力的支持。

4. 初级理性性情感

新哺乳类动物（如猩猩、狒狒、类人猿、早期人类等）的某些生理特性、行为特性和思维特性可以构成对异性的吸引力，由此引发的对于异性的融合欲就是初级理性性情感。手与脚的初步分工以及直立行走是初级理性性情感产生的客观标志。

从猿的爬行到人的直立行走是一个伟大的进化：第一方面，直立行走解放了人的手，用以制造和运用工具，从而促进了劳动手段、劳动产品和环境条件朝多样化和复杂化的方向发展，使人的两性价值关系及性情感越来越复杂化；第二方面，手与脚的分工使人可以面对面地进行性选择，使人的性刺激从动物式的以嗅觉为主转变为以触觉和视觉为主，人的眼睛、唇、舌、鼻和耳等都可参与性刺激活动，产生、传递和感受着无限的性刺激信息，提高了性刺激的多样性和复杂性，加大了男女之间的心理感受强度，深化了男女之间情绪交流和快乐体验；第三方面，人可以在其正面逐渐建立和扩展性敏感区，在性选择过程中能够多方位地感受异性的生殖能力、劳动能力和消费能力等，有利于从全方位的价值角度来选择性伙伴；第四个方面，直立行走解放了女人的双手，使她们能有效地运用双手来有效地配合那些完全符合自己意志的性选择行为，或者有效地反抗那些完全违背自己意志的性选择行为，这标志着女人在性活动中开始具有独立的人格和独立的意志。

在这一阶段，男女双方除了完成生殖行为外，还将长期共同担负哺育子女的责任，并且在劳动过程中建立相对稳定的分工与合作关系。性知性情感可以帮助人从多方位来识别异性的生殖能力、劳动能力和消费能力，有利于建立连续、持久而稳定的两性合作关系，使自己及后代的生存和发展能够得到配偶连续、持久、稳定而有力的支持，因此它所反映的性价值具有较强的多样性。

5. 高级理性性情感

现代人类的生理、行为和思维特性可以构成对于异性的吸引力，由此产生的对于异性的爱恋感就是高级理性性情感。语言的出现是高级理性性情感产生的客观标志。

语言的产生使人类的性情感朝更高的层次发展。一方面，人运用语言可以准确地描述各种两性价值事物及其变化规律，准确表达自己对于异性的需要、愿望、尊敬和向往，并向异性表现自己的文化素质、身体状态、精神状态和道德修养，使异性对于自己有一个全面、准确而深刻的了解，并在与异性实施生殖、劳动和消费合作时协调彼此的关系，有利于建立良好的、连续的、持久而稳定的婚姻关系，“谈恋爱”就是主要运用语言手段向异性表达爱慕，并激发异性对于自己的爱慕的过程。另一方面，人借助语言可以对两性关系进行深层次的价值抽象、价值判断和价值思维，正确认识各个两性关系价值层次之间的辩证统一关系，从而正确处理眼前利益和长远利益、局部利益和整体利益、个人利益和集体利益的矛盾，使自己的性情感具有更高的自主意识和目的意识，并接受意志的严格控制，有利于培养高尚的性情感。

在这一阶段，男女之间的合作关系是全方位的，既要完成生殖行为，又要长期共同担负哺育子女的责任，还要在生产活动和消费活动中进行广泛而深入的分工与合作。高级理性性情感可以帮助人建立和发展高尚的爱情，使两性之间形成强烈而牢固的吸引力，以建立、维持和发展美满的婚姻关系，因此它所反映的性价值具有最高的层次性。

八、性价值的互补性

男女之间的性情感通常建立两个方面的价值基础之上：一是价值优势性，二是价值互补性。其中，价值优势性是指任何人总是会寻找具有某种或某几种价值优势（如财富、能力、素质、健康、社会地位等）的异性作为自己的配偶；价值互补性是指任何人都会寻找在生殖能力、劳动能力和消费能力上具有较高互补性的异性作为自己的配偶。

男女之间的价值互补性主要表现在三个方面：

1. 生殖价值特性上的互补性

生物界由无性繁殖发展成为有性繁殖，实现了生殖活动上的自然分工，这是生物界的一次重大飞跃，大大加快了生物的进化速度。对于无性繁殖的生物来说，生物体的遗传信息只能通过自身的生与死来被动地、痛苦地接受自然的选择，没有任何主动性。对于有性繁殖的生物来说，生物体的遗传信息可以通过配偶之间的优化选择来主动筛选，从而大大提高了遗传信息的积累速度，加快了人类的进化过程。在人类的生殖活动中，男人完成授精的生理行为，女人完成受精、怀孕、哺乳等生理行为，男人与女人分别具有不同的生殖价值特性，从而实现人类在生殖活动上的自然分工。

2. 劳动价值特性上的互补性

男女在生殖活动的分工与合作影响和制约着他们在生产活动的分工与合作，进而决定着他们在劳动能力和劳动特性上的互补。由于女人在生殖活动上承担着大部分的劳动义务，男人必然更多地承担着其他方面的劳动义务，因此女人在其他方面的劳动能力通常要低于男人。由于身体受生育活动的制约，女人不能过多地参与高强度、高速度的体力劳动，其体力劳动能力通常要低于男人；由于身体受养育活动的制约，女人不能过多地参与户外活动，从而缩小了她们的见识面，限制了她们对于自然和社会的了解，阻碍了她们对于事物的综合反映能力和抽象思维能力的提高，其脑力劳动能力通常也要低于男人。但是女人在人口的生育、养育和培育过程中，逐渐培养了高度的细心、耐心、爱心、高度的责任心和牺牲精神。

男女在劳动能力和劳动特性上的价值互补性具体体现在：从劳动的体力强度来看，男人擅长于高强度劳动，女人则擅长于低强度劳动；从劳动行为的活动性来看，男人擅长于动态性劳动，女人擅长于静态性劳动；从劳动行为的复杂性来看，男人擅长于复杂多变性劳动，女人擅长于简单重复性劳动；从劳动行为的发生特征来看，男人擅长于突发性、随机性劳动，女人擅长于渐变性、常规性劳动；从劳动场所来看，男人擅长于室外劳动，女人擅长于室内劳动；从劳动行为的运动幅度来看，男人擅长于粗犷性劳动，女人擅长于细致性劳动；从劳动时间的长短来看，男人擅长于短时间劳动，女人擅长于长时间劳动；从劳动行为的技巧性来看，男人擅长于高技巧性劳动，女人擅长于低技巧性劳动；从劳动行为的合作性来看，男人擅长于高合作性劳动，女人擅长于低合作性劳动；从劳动成果的创造性来看，男人擅长于高创造性劳动，女人擅长于高传统性或继承性劳动；从脑力劳动的思维特性来看，男人擅长于逻辑推理性脑力劳动，女人擅长于形象思维性脑力劳动。

3. 消费价值特性上的互补性

男女在生殖活动和生产活动的分工与合作决定着他们在消费活动的分工与合作。由于女人在生殖活动上承担着大部分的劳动义务，就必须消费大量以生育、养育和培育为价值功能的生活资料，因此女人对于以生育、养育和培育类生活资料的消费能力要高于男人，而男人对于其他生活资料的消费能力要高于女人。

男女在消费能力和消费特性上的价值互补性主要体现在：根据消费速度来区分，男人重“暴饮暴食”消费，女人重“细水长流”消费；根据消费行为的活动性来区分，男人重动态性消费，女人重静态性消费；根据消费场所来区分，男人重家庭外消费，女人重家庭内消费；根据消费资料的时间特性来区分，男人重新潮性、创造性产品消费，女人重传统性产品（家具、居室、服饰除外）消费；根据消费的动机性来区分，男人重客观目的性消费，女人重主观感受性消费；根据消费资料的价值内容来区分，男人重价值内容性消费，女人重价值形式性消费；根据消费的计划性来区分，男人重计划性消费，女人重随机性消费；根据消费的价值效用来区分，男人重发展性消费，女人重生存性消费；根据消费资料的类型来区分，男人重精神性消费，女人重物质性消费（表达感情和体验情感的消费除外）；根据消费资料的价值层次来区分，男人重高层次消费，女人重低层次消费；根据消费的合作伙伴来区分，男人重与朋友合作消费，女人重与亲人合作消费；根据消费主体的类型来区分，男人重集体性消费，女人重个体性消费；根据消费活动的自主性来区分，男人重独立自主性消费，女人重被动诱导性消费；根据消费资料的价值来源来区分，男人重借贷性消费，女人重储蓄性消费；根据消费方式的互补性来区分，男人重求异消费，女人重求同消费。

第四章　情感的数学分析

在一般人看来，价值观问题和情感问题都是非常神秘而复杂的理论问题，涉及广泛而深入的精神领域。价值观和情感的运行程序具有很多的变量因素，价值观和情感的发生过程具有很强的主观随意性，价值观与情感的功能结构具有很高的复杂性，因此对价值观和情感进行数学分析和逻辑运算看起来是一件异想天开的事。

然而，价值是一种特殊的客观存在，虽然价值的大小取决于主体本身的品质特性，但任何事物的价值大小却是客观存在的，不以人的意志为转移的。根据唯物主义的观点，这种特殊的客观存在必然会反映到人的头脑中，形成特定的主观意识形式，价值观与情感分别是人脑认识和反映客观事物之价值的两种主观形式，它们分别从不同角度反映了事物的价值特征。

研究表明，情感与价值存在一定的内在联系和对应关系，不过，这种对应关系不是简单的、孤立的、表面的、动力学的、同步的、静态的、线性的对应关系，而是复杂的、辩证的、内在的、统计学、异步的、动态的、非线性的对应关系。即使如此，无论情感与价值的这种对应关系多么复杂，多么动态多变，多么模糊不清，都是客观存在的，都是不以人的意志为转移的，总是可以找到最根本的、最清晰的内在联系和对应关系的逻辑主线。

“统一价值论”认为，所有形式、所有层次的价值是可以进行统一计算的，且度量单位就是能量单位：焦耳。如果再找到情感（或价值观）与价值之间内在联系和对应关系的逻辑主线，那么价值观与情感作为价值的主观反映形式也必然可以进行数学定义和逻辑运算。简而言之，既然价值是可以计算的，而情感（或价值观）又是人脑对于价值的主观反映，情感与价值存在一定的对应关系，那么情感（或价值观）也必然是可以计算的。

第一节　价值观的客观目的与数学定义

感觉、认知、情感与意志是人类四种基本意识形式，虽然人们对于感觉与认知过程的研究，已经取得了很大的成就，目前的电脑已经能够很好地代替人脑进行各种抽象思维、逻辑推理和数学运算，但是对于人类的情感过程和意志过程的研究，却举步维艰。迄今为止，机器人除了能够机械性地模拟和很粗略地识别一些人类的简单表情以外，再也无法前进一步，情感成了人脑与电脑之间无法逾越的鸿沟，制造一台拥有人类一样情感的机器人似乎是一个永远无法实现的梦想。其实不然，情感只是人类一种特殊的意识形式，只要揭开了情感的哲学本质，了解情感的核心内容，就能够建立情感的数学模型，就能够对情感进行科学分析和精确计算。

一、价值观的客观目的

要实现对于情感的科学分析和精确计算，就必须首先实现对于价值观的科学分析和精确计算。

价值观是一种特殊的观念，它是以事物的价值特性为主观反映的对象，人类主体通过价值观来认识世界各种事物之间的价值联系与价值作用，并掌握各种事物价值特性的运动与变化的客观规律，客观目的在于指导人类主体的实践活动，使之按照自己的客观需要而对不同的事物采取不同的选择倾向、原则立场和行为取向，以达到最大的价值效应。一个人所拥有的价值资源是有限的，为了最大限度地发展自己的本质力量，任何人都必须对所拥有的价值资源进行合理配置，这就需要以“价值观”的形式来对各种事物的价值特性进行认识和分析，从而引导和控制人把有限的价值资源投入到合理的领域，最大限度地减少价值资源的浪费，提高价值资源的利用率，使价值资源实现最大的增长率。

事物的价值特性包括多方面的内容，主要有使用价值、劳动价值、价值层次性、价值多样性、价值稳定性、价值率等。传统的观点认为，价值量是事物最重要的价值特性。其实不然，对于人类主体来说，“价值率”或“价值增长率”才是所有事物最基本的、最重要的价值特性。

价值率：价值系统在单位时间内产出价值量 Q_o 与投入价值量 Q_i 之比值称为价值率，用 Ψ 来表示，即

$$\Psi = Q_o / (Q_i \times T)$$

式中，Q_o 为产出价值量，Q_i 为投入价值量，T 为时间。

根据“统一价值论”所提出的“最大价值率法则”和“最大价值率选择法则”：事物的价值率（或价值增长率）决定着该事物的价值收益率或价值增值速度的变化情况，事物的价值率（或价值增长率）越高，该事物的价值收益率就越大，价值增值速度就越高，人就会越多地向该事物追加投入价值资源，从而越多地扩大其存在规模；相反，事物的价值率（或价值增长率）越低，人就会越多地把向该事物所投入的价值资源抽调出来，从而越多地缩小其存在规模。总之，“价值率”或“价值增长率”是所有事物最基本的、最重要的价值特性。

有些事物虽然具有很多的使用价值，但人如果要得到它或生产它必须付出巨大的代价（即价值投入量和时间投入量之乘积），其价值率可能很低，则人决不会向它追加投入价值资源；相反，有些事物虽然具有很少的使用价值量，但人如果要得到它或生产它只需付出极少的代价，其价值率可能很高，则人照样会向它追加投入价值资源。

二、价值观的数学定义

事物的价值率作为一种重要的客观存在，必然会反映到人的头脑中，从而形成了“主观价值率”，即

主观价值率：事物的客观价值率 Ψ 在人的头脑中的主观反映，用 ω 来表示。

根据主观与客观的关系，主观价值率 ω 围绕客观价值率 Ψ 上下波动，即

$$\omega \doteqdot \Psi$$

式中，“$\doteqdot$”表示前者以后者为基础，并围绕后者上下波动。

由于价值率是事物最基本、最重要的价值特性，那么主观价值率必然是价值观中最基本、最重要的内容，决定和制约着价值观中的其他要素，它是价值观中的基本构成要素。世界上的事物是复杂多样的，人对于所有事物价值率都会有自觉不自觉地产生一个观念，即形成一个主观价值率，用以指导自己的生理、行为和思维活动。这样，由许多的主观价值率就构成一个复杂的、有机的价值观念体系。由此给出价值观的数学表达式。

价值观的数学定义：主体对于所有事物价值率的主观反映值（即主观价值率）所组成的集合，称为该主体的价值观，用 W 来表示，即

$$W = \{\omega_1, \omega_2, \cdots, \omega_n\}$$

人对于单一事物的主观价值率可以看作是由一个元素所组成的价值观。

由于价值形式是多层次的，因此价值观念体系是一个多层次的、复杂的观念体系，可用二维或多维“价值观矩阵”来描述。

一般来说，高层次的价值通常具有较高的长远性、整体性和利他性，低层次的价值通常具有较高的眼前性、局部性和利己性，因此拥有较高层次价值观的人通常眼光长远、心胸宽广、乐于助人，拥有较低层次价值的人通常眼光短浅、心胸狭窄、自私自利。

第二节　情感的客观目的与数学定义

情感的哲学本质就是人对事物的价值关系的主观反映，情感与价值的关系在本质上就是主观与客观的关系。也可以说，人的情感活动的逻辑过程与

一般认知活动的逻辑过程基本相同，其主要区别在于它们所反映的对象不同，一般认知活动所反映的对象是事物的事实关系，而情感活动所反映的对象是事物的价值关系。

一、情感的客观目的

价值观的客观目的在于识别事物的价值率，它是事物价值率的主观反映值。人在价值观的引导下，可以对不同的事物产生不同的选择倾向。然而，仅仅认识事物的价值率是不够的，人仍然无法真正确定对事物的价值资源的投入原则（投入方向和投入规模）。以经济贸易方面为例，如果一个商人的年平均利润率能够达到50%，那么他对于年平均利润率只有20%的经营项目不会感兴趣，甚至会产生反感；如果一个商人的年平均利润率只能达到15%，那么他对于年平均利润率只有20%的经营项目将会产生浓厚的兴趣。事实上，当事物的价值率较小时，人不仅不会对它投入价值资源，而且还会不断把以前投入的价值资源抽调出来，只有当事物的价值率大于某个确定值时，人才会不断追加对它的价值资源的投入规模。这个确定值就是主体的“中值价值率”。

中值价值率：根据主体所有活动的价值率以及相应的作用规模，可以求出一个加权平均价值率，称为主体的中值价值率或平均价值率，用 Ψ_0 来表示。

“中值价值率”是主体一个最重要的价值特性，它反映了主体（个人、集体和社会）的价值创造能力或本质力量的最重要方面——价值增长速度，主体的情感将会以它为参考系，确定对于所有事物的基本态度：凡是价值率大于其中值价值率的事物，主体将会对它产生正向的情感；凡是价值率小于其中值价值率的事物，主体将会对它产生负向的情感。由此可得：

情感的客观目的：情感的客观目的在于以主体的中值价值率为基准，识别事物的价值率相对于主体的中值价值率的差值，从而为主体的行为和思维活动提供精确、有序和恰当的驱动力。

二、情感的数学定义

不难证明（从略）：

中值价值率分界定理：当事物的价值率大于主体的中值价值率时，主体就会不断扩大其作用规模或增加其价值资源投入量；相反，当事物的价值率小于主体的中值价值率时，主体就会不断缩小其作用规模或减少其价值资源投入量。

可以看出，主体的中值价值率是主体对于不同事物确定不同的价值资源投入原则的分界点，主体只要识别出事物的价值率与自己的中值价值率的差值，就可以确定对于不同事物的价值资源投入方向，以实现价值资源的最佳配置。为此作出如下定义：

价值率高差：事物的价值率 Ψ 与主体的中值价值率 Ψ_0 之差值，称为该事物的价值率高差，用 $\triangle\Psi$ 来表示，即

$$\triangle\Psi=\Psi-\Psi_0$$

根据这个定义，“中值价值率分界定理”又可推导出：

价值率高差选择法则：当某事物的价值率高差大于零时，主体就会扩大其作用规模或增加其价值资源投入量；相反，当某事物的价值率高差小于零时，主体就会缩小其作用规模或增加其价值资源投入量。

由此可见，事物的价值率高差是一个非常重要的价值特性参量，它从根本上决定着人对该事物基本的“立场、态度、原则和行为取向”，决定着人对该事物的价值投入方式和投入规模，因而必然会反映了人的头脑中来，形成一种特定的主观意识——情感。为此，对情感作出如下数学定义：

情感的数学定义：人对事物的价值率高差 $\triangle\Psi$ 所产生的主观反映值，定义为人对该事物的情感，用 μ 来表示。

根据主观与客观的关系，事物的情感强度 μ 围绕事物的价值率高差 $\triangle\Psi$ 上下波动，即

$$\mu\doteq\triangle\Psi$$

不过要注意：情感的强度值 μ 与事物的价值率高差 $\triangle\Psi$ 既不是对等关系，也不是线性关系。根据“情感强度第一定律”，情感的强度值 μ 与事物的价值率高差 $\triangle\Psi$ 成指数函数关系。

情感发生的逻辑过程：当事物的价值率高差大于零时，人通常会产生正向情感（如满意、愉快、信任等），价值率高差的绝对值越大，正向情感的强度就越大，从而诱导、调节和控制人的各种活动不断趋向于该事物，以不断扩大其作用规模，其结果是事物的价值率高差将会随着作用规模的增长而下降，正向情感的强度也随之下降；当事物的价值率高差小于零时，人通常会产生负向情感（如失望、痛苦、顾虑等），价值率高差的绝对值越大，负向情感的强度就越大，从而诱导、调节和控制人的各种活动背离该事物，以不断缩小其作用规模，其结果是事物的价值率高差将会随着作用规模的缩小而上升，负向情感的强度也随之下降；当事物的价值率高差等于零时，人通常不会产生情感，从而维持了事物原有的作用规模。

三、情感的逻辑运算

人的活动内容是丰富多彩的，所涉及的事物也是复杂多样的，人对于所有事物所产生的情感可以组成一个复杂的情感系统，并可采用一定的数学表

达式（如情感矢量或情感矩阵）进行描述。

抽象事物通常是由多个具体事物所组成，则抽象事物的情感可用多个具体事物的情感所组成的情感集合来描述。如果多个具体事物又是由若干更具体的事物所组成，即它相对于更具体的事物来说属于抽象事物，则多个具体事物的情感可分别用若干更具体事物的情感所组成的情感集合来描述，这时，抽象事物的情感可用一个二维或多维的情感矩阵来描述。

实现了对于情感的数学定义，就为情感的逻辑运算奠定了基础。人的情感是由人对于所有价值事物的“主观价值率高差”所组成，这就要求情感集合的所有基本构成元素是相对独立的。然而，由于世界上所有价值事物之间存在各种复杂的逻辑关系：如从属关系、互补关系、交集关系等，因此必须对所有价值事物的情感进行分析、归纳、综合和逻辑运算，才能确定一个客观的、准确的、清晰的情感模型。

情感的逻辑运算主要可分为并集运算和交集运算两种基本类型。其中，情感的并集运算是指当某一母集事物是众多子集事物的并集时，人对于母集事物的情感可由各子集事物的情感的并集运算而得，从而构成人的并集情感；情感的交集体运算是指当某一母集事物是众多子集事物的交集时，人对于母集事物的情感可由各子集事物的情感的交集运算而得，从而构成交集情感。例如，某一件衣服既具有很好的保暖透气功能，又具有很好的审美保健功能，还具有很好的社会功能（如社会地位的象征），那么，人对于这件衣服的情感可由温饱类情感、健康类情感和社会性情感的并集运算而得。又如，某一项工作既艰难又没有多少报酬，则人们对于这项工作的情感可由艰难性情感和低报酬性情感的交集运算而得。

统一价值论认为，事物的价值率高差（即事物的价值率与主体的中值价值率之差值）是事物最重要的价值特性，它反映了人作用于该事物以后将会得到多大的收益率或价值增长率，事物的价值率高差在根本上决定着人对于该事物的根本态度：凡是价值率高差较大的事物，人就会千方百计地接近它、得到它、利用它和发展它；凡是价值率高差较小的事物，人就会千方百计地远离它、抛弃它、闲置它和消灭它。因此，对于各种事物的价值率高差进行准确的识别和计算就必然成为人类生存和发展最重要、最关键的问题，也必然成为人的情感的核心内容。由于情感的客观目的在于识别事物的价值率高差，它是事物价值率高差在人的头脑中的主观反映值，人对于事物的情感实际上就是事物的“主观价值率高差”，因此情感的逻辑运算在本质上就是人脑对于各种事物价值率高差的数学运算。

四、情感与价值观的联系与区别

一是情感与价值观具有相同的层次结构，且每一个层次之间具有相同的逻辑关系。

二是情感是对事物价值特性的间接反映，而价值观是对事物价值特性的直接反映。

三是情感是人对事物价值特性的相对性认识，而价值观是人对事物价值特性的绝对性认识。

四是由于事物的实际价值率会随着环境条件的变化而变化，因此人的情感通常是多变的；由于价值观所反映的事物的价值率通常基于正常的环境条件或平均的环境条件，因此人的价值观通常是相对稳定的。

五是人的中值价值率是一个相对稳定的值，其情感系统与价值观系统通常“平行”“同向”地运动与变化。

六是人的情感系统是一个“高能耗”系统，价值观系统是一种“低能耗”系统。人的价值观在平时通常处于“沉寂”状态，以便于节省能量与价值，只有到了事物的价值率严重偏离主体的中值价值率时，人对于该事物的价值观才转换为情感，并在情感系统的驱动下实施人的行为；在人的行为作用下，事物的价值特性得以改变，事物的价值率逐渐趋近于主体的中值价值率，人的情感强度逐渐下降；当事物的价值率完全等于主体的中值价值率时，人的情感强度等于零，这时，人的情感系统又恢复到价值观系统。

七是人的行为驱动力通常是通过情感为直接诱因产生的，价值观通常不直接为主体的行为和思维活动提供驱动力，而是通过影响人的情感来间接地对行为驱动力产生影响。

第三节　情感的修正程序

情感是人脑对于事物价值率高差的主观反映值，情感与事物价值率高差的关系在本质上就是主观与客观的关系，由于人的认识能力总是有限的，情感与事物价值率高差之间总会存在或多或少的差异，人的情感只能无限地趋近于事物的价值率高差，而不可能与事物的价值率高差完全吻合、完全同步。显然，人对于事物价值率高差的认识能力越强，情感与事物价值率高差之间的差异就越小，为此人将会通过各种可能的方式来不断修正和完善自己的情感，使之不断趋近于事物的价值率高差。

一、情感运动规律

情感是主体对于客观事物价值率高差的主观反映，其客观目的在于引导人类主体如何正确地或有效地识别价值、表达价值、计算价值、消费价值和创造价值，以实现价值资源的最大增长率。

情感是事物的价值率高差在人的头脑中的主观反映，因此情感与价值率高差之间的关系实际上就是主观与客观的关系。由于任何形式的主观反映都是以客观事实为基础而上下波动的，因此，价值率高差的主观反映值 μ 必须以其实际值 $\triangle\Psi$ 为基础，并围绕实际值 $\triangle\Psi$ 上下波动，由此可得：

情感的运动规律：主体的情感强度以事物的价值率高差为基础，并围绕事物的价值率高差上下波动，即

$$\mu \doteqdot \triangle\Psi$$

其中，符号“≑”表示前者围绕后者为中心而上下波动。

二、利益情感

情感的正确与否取决于它的结构要素（即主观价值率高差）是否与客观价值率高差相吻合。如果完全吻合，则主体的情感就能正确地指导、调节和控制其活动，就能完全正确地反映其利益要求，这种情感就是一种理想型情感，能真正代表主体的根本利益。由此提出“利益情感”的概念。

利益情感：客观事物对于主体的实际值率高差 $\triangle\Psi_1$ 所组成的集合，称为利益情感（又称理想情感），用 M_P 来表示，即

$$M_P = \{\triangle\Psi_1, \triangle\Psi_2, \cdots, \triangle\Psi_N\}$$

显然，利益情感（或理想情感）反映了人对于事物价值率高差的完全准确的反映形式，这是情感的理想状态，理想情感并不是主体实际存在的情感，因为任何主体都不可能对事物的价值率高差进行完全准确地反映，总会存在一定的差异，它是根据主体与客观事物的利益关系而设置的一种特殊的“情感”，是用以正确反映主体利益关系“化身”的情感，这个“化身”就相当于宗教信仰中的“上帝”或“真主”，集中体现了主体（个人、集体或社会）的根本利益，因此利益情感又称理想情感。

三、情感偏差度

由于人对于事物价值率高差认识能力的局限性，人的实际情感总会或多或少地偏离其利益情感（或理想情感），从而形成一定程度的情感偏差。

情感偏差度：主体的实际情感 M 与其利益情感 M_P 之间的差值，称为情感偏差度，用 δM 来表示，即

$$\delta M = M - M_P$$

情感偏差度中的每一个元素反映了主体对各个事物的情感偏差量，由于各个事物的作用系数不同，各个情感偏差量在主体的生产或生活中所占比重与分量不同，因此主体对于抽象事物的情感偏差度，并不等于所有具体事物的情感偏差度的代数平均值，而应该等于所有具体事物的情感偏差度的加权代数和。

只有当各个具体事物的作用系数完全相同时，抽象事物的情感偏差度等于各个具体事物情感偏差度的代数平均值。

四、情感的运行与修正过程

人的一切活动都在情感的指导下进行的，由于认识能力的局限性，其情感总会与事物的价值率高差存在一定的差异。同时，由于主体、客体及介体的素质与状态在不断地变化着，事物的实际价值率高差也在不断地变化着。这就要求主体必须不断地调节和修正自己的情感强度，使之不断趋近于事物的实际价值率高差，以最大限度地降低自己的情感偏差度。

1. 情感的初始形成过程

主体为尽快地建立正确的情感，在进行情感的修正以前，就应该合理确定情感的初始值，以缩短情感的修正过程。在人的幼年时代和青少年时代，这一过程往往由父母或启蒙老师来完成。

2. 情感的本级修正过程

当主体准备实施某一行为方案时，就在确定事物的初始情感的指导下，对这一行为方案进行全面分析，并估算出这一行为方案的预计价值率高差。行为方案实施后，主体又根据实际结果，估算出该行为方案的实际价值率高差。如果实际价值率高差偏离预计价值率高差较多时，主体就开始对该确定事物以及本级相关事物的初始情感进行修正。这种修正过程需要反复进行多次，才能使自己对确定事物的情感逐渐趋于精确。

3. 情感的上行修正过程

如果无论主体对本级事物的情感进行怎样的修正，总是不能使其行为方案的实际价值率高差等于或基本等于其预计价值率高差，那么主体就会考虑对行为方案的上一级或上二级相关事物的情感进行修正，直至两种价值率高差（即估算价值率高差与实际价值率高差）趋于相等。

4. 情感系统的重组过程

如果无论主体对任何本级相关事物或上一级、上二级相关事物的情感进行怎样的修正，总是不能使其行为方案的实际价值率高差等于或基本等于其预计价值率高差，那么主体就会怀疑整个情感的结构模式，就会促使主体重组自己的情感结构模式。

五、情感的一般变化规律

虽然人的情感千变万化，但在整体上，情感的形成与修正过程有着一定的规律性。情感的形成与修正过程是一个从原始起点到稳定值的发展过程，可分为三个阶段：初始化阶段（0—a）、修正阶段（a—b）和稳定阶段（b—c）。

如下图所示。

有几点需要注意：

一是有些事物的情感初始化阶段在出生之前就已经基本完成，如某些无条件情感反射；

二是对于新生儿，绝大部分的情感原始起点一般都是 0；

三是对于不同的事物，这三个阶段的时间是不一样的：有些事物的初始化阶段较长，有些事物则较短，还有一些事物甚至没有这一阶段；有些事物的修正阶段较长，有些事物则较短，还有一些事物甚至没有这一阶段；

四是事物的价值层次越高，其情感的初始化阶段和修正阶段所需时间就越长，修正阶段的变化幅度就越大；

五是情感从一个稳定值突变到另一个稳定值，也必须经过另一个修正阶段；

六是主体系统越庞大（即人数越多、地域越广），其情感的初始化阶段和修正阶段的时间就越长。

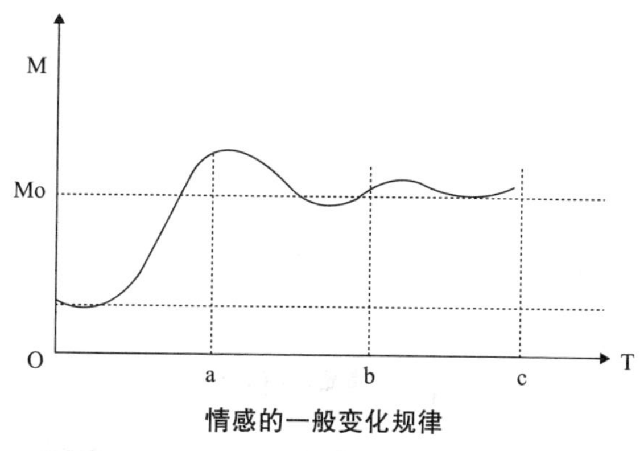

情感的一般变化规律

第四节　社会情感的构成与修正

社会（或集体）是由若干个人按照特定的利益关系（经济关系、政治关系和文化关系等）所组成的，社会（或集体）的生存和发展过程如同个人的生存与发展过程一样，也是在社会情感（或集体情感）的引导下，确定正确的价值目标，制定正确的整体规划，编制正确的实施细则，执行正确的具体行为，从而达到社会（或集体）价值资源的最大增长率。

一、社会情感的客观目的

任何社会所拥有的价值资源是有限的，为了最大限度地发展社会的本质力量，社会必然要求所有成员（特别是领导者）都必须对所拥有的价值资源进行合理配置，这就需要以“社会情感”的形式来对各种社会事物的价值特性进行认识和分析，从而引导和控制社会所有成员把有限的价值资源投入到合理的领域，最大限度地减少社会价值资源的浪费，提高社会价值资源的利用率，使社会价值资源实现最大的增长率。

总之，社会情感的本质就是社会成员对于社会事物的价值特性的主观反映，其客观目的在于识别和分析社会事物对于社会的价值率高差，以引导和控制社会成员对社会所拥有的有限社会价值资源进行合理分配，以实现其最大的价值增长率。

二、社会情感的数学定义

社会事物的价值率高差作为一种重要的客观存在，必然会反映到社会成员的头脑中，从而形成了“社会主观价值率高差”，即

社会主观价值率高差：社会事物的客观价值率高差$\triangle\Psi_C$在社会成员的头脑中的主观反映，用μ_C来表示。

由于社会事物的价值率高差是社会事物最基本、最重要的价值特性，那么主观价值率高差必然是社会情感中最基本、最重要的内容，决定和制约着社会情感中的其他要素，它是社会情感中的基本构成要素。

社会情感：社会对于所有社会事物价值率高差的主观反映值（即主观价值率高差）所组成的集合，称为社会情感，用M_c来表示，即

$$M_c = \{\mu_{C1}, \mu_{C2}, \cdots, \mu_{CN}\}$$

社会对于单一社会事物的主观价值率高差可以看作是由一个元素所组成的社会情感。由于价值形式是多层次的，因此情感念体系通常是一个多层次的、复杂的观念体系，可用二维或多维的“情感矩阵”来描述。

三、社会情感的合成

对于同一社会事物，不同的个人往往拥有不同的情感；个人对于同一社会事物的情感往往又不同于他所在的社会或集体对于该社会事物的情感。根据人类主体的不同，情感可分为个人情感、集体情感和社会情感三种基本形态。其中，集体情感是由集体各成员对于同一事物的情感相互作用而成，而社会情感又是由社会中各个集体对于同一事物的情感相互作用而成。

合成情感：设社会是由个人$C_1C_2\cdots C_N$所组成，则社会对于同一社会事物的情感称为该社会事物的合成情感，用M_C来表示。

社会情感通常并不等于各成员情感的代数和，但必定与各成员的情感存在一定的相关关系，可以证明（从略）：

$$M_C = \sum (M_{Ci} \times S_i)$$

其中，S_i反映了第 i 个人情感对于社会情感的影响程度，称为社会情感影响权数。

人对于社会情感的影响权数并不是一个常数，它会随时间、空间、环境条件以及个人的状态与素质的变化而变化。社会情感影响权数的大小取决于两个方面的因素：①正式的影响因素，如各种规章制度，能够使社会在组织上、制度上对不同个人的影响权数进行明确的规定，处于领导地位的人有较高的影响权数，处于被领导地位的人只有较低的影响权数，社会的各种决策、方针、行为实施等社会行为更多地由领导者来决定，更多地取决于领导者的情感；②非正式的影响因素，如某个人在社会中所树立的道德形象和能力形象能够对其他成员的价值产生较强的同化或异化作用，整个社会的情感会更多地受其个人情感的影响。

四、社会情感运动规律

情感是人类主体对于客观社会事物价值率高差的主观反映，其客观目的在于引导人类主体如何正确地或有效地识别价值、表达价值、计算价值、消费价值和创造价值，以实现价值资源的最大增长率。社会是一种复合型的人类主体，它与个人一样，同样具有相对于自己的客观存在以及相对应的主观意识，同样具有相对于自己的利益或价值以及相对应的情感或情感。社会情感是社会事物对于社会的价值率高差在社会意识中的表现形式，因此社会情感与客观社会事物对于社会的价值率高差之间的关系实际上也是主观与客观的关系。由于任何形式的社会主观反映都是以社会的客观事实为基础而上下波动的，因此，价值率高差的社会主观反映值 μ_C 必须以其社会的实际价值率高差$\triangle\Psi_C$为基础，并围绕实际价值率高差上下波动，由此可得：

社会情感运动规律：社会情感 μ_C 以社会事物的价值率高差$\triangle\Psi_C$为基础，并围绕社会事物的价值率高差上下波动，即

$$\mu_C \doteq \triangle\Psi_C$$

五、社会的利益情感

社会情感的正确与否取决于它的结构要素（即社会事物的主观价值率高差）是否与社会事物的客观价值率高差相吻合。如果完全吻合，则社会情感就能正确地指导、调节和控制社会成员的活动，就能完全正确地反映社会的利益要求，这种社会情感就是一种理想型的社会情感，能真正代表社会的根本利益。

社会中不同成员往往拥有不同层次、不同形式和不同份额的价值资源，社会作为高层次的人类主体，总会尽可能地使自己所拥有的所有价值资源均

保持最快的增长速度，为此，社会必须完整准确地认识各种客观社会事物对于自己的价值率高差，并在此基础上正确地进行决策、行为和效果评判。客观社会事物对于社会的实际值率所组成的集合，就是社会的利益情感（或社会的理想情感）。由此提出“社会的利益情感”的概念。

社会的利益情感：客观社会事物对于社会的实际值率 Ψ_1 所组成的集合，称为社会的利益情感（又称社会的理想情感），用 M_{pc} 来表示，即

$$M_{pc}=\{\mu_{pc1},\ \mu_{pc2},\ \cdots,\ \mu_{pcN}\}$$

显然，社会的利益情感反映了社会对于社会事物价值率高差的完全准确的反映形式，这是社会情感的理想状态，社会的利益情感并不是社会实际存在的情感，因为任何主体都不可能对社会事物的价值率高差进行完全准确地反映，总会存在一定的差异，它是根据社会与客观社会事物的利益关系而设置的一种特殊的“情感”，是用以正确反映社会利益关系的“化身”的情感，因此社会的利益情感又称社会的理想情感。

六、社会情感的偏差度

由于社会（尤其是领导者）对于社会事物价值率高差认识能力的局限性，社会的实际情感（即合成情感）总会或多或少地偏离社会的利益情感（或社会的理想情感），从而形成一定程度的社会情感偏差。

社会情感偏差度：社会的合成情感 M_c 与社会的利益情感 M_{pc} 之间的差值，称为社会情感偏差，用 δM_c 来表示，即

$$\delta M_c=M_c-M_{pc}$$

社会情感偏差度中的每一个元素反映了社会对于各个社会事物的情感偏差量，由于各个社会事物的作用系数不同，各个社会情感偏差量在社会的生产或生活中所占比重与分量不同，因此社会的情感偏差度并不等于所有社会事物的社会情感偏差度的代数平均值，而应该等于所有社会事物的社会情感偏差度的加权代数和。

只有当各个具体社会事物的作用系数完全相同时，抽象社会事物的社会情感偏差度等于各个具体社会事物的社会情感偏差度的代数平均值。

七、社会情感的修正

显然，社会在进行价值目标的决策、行为方案的制定和具体行为的实施过程中，必须在其利益情感的指导下来完成，才能具有最大的正确性，才能最大限度地维护社会的根本利益。社会的实际情感（或合成情感）偏离社会的利益情感越远，社会在进行价值目标的决策、行为方案的制定和具体行为的实施过程中就会出现越大的失误，社会就会遭受越大的利益损失。也就是

说，要想实现社会利益的最大化，就必须使社会的实际情感（或合成情感）最大限度地趋近于社会的利益情感。

然而，由于社会管理体制的局限性以及社会领导成员在主观和客观上的原因，社会的实际情感（即合成情感）总会或多或少地偏离社会的利益情感，从而给社会造成一定程度的损失，为此，社会必须进行不断地修正社会情感，并使其最大限度地趋近于社会的利益情感，即社会的情感偏差度最大限度地趋于零。

社会情感的修正程序：社会情感的修正程序与个人情感的修正程序相类似，也分为四个基本过程：社会情感的初始形成过程，社会情感的本级修正过程，社会情感的上级修正过程，社会情感的重组过程。

第五节　情感强度第一定律

情感是事物的“价值率高差”在人的头脑中的主观反映值，虽然事物的价值率高差在根本上决定着人的情感强度，但在一般情况下，情感的强度并不与事物的价值率高差成正比，而是一种特殊的函数关系。为了探索这种特殊的函数关系，首先了解一般意义的刺激与感受的生理过程及强度定律。

一、生物刺激感受的强度定律

外界某种物理刺激或化学刺激可以引起人的相应感受器官的反应，而每一种感受器官只对一种或两种形式的能量特别敏感，如眼睛对于光能，耳朵对于声能，皮肤对于热能和机械能，舌头对于化学能等。心理学指出，刺激强度与感觉强度服从韦伯定律。

韦伯定律：刺激强度的增加量与刺激强度之比值为一常数。

如果把韦伯定律进行数学变换，可得

费希纳定律：感觉强度与刺激强度的对数成正比。

韦伯定律和费希纳定律最初是从人的眼睛对光波的感受性研究中得出来的，以后又发现人的其他器官的刺激感受性也遵循这个定律，最后发现整个生物界的刺激感受性都遵循这个定律，因此韦伯定律和费希纳定律实际上是一条基本的生物规律。

生物的感受强度之所以并不与刺激强度成正比关系（或线性关系），主要是因为如下的生物学意义：如果感受强度与刺激强度成正比，那么当刺激强度很大时，生物所产生的感受强度也会很大，生物将会产生很强烈的生理反应，并付出很大的生理代价和能量损耗，还会很容易超出生物的生理极限，导致某些生理感受器官的伤害，不利于生物的生存和发展。只有感受强度与刺激强度的对数成正比，生物就能够以较小的感受强度来反映和识别较大的刺激强度，同时，在刺激强度的中心区域，感受强度与刺激强度仍然能够保持近似的线性关系，从而较为准确地反映刺激强度的变化。

二、情感强度第一定律

情感是一种特殊的主观反映，其发生过程实际上是人脑对于事物价值特性的刺激与感受的生理过程，它与一般意义的刺激与感受生理过程的不同之处在于：刺激信号不是事物的物理或化学特性，而是事物的价值特性。在事物的所价值特性中，“价值率”与“价值率高差”是最重要的价值特性，它在根本上决定着事物的发展方向，决定着人类主体对于它的根本态度。

根据“中值价值率分界定理”和“价值率高差选择法则”可知当某事物的价值率高差大于零时，主体就会扩大其作用规模或增加其价值资源投入量；相反，当某事物的价值率高差小于零时，主体就会缩小其作用规模或增加其价值资源投入量。因此事物的“价值率高差”是构成情感的基本要素。

显然，事物的价值率高差往往是一种抽象化的、复合型的关系信号，它既可以是复合的色彩、形状、体积、重量、声音、图像等物理化学信号，也可以是语言与文字所组成的第二信号系统，这些复合型信号代表着事物的价值特性，而不是代表着事物的某种物理化学特性。当事物的价值特性作用于或即将作用于人时，人脑将以一定的情感强度来感受它。

既然情感的产生过程是一种特殊的刺激与感受的生理过程，那么情感强度与相对价值强度（即事物的价值率高差）的关系同样应该遵循“韦伯定律”和“费希纳定律”，由此可得

情感强度第一定律（即情感强度对数正比定律）：情感强度与事物的价值率高差的对数成正比，即

$$\mu=K_m\log(1+\Delta\Psi)$$

其中，K_m为情感强度系数，$\Delta\Psi$为价值率高差，μ为情感强度。

情感强度第一定律的曲线变化关系如下图：

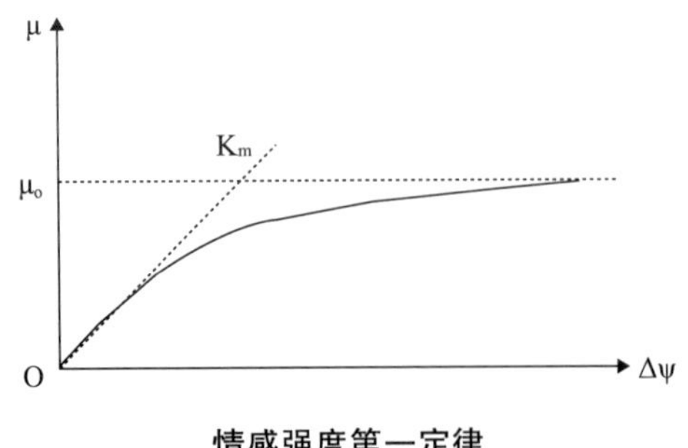

情感强度第一定律

三、情感强度第一定律的心理学意义

人的情感要想正确地认识和反映事物最重要的价值特性（即价值率高差），必须具备两个方面的功能：一是能够最为精确地反映价值率高差的变化情况，为此，必须使情感强度与事物的价值率高差成线性关系；二是能够在最大变化范围内反映事物的价值率高差的变化情况，为此，必须使情感强度与事物的价值率高差成对数关系。

根据“情感强度第一定律”，不难发现：当情感强度很小时，情感强度与价值率高差近似地成正比；当情感强度很大时，情感强度与价值率高差的对数成正比；当价值率高差为 0 时，情感强度亦为 0；当价值率高差趋近于－1 时，情感强度趋近于负无穷大。

人的情感强度之所以并不与价值率高差成正比关系（或线性关系），主要是因为如下的心理学意义：如果情感强度与价值率高差成正比，那么当价值率高差很大时，人所产生的情感强度也会很大，人将会产生很强烈的心理反映，并付出很大的心理代价和价值损耗，还会很容易超出人的生理极限和心理极限，导致某些大脑心理器官的伤害，不利于人的生存和发展；只有情感强度与价值率高差的对数成正比，人就能够以较小的情感强度来反映和识别较大变化范围的价值率高差的刺激信号。同时，在情感强度的中心区域，情感强度与价值率高差仍然能够保持近似的线性关系，从而较为准确地反映价值率高差的变化情况。这样一来，可以有效地解决价值特性识别的准确性与价值特性识别的范围性之间的矛盾。

第六节　情感强度第二定律

“边际效用规律”指出：事物的价值量与主体对于事物的消费速度或作用规模（即价值投入总量）的增加而下降。“情感强度第一定律”指出：情感强度与事物的价值率高差的对数成正比。把“情感强度第一定律”与“边际效用规律”结合起来，就可推导出“情感强度第二定律”。

一、“主观边际效用规律”

早在 1851 年，德国经济学家赫尔曼·海因里希·戈森就在其著作《人类交换规律与人类行为准则的发展》中就提出。人类满足需求的三条定理（即戈森定理）：

1. 欲望或效用递减定理

即随着物品占有量的增加，人的欲望或物品的效用递减。

2. 边际效用相等定理

即在物品有限条件下，为使人的欲望得到最大限度的满足，务必将这些物品在各种欲望间作适当分配，使人的各种欲望被满足的程度相等。

3. 欲望或享乐扩充定理

在原有欲望已被满足的条件下，要取得更多享乐量，只有发现新享乐或扩充旧享乐。

例如：在一个人饥饿的时候，吃第一个包子给他带来的效用是很大的。以后，随着这个人所吃的包子数量的连续增加，虽然总效用是不断增加的，但每一个包子给他所带来的效用增量即边际效用却是递减的。当他完全吃饱的时候，包子的总效用达到最大值，而边际效用却降为零。如果他还继续吃包子，就会感到不适，这意味着包子的边际效用进一步降为负值，总效用也开始下降。

显然，戈森定律实际上就是“主观边际效用规律”，由于他没有能够用严密的逻辑推理方式予以证明，因而长期被人们当作唯心主义的东西加以批判。

如下图（其中，X_m表示物品增加量，Y_m表示主观边际享受量）：

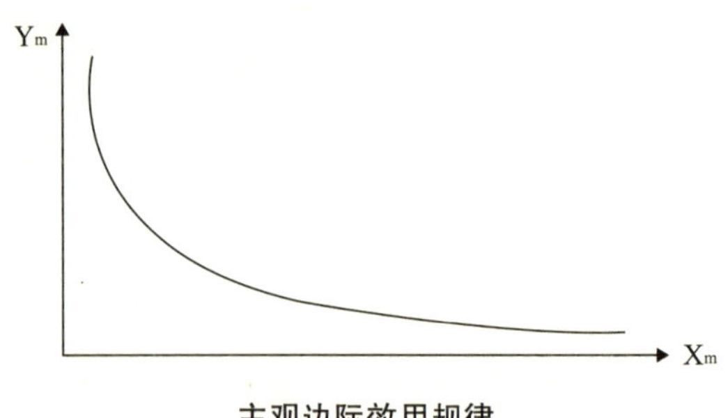

主观边际效用规律

二、客观“边际效用规律”

戈森定律为现代经济学的“边际效用论”奠定了基础，英国的文杰斯、奥地利的门格尔、美国的克拉克（号称“边际三杰”）在此基础上发现了商品的“边际效用规律”，即客观“边际效用规律”。

边际效用规律（或边际效应规律）：就是指某一事物对于消费者的边际效用或边际使用价值（即最后一个消费单位的使用价值）随着消费速度（或使用规模）的增长而下降。

如下图（其中，X_m表示物品增加量，Z_m表示客观边际效用量）：

这里要注意：客观“边际效用（递减）规律”是指系统处于均衡状态（即最大价值率状态）附近时，系统的构成元素的边际价值产出量将会随着价值边际投入量的不断增加而不断下降。当系统远离均衡状态时，系统可能会呈现“边际效用不变规律”和“边际效用递增规律”。其中，“边际效用不变规律”（即“零边际效用规律”）是指系统的构成元素出现比较严重的稀缺状态时，系统构成元素的边际价值产出量可能会随着边际价值投入量的不断增加而保持不变；“边际效用递增规律”（即“反边际效用规律”）是指系统的构成元素出现非常严重的稀缺状态时，系统构成元素的边际价值产出量可能会随着边际价值投入量的不断增加而不断增加。

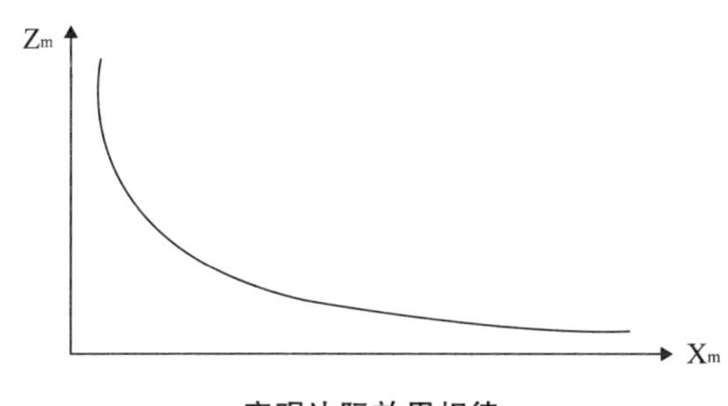

客观边际效用规律

客观“边际效用规律”与主观“边际效用规律”的关系：根据辩证唯物主义的观点，人类所有形式的主观心理现象都是人脑对于某种客观存在的主观反映，人类所有形式的主观心理规律都是人脑对于某种客观心理规律的主观反映。因此，“主观边际效应”必定是人脑对于“客观边际效应”的主观反映，“主观边际效用（递减）规律”必定是人脑对于“客观边际效用（递减）规律”的主观反映。也就是说，“主观边际效用（递减）规律”与“客观边际效用（递减）规律”的关系，在本质上就是主观与客观的关系，这两者都是一致的。

三、情感强度第二定律的推导

情感强度第二定律的推导分为三个步骤：

1．“边际价值率递减规律”的推导

事物的“价值率”是指主体（个人、集体或社会）对于该事物在单位时间内价值总产出量与价值总投入量之比值。由“边际效用规律”可知事物的边际价值产出量将会随着主体对于该事物的消费速度或作用规模的增加而减少，由于价值投入量与时间并不随着主体对于该事物的消费速度或作用规模的变化而变化。因此，事物的价值率必然随着主体对于该事物的消费速度或作用规模（或价值投入总量）的增加而下降。

2．“边际价值率高差递减规律”的推导

事物的“价值率高差”是指事物的价值率与主体的平均价值率之差值。

由“边际价值率递减规律”可知当主体的平均价值率相对不变时，事物的“价值率高差”必然随着主体对于该事物的消费速度或作用规模的增加而下降。

3.“边际情感强度递减规律”的推导

由“情感强度第一定律”可知人对于事物的情感强度与事物的价值率高差的对数成正比。再由“边际价值率高差递减规律”可知人对于事物的情感强度必然随着主体对于该事物的消费速度或作用规模的增加而下降。

四、情感强度第二定律

综合以上三个推导，可得

情感强度第二定律（即边际情感强度衰减定律）：人对于事物的情感强度随着人对该事物的消费速度或作用规模（或价值投入总量）的增长而下降。

如下图（其中，X_m表示事物的消费速度或作用规模，μ表示情感强度）：

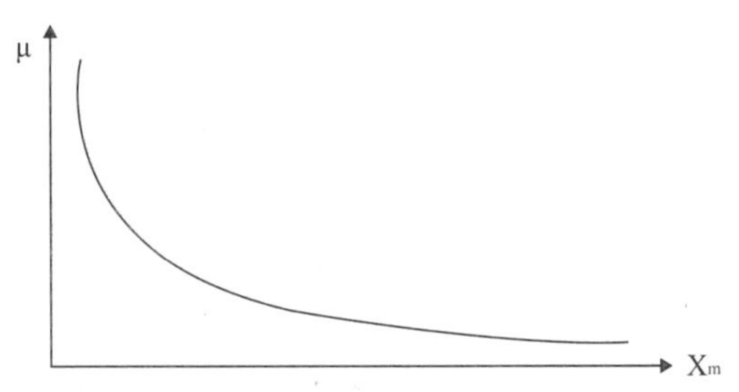

情感强度第二定律

情感强度第二定律实际上就是“主观边际效用递减规律”的另一种表现形式，它是“客观边际效用递减规律”在人的头脑中的主观反映。

由于边际效用规律只有在系统处于均衡状态（即最大价值率状态）附近时才能成立的，因此情感强度第二定律也只能在系统处于均衡状态附近时才能成立的。

由情感强度第二定律可知人们为什么总是不怎么珍惜已经得到的东西？总是留恋已经失去的东西？这是因为某件东西在没有得到时，人对它的作用规模是无穷小，如果不考虑可替代物的影响，则人对它的情感强度就可能趋向于无穷大。人一旦得到这件东西，对它的作用规模就由无穷小转化为确定值，人对它的情感强度也由无穷大迅速下降为确定值。同理，可以解释为什么同一财富的丧失对于穷人来说事关重大，而对于富人来说却微不足道，这是因为人拥有的财富越多，他对单位财富所产生的情感强度或价值效应就越低，单位财富的增加或减少对他所产生的情感冲击或价值效应就越小。

第七节 情感强度第三定律

人们容易发现，无论是正向情感（如爱），还是负向情感（如恨），只要不另外添加价值元素，人的情感强度都将随着时间的增长而不断衰减，也就是说，人对于一般事物的情感强度将会随着时间的增长而不断衰减，即时间是最好的“情感衰减器”。

一、情感强度的衰减过程

根据“情感强度第一定律”，情感的强度主要取决于事物的价值率高差（即事物的价值率与人的中值价值率之差），因此情感强度的衰减主要来自于价值率高差的衰减。根据“边际效用规律”，事物的价值率高差主要取决于人对于事物的消费速度或作用规模，因此价值率高差的衰减主要来自于消费速度或作用规模的扩大或缩小。根据情感的本质，正向情感将会使人产生正向的行为驱动力，以增加价值资源的投入规模，负向情感将会使人产生负向的行为驱动力，以减少价值资源的投入规模，因此消费速度或作用规模的改变主要来自于行为驱动力，在根本上来自于情感强度的大小与性质。

1. 正向情感强度的衰减过程

当事物的价值率高于人的中值价值率（即价值率高差大于零）时，人就会产生一定的正向情感强度（如高兴、愉快等）等，人就会在这种正向情感强度的支配下转化为实际的正向行为驱动力，并增大对于该事物的价值投入规模，从而扩大了人对于该事物的消费速度或作用规模，结果在“边际效用规律”的作用下，该事物的价值率逐渐下降，又在“情感强度第一定律”的作用下，人对于该事物的情感强度也随之逐渐下降，导致行为驱动力的逐渐下降，价值投入规模的继续扩大，价值率高差持续下降，情感强度进一步下降。如此循环，情感强度和正向行为驱动力一直降到零。

正向情感强度的循环衰减过程可描述为正向情感强度的衰减→正向行为驱动力的衰减→价值投入规模的继续扩大→价值率高差的衰减→正向情感强度的衰减

2. 负向情感强度的衰减过程

当事物的价值率小于人的中值价值率（即价值率高差小于零）时，人就会产生一定的负向情感强度（如痛苦、愤怒等），人就会在这种负向情感强度的支配下转化为实际的负向行为驱动力，并减少对于该事物的价值投入规模，从而缩小了人对于该事物的消费速度或作用规模，结果在“边际效用规律”的作用下，该事物的价值率逐渐上升，又在“情感强度第一定律”的作用下，人对于该事物的负向情感强度也随之逐渐下降，导致负向行为驱动力的逐渐下降，价值投入规模的继续缩小，价值率高差持续上升，负向情感强度进一步下降。如此循环，负向情感强度和负向行为驱动力一直降到零。

负向情感强度的循环衰减过程可描述为负向情感强度的衰减→负向行为驱动力的衰减→价值投入规模的继续缩小→价值率高差的上升→负向情感强度的衰减

二、情感强度第三定律的推导

通常情况下，情感强度是一个随时间变化的量，这是因为正向情感（如愉快、期待等）将会驱使人不断向该事物增加价值投入规模，在“边际效用规律”的作用下，事物的价值率高差将随着时间的增长而逐渐下降，人的正向情感也将随之下降，直至趋于零；负向情感（如痛苦、焦虑等）将会驱使人不断减少价值投入规模，在“边际效用规律”的作用下，事物的价值率高差（为负值）的绝对值将随着时间的增长而逐渐下降，人的负向情感也将随之衰减。总之，无论是正向情感，还是负向情感，都将随时间不断下降并趋于零。

由于情感的衰减速度取决于价值率高差的衰减速度，而价值率高差的衰减速度又取决于作用规模的改变速度（正向情感将增加其作用规模，负向情感将降低其作用规模），作用规模的改变速度取决于行为驱动力的大小，而行为驱动力的大小又取决于情感强度本身的大小。也就是说，随着情感强度的不断下降，人的行为驱动力逐渐下降，情感强度的衰减速度也将逐渐下降，情感强度并不是以均匀的速度进行衰减，而是以不断减少的速度进行衰减。总之，情感强度的衰减速度主要取决于情感强度本身的大小。

可以证明（从略）：当情感强度足够小时，情感强度的衰减速度（$d\mu/dT$）与情感强度 μ 成正比。

综上所述，可得

情感强度第三定律（即情感强度时间衰减定律）：情感强度与时间成负指数函数关系，即

$$\mu=\mu_0\exp(-k_t T)$$

其中，μ 为情感强度，μ_0 为初始情感强度，T 为时间，k_t 为情感强度衰减系数，它主要与情感强度系数 K_m、情感效能系数 K_n 及事物的边际效用递减系数等因素有关。

情感强度第三定律的曲线变化关系如下图（其中，T 为时间，μ 为情感强度）：

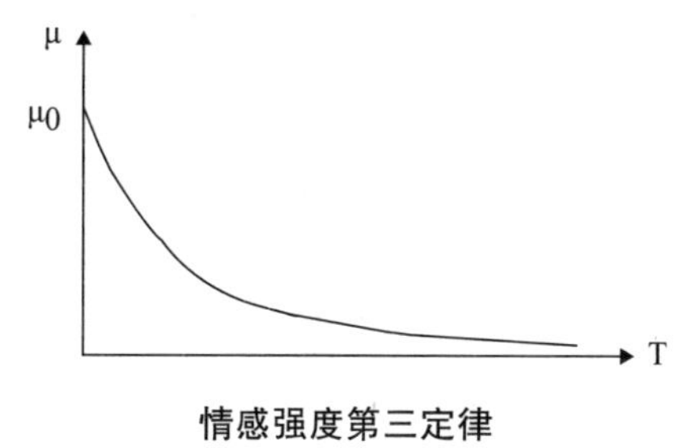

情感强度第三定律

从绝对意义上来说，任何情感都不会无限趋近于零，因为事物的价值率高差是一个由众多随机变量决定的随机函数，情感强度是一个更为复杂的随机函数。这样，任何情感的强度一方面在“情感强度第三定律”的作用下不断趋近于零；另一方面又在众多随机变量的扰动下不断偏离于零。

情感强度第二定律是情感强度第一定律的表现形式，情感强度第三定律又是情感强度第一定律和情感强度第二定律的综合表现形式。

三、情感强度第三定律的特殊表现形式

情感强度第三定律有许多具体的表现形式：

1. 情感的自然衰减现象

对于已经失去、而且无法挽回的重大价值事物（如爱情、亲人和地位等），人对于它们的情感强度（如怀念、痛惜、悔恨等）将会随着时间的增长而自然衰减。由于人的情感强度的持续过程通常需要一定的能量耗费与价值耗费作为代价，而且情感强度越高，持续的时间越长，人所耗费的能量与价值就越多。对于已经失去、而且无法挽回的价值事物，人对于它们的情感强度已经没有实际的价值作用，因此这些情感的衰减过程是为了降低人的不必要的能量耗费和价值耗费。由于情感具有一定的相对独立性与相对稳定性，在事物的实际价值已经失去以后，人对于这些事物的情感仍然需要一定的时间才会衰减下来。情感的自然衰减现象是情感强度第三定律的一种特殊表现形式。

2. 替代物因素的影响

对于已经失去、但可以进行替代的事物（如朋友、工作岗位、建设项目和金钱等），随着时间的不断增长，将会有一些替代物逐渐替代这些已经失去的事物，从而使人对于原来事物的情感强度不断衰减下来。例如，一个人在失去“最爱”以后，总会去寻找一个“次爱”，用以替代“最爱”。有了“次爱”作为替代物以后，必然会逐渐减弱人对于“最爱”的情感强度。这是情感强度第三定律的又一种表现方式。

3. 负向价值因素的影响

对于具有较高负向价值的事物（如敌人、环境污染、贪污腐败等），人将

会产生较高的负向情感（如仇恨、厌倦、反对、惩罚等），人不仅会减少正向价值的投入规模，有时还会增加负向价值的投入规模，这些负向价值主要用以限制、削弱、惩罚甚至消灭它们。而且事物对人所造成的负向价值越高，人对于它们的负向情感的强度越高，人所投入的负向价值的数量通常就越多。随着负向价值的不断投入，具有负向价值的事物通常会受到抑制或打击而逐渐衰退，人对于它们的负向情感强度将会随着时间的增长而逐渐衰减。这是情感强度第三定律的再一种表现方式。

第八节　意志强度三大定律

感觉、认知、情感与意志是人类认识世界的四种基本意识形式。前面已经实现了对于情感的数学分析，意志作为一种特殊的情感，同样可以数学分析。情感强度存在三大定律，意志作为一种特殊的情感，同样服从情感强度三大定律。

一、意志的客观目的

意志的哲学本质就是人对于自身行为价值关系的主观反映，意志与行为价值关系在本质上就是主观与客观的关系。也可以说，人的意志活动的逻辑过程与一般情感活动的逻辑过程基本上相同，其主要区别在于所反映的对象不同，一般情感活动所反映的对象是一般事物的价值关系，而意志活动所反映的对象是主体自身行为的价值关系。

人的任何行为一方面能够获取一定的价值收益；另一方面需要耗费一定的价值代价，单位时间内的价值收益与价值代价之比，就是该行为的价值率。根据“中值价值率分界定理”：当某一行为的价值率大于主体的中值价值率时，主体就会不断扩大该行为的作用规模（或发生频率）；相反，当某一行为的价值率小于主体的中值价值率时，主体就会不断缩小该行为的作用规模（或发生频率）。

与情感的客观目的相同，意志的客观目的在于识别主体自身行为的价值率高差（即行为的价值率与主体的平均价值率之差），人在意志的引导下，可以对不同的行为产生不同的选择倾向：价值率高差较大的行为将会不断地加强，并自觉地增加该行为的发生频率；价值率高差较小的行为将会不断地削弱，并自觉地减少该行为的发生频率。

二、意志的数学定义

由于行为的价值率高差是一个非常重要的价值特性参量，它从根本上决定着人对于该行为的基本态度与取向，决定着人对该行为的价值投入方式和投入规模，因而必然会反映到人的头脑中来，形成一种特定的主观意识——意志。为此，作出如下定义：

意志：人对自身行为的价值率高差所产生的主观反映值，定义为人对该行为的意志。

人的行为方式是复杂多样的，人对于自身所有行为方式所产生的意志可以组成一个复杂的意志系统，并可采用一定的数学表达式（如意志矢量或意志矩阵）进行描述和运算。

每个战略行为通常是由多个战役行为所组成，而每个战役行为又是由多个战术行为所组成，因此意志可用二维或多维的意志矩阵来描述，并且可以进行意志的并集运算和交集运算。

三、意志强度三大定律

意志是人脑对于自身行为的价值关系所产生的情感，是主体自身行为的价值率高差在人的头脑中所产生的主观反映。意志作为一种特殊形式的情感，同样遵循情感强度三大定律，即

1. 意志强度第一定律（即意志强度对数正比定律）

意志的强度与自身行为活动的价值率高差的对数成正比。

2. 意志强度第二定律（即意志强度边际效应定律）

意志的强度随着自身行为的活动规模的增长而下降。

3. 意志强度第三定律（即意志强度时间衰减定律）

意志的强度随着自身行为的持续时间的增长而呈现负指数下降。

人的自身行为活动的价值率高差越大，它所产生的意志强度越大，从而体现出意志强度第一定律；人在意志强度的驱动下，就会越经常地、大规模地发展这一行为活动，结果在边际效应规律的作用，该行为的价值率高差就会逐渐下降并趋近于人的中值价值率，从而体现出意志强度第二定律；随着行为的价值率高差逐渐下降，该行为的意志强度也会逐渐衰退，以至最终消失，从而体现出意志强度第三定律。

第九节 自我意识

人类相对于其他生物有一个显著特点，那就是拥有清晰、全面而深刻的自我意识。人类的自觉性、自主性、创造性、效率性和人情味等从根本上来说都来源于自我意识，都是自我意识的不同表现方式。人类形成自我意识的客观目的在于：确定一个明确而清晰的感觉参照系，以更好地感觉自己和外

部世界；确定一个明确而清晰的认知参照系，以更好地认知自己和外部世界；确定一个明确而清晰的评价参照系，以更好地评价自己和外部世界；确定一个明确而清晰的意志参照系，以更好地规划和实施自己的行为，从而达到改造世界、发展自身的目的。

一、自我意识的概念及主要内容

自我意识是人脑对于自己的主观反映，包括认识自己的生理状况（如疼痛、身高、体重、体态等）、心理特征（如兴趣、能力、气质、性格等）以及自己与他人的关系。人的心理过程包括感、知、情、意四个方面，自我意识的结构同样可以从感、知、情、意四个方面来分析，自我意识是由自我感觉、自我认知、自我评价和自我意志四个部分组成。

1. 自我感觉

自我感觉可分为两个层次：自我感受和自我体验其中自我感受通常是指生理状态的自我感觉，自我体验通常是指心理状态的自我感觉。自我感受主要有酸、甜、苦、辣、臭、疼、痛、痒、胀、晕、恶心、睡意、饥饿感、干燥感等；自我体验如兴奋感、快感、痛苦感、愉悦感、悔恨感、陶醉感、焦虑感、期盼感、恐惧感等。

自我感觉可以把“我”与“非我”区分开来，识别出哪些属于“我”的范围，哪些属于“非我”的范围，便于进行物质范围的界线划分。

2. 自我认知

自我认知是指自己对自己的状态（如空间位置、时间状态等）、特征（如身高、体重、身材、相貌等）、经历（如孩童时期、少年时期）、能力（如体力、语言能力、音乐能力、交往能力、管理能力、计算能力、设计能力等）、性格（如外向型性格或内向型性格等）、自然关系（如地理环境、气候条件、温度、湿度、空气、水分、阳光等）、社会关系（如社会角色、社会地位、财产关系、朋友关系、亲属关系、家庭关系等）、行为（行为目标、行为方案、行为后果）等方面的认知。属于自我认知类的自我意识主要有：自我醒悟、自我观察、自我概念、自我印象、自我分析和自我反省等。

自我认知可以把“我的属性”与“非我的属性”区分开来，识别出哪些属于“我”的事物属性，哪些属于“非我”的事物属性，便于进行事物属性的界线划分。

3. 自我评价

自我评价就是自己对自己的状态、特征、经历、能力、性格、自然关系、社会关系、行为等方面价值特性所进行的评价。如果人对于自己各方面特性的评价值高于对他人各方面特性的评价值，就会产生满意、自豪的情感，自豪的情感有利于充分发挥自己的价值优势；如果人对于自己各方面特性的评价值低于对他人各方面特性的评价值，就会产生失望、自卑的情感，自卑的情感有利于回避。属于自我评价类的自我意识主要有：自恋、自爱、自尊、自恃、自卑、自傲、责任感、优越感等。

自我评价可以把“我的价值特性”与“非我的价值特性”区分开来，识别出哪些属于“我”的价值特性，哪些属于“非我”的价值特性，便于进行价值特性的界线划分。

4. 自我意志

自我意志就是人对于自己行为的认知、评价、规划、实施和控制。对于自身行为的认知越全面、评价越准确，控制越强劲，其自我意志就越好，人的自我意志主要包括自觉性、攻击控制力、坚韧性、持久力、注意集中力、忍耐力、挫折承受力、行为后果的预测力等内容。属于自我意志类的自我意识主要有：自立、自主、自制、自强、自律、自信等。由于所有的意志都属于自我意志，因此意志与自我意志没有区别。

自我意志可以把“我的行为特性”与“非我的行为特性”区分开来，识别出哪些属于“我”的行为特性，哪些属于“非我”的行为特性，便于进行行为特性的界线划分。

二、各层次自我意识的内在关系

各个层次自我意识之间的内在关系：

1. 低层次自我意识是高层次意识的基础

自我感觉是自我认知的基础，人必须有完备的自我感觉，才能有完备的自我认知；自我认知是自我评价的基础，人必须有完备的自我认知，才能有完备的自我评价；自我评价是自我意志的基础，人必须有完备的自我评价，才能有完备的自我意志。

2. 高层次自我意识是低层次意识的综合与延伸

自我认知是自我感觉的综合与延伸；自我评价是自我认知的综合与延伸；自我意志是自我评价的综合与延伸。

三、自我意识的起源与进化

生物的意识是从低级到高级、从简单到复杂逐渐进化过来的，生物的意识可分为感、知、情、意等四个层次，最早出现的生物意识是感、知、情、意混合在一起的，即“四位一体”，意识的进化过程就是感、知、情、意不断从混合意识中分化出来的过程，最早分化出来的意识是感觉（如感觉类生物），其次分化出来的意识是认知（如认知类生物），然后分化出来的意识是情感（如评价类生物），最后分化出来的意识是意志（如意志类生物）。

根据意识的目标指向不同，意识可分为自我意识、非我意识两大类其中，自我意识是对于“我”的意识，非我意识是对于除“我”以外的事物的意识。同样，生物的自我意识也是从低级到高级、从简单到复杂逐渐进化过来的，生物的自我意识可分为四个层次：自我感觉、自我认知、自我评价、自我意志。最早出现的自我意识是感、知、情、意混合在一起的，即“四位一体”，自我意识的进化过程就是自我的感、知、情、意不断从混合意识中分化出来的过程，最早分化出来的自我意识是自我感觉（如感觉类生物），其次分化出来的自我意识是自我认知（如认知类生物），然后分化出来的自我意识是自我评价（如评价类生物），最后分化出来的自我意识是自我意志（如意志类生物）。

由此可见，生物的层次越低，其自我意识就越模糊、越微弱，而且其自我情感和自我意志在整个自我意识中所占的比重就越少。

四、自我中心系统

人在自我感觉、自我认知、自我评价的基础上，确立了一个认识世界和改造世界的参照系，从而实现主体对于自我的全面、系统和精确的认识。

自我中心系统包括自我感觉中心、自我认知中心、自我评价中心、自我意志中心四个部分。其中，自我感觉中心主要用以确立感觉的参照系（包括视觉参照系、听觉参照系、味觉参照系、嗅觉参照系、触觉参照系、体觉参照系等），自我认知中心主要用以确立认知的参照系（包括时间位置参照系、空间位置参照系、逻辑起点参照系、属性量度参照系等），自我评价中心主要用以确立评价的参照系（主要是情感参照系），自我意志中心主要用以确立行为的参照系。

“自我评价中心”的核心内容就是计算主体的中值价值率，一方面为评价系统提供情感判断的基准点和参照值；另一方面为意志系统提供意志判断的基准点和参照值。因此，“自我评价中心”也称“中值价值率计算中心”。

五、自我情感强度的确定

每个人都有自己的不同价值特征，一方面任何人都有自己的价值优势（如相貌、健康、知识水平、能力、素质、气质、特长、地位等），另一方面任何人也必然都有自己的价值劣势。人只有首先充分认识自己和评价自己，再正确地认识他人和评价他人，才能充分利用自己的价值长处，有效地避免自己的价值缺陷，才能在社会的分工与合作过程中做到“知己知彼、百战不殆”。

自我情感则是站在他人的角度（或社会的角度）来评价自己的价值关系，具体而言，就是以他人的中值价值率（或社会的中值价值率）为参考系，通过识别自己的中值价值率相对于他人的中值价值率之差值（即中值价值率高差），从而间接地确定自己的中值价值率。人在进行自我评价时，必须首先选定一个参照物，通常选定某个最亲近、最现实、具有最大利益相关性的他人或社会平均水平作为参照物，即把自身的中值价值率与他人（或社会一般人）的中值价值率进行比较，从而产生自我情感。两者的差值越大，自我情感的强度就越高。

现给出如下定义。

中值价值率高差：甲主体的中值价值率与乙主体的中值价值率之差值，就称甲主体相对于乙主体的中值价值率高差。

根据“情感强度第一定律”可得：

自我情感强度定律：自我情感的强度与自己相对于他人（或社会）的中值价值率高差的对数成正比。

六、自我情感的分类

当中值价值率高差为正时（即自己的中值价值率大于他人的中值价值率），人就会产生正向的自我情感（如自豪感）；当中值价值率高差为负时（即自己的中值价值率小于他人的中值价值率），人就会产生负向的自我情感（如自卑感）。

根据自我情感强度的不同取值，自我情感可分为自豪感和自卑感两种。

自豪感：当主体的中值价值率大于他人（或社会）的中值价值率（即中值价值率高差大于零）时，人就会产生自豪感。

自豪感的客观作用在于引导人被动地等待或消极地应付与他人的合作，尽可能地要求他人服从自己的管理，千方百计地说服他人听从自己的建议或忠告。自豪感的极端形式就是目空一切、不可一世，它是人脑对于自我极端高升的价值状态的主观反映，这些极端的自我情感容易使人产生极端的激进思想或极端的冒险行为而走向毁灭。

自卑感：当主体的中值价值率小于他人（或社会）的中值价值率（即中值价值率高差小于零）时，人就会产生自卑感。

自卑感的客观作用在于引导人主动地与他人进行合作，并自觉地服从他人的管理，虚心地听从他人的建议或忠告，努力地学习他人的长处。自卑感的极端形式就是自暴自弃、悲观绝望，它是人脑对于自我极端低下的价值状态的主观反映，这些极端的自我情感容易使人产生极端的悲观思想或极端的自杀行为而走向毁灭。适当的自卑感与自豪感将有助于引导人正确处理与他人的利益关系，有利于维护自己的正当利益。在日常的人际交往中，人应该善于以正常的、健康的心理状态与精神面貌正视自己所取得的成绩和所面临的困难，客观而准确地看待他人的能力、地位及财富，既不能因自己一时的幸运而狂妄自大，也不因自己一时的失败而悲观失望；既不能因为他人一时的落魄而低眼瞧人，也不能因为他人一时的得意而低三下四，应该使自己时刻保持不亢不卑、不骄不躁、平衡而稳定的心理状态和精神面貌，真正做到“贫贱不移、富贵不淫、威武不屈”。

人只有正确评价自己和他人，树立正确的自我情感，才能正确认识自己在社会中的地位和作用，才能正确处理与他人的利益关系，才能迅速有效地发展自己的劳动能力。例如，人要想正确选择在什么样的生产领域或消费领域与什么样的他人进行合作，用什么样的方式进行合作，在合作过程中是服从他人的管理，还是请求他人服从自己的管理，行为方式是以他人为楷模，还是以自己为楷模，等等，就必须充分正确了解自己和他人的价值特性及劳动能力。由于自我情感是以他人或社会的中值价值率为参照物，人通常只有在正确地认识和评价他人之后，才能正确认识自己，即认识自己往往比认识他人更为复杂和困难，所以古人云：人贵有自知之明。

七、自我意识的作用

人为什么会有自我意识？自我意识到底有何作用？可以从两个方面来分析。

1. 形成参照系，为了更好地认识世界

自我意识是认识外界客观事物的前提条件。一个人如果还不知道自己，也无法把自己与周围相区别时，他就不可能清晰而准确地认识外界客观事物，特别是不能认识外界事物与自己的相互关系。主体要想客观而准确地认识世界，就必须站在一个相对稳定的参照系中，并且以这个参照系为中心，首先观察各种事物与自己的相互关系，然后，进行分析和归纳，再揭示出各种事物之间的相互关系。自我意识的客观作用就是建立以“我”为中心的参照系，并且帮助“我”来客观而精确地认识客观世界中的任何事物。认识世界包括三个方面：感觉世界、认知世界和评价世界，因此自我意识在认识世界上表现为三种形式：自我感觉、自我认知和自我评价，那么相应的认识参照系可分为三种：感觉参照系、认知参照系和评价参照系。

2. 形成自觉行动，为了更好地改造世界

主体在自我意识的帮助下，认识了客观事物与自己的存在关系、事实关系、价值关系与行为关系其中，通过认识到事物与自己的存在关系，得知自己的周围“有什么?”；通过认识到事物的事实关系，得知这些事物“是什么?”；通过认识到这些事物的价值关系，得知这些事物“有何用?”；通过认识到这些事物与自己的行为关系，得知自己面对这些事物时应该“怎么办?”。这样，主体就在自我意识的作用下，形成自主而自觉的行为，从而改造世界的目的。人类改造世界的系统就是行为驱动系统，而行为驱动系统的参照系就是意志参照系。

八、价情转换与情价转换

情感与价值观虽然都是人脑对于价值关系的主观反映，但是这两者有不同的生理功能：情感系统是人类行为的直接驱动系统，它时刻准备来启动或激发人的某一行为模式，时刻处于“预准备”状态（或“一级战备状态”），因此情感系统是一个“高能耗系统”；而价值观系统通常只是保存着人对于各种事物的价值特性参量（特别是价值率参量），它通常并不直接启动和激发人的行为，平时总处于“休眠状态”，只有等到需要的时候，它才转化为情感系统，并在情感系统的运行下启动和激发人的某一行为，因此价值观系统是一个“低能耗系统”。通常情况下，人为了节约“能量”，总是及时地把情感系统自动地转换为价值观系统，只有等到实施某一种具体行为时，价值观系统才转换为情感系统。

情感系统与价值观系统主要有两个方面的区别：一是情感是人脑对于事物“价值率高差”（即事物的价值率与主体的中值价值率之差）所产生的主观反映，价值观是人脑对于事物“价值率”所产生的主观反映，两者相差一个“中值价值率”（或中值价值观），因此情感系统在转化为价值观系统时必须增补“中值价值率”（或中值价值观），价值观系统在转化为情感系统时必须剔除“中值价值率”（或中值价值观）；二是情感强度并不与事物的价值率高差成正比，而是与事物的价值率高差的对数成正比，因此情感系统在转化为价值观系统时必须进行“指数还原”，价值观系统在转化为情感系统时必须进行“对数转化”。

此外，价值观系统与情感系统还有一个重要区别：价值观系统通常更多地与人的逻辑思维（或关系识别）相联系，侧重于价值观的精确计算；情感系统通常更多地与人的形象思维（或模式识别）相联系，侧重于情感的模糊计算。

人通过自我意识（包括自觉感觉、自我认知和自我评价），掌握了自己的中值价值率；然后，人将以自己的中值价值率为参考体系，计算出每个事物的价值率高差，从而根据“情感强度第一定律”的原理，建立“价情转换器”和“情价转换器”；人通过“价情转换器”，将价值观数据库转化为情感数据库；人通过“情价转换器”，将情感数据库还原为价值观数据库。由此价情与情价转换器可分解为两个组成部分：价情转换器与情价转换器。

1. 价情转换器的工作流程

“自我中心系统”的计算结果，构建“价情转换器”，以实现价值观数据库向情感数据库的转换。这个转换过程可分为两个步骤：

（1）将价值观转化为价值观高差。价值观数据库已经实现了从价值率向价值观的转换，由于价值观是人脑对于价值率的主观反映，因此价值观近似等于价值率，价值观高差近似等于价值率高差。价值率在扣减了中值价值率或中值价值观以后就形成了价值率高差，价值观在扣减了中值价值率（或中值价值观）以后就形成了价值观高差，价值观转化为价值观高差的过程实际上就是价值率转化为价值率高差的过程。

（2）将价值观高差转换为情感强度。价值观高差近似地等于价值率高差，然后根据“情感强度第一定律”可将价值率高差转换为情感强度。

总之，价情转换器的工作流程是：

$$\omega \rightarrow \Delta\omega \rightarrow \Delta\Psi \rightarrow \mu$$

2. 情价转换器的工作流程

根据“自我中心系统”的计算结果，构建“情价转换器”，以实现情感数据库向价值观数据库的转换。这个转换过程可分为两个步骤：

（1）将情感强度转换为价值观高差。根据“情感强度第一定律”可将情感强度转换为价值率高差。

（2）将价值观高差转化为价值观。价值率高差近似地等于价值观高差，价值观高差在补入中值价值率（或中值价值观）以后，就形成了价值观。

总之，情价转换器的工作流程是：

$$\mu \rightarrow \Delta\Psi \rightarrow \Delta\omega \rightarrow \omega$$

九、价意转换与意价转换

“行为价值观”是人脑对于行为的价值率所产生的主观反映，它是“价值观”的基本组成部分；意志是人脑对于行为的价值率高差所产生的主观反映，它也是情感的组成部分。因此，行为价值观与意志的关系完全等同于价值观与情感的关系。

意志与行为价值观虽然都是人脑对于自身行为价值关系的主观反映，但是这两者有不同的生理功能：意志系统是人类行为的直接驱动系统，它时刻准备来启动或激发人的某一行为模式，时刻处于“预准备”状态（或“一级战备状态”），因此意志系统是一个“高能耗系统”；而行为价值观系统通常只是保存着人对于各种行为的价值特性参量（特别是行为价值率参量），它通常并不直接启动和激发人的行为，平时总处于“休眠状态”，只有等到需要的时候，它才转化为意志系统，并在意志系统的运行下启动和激发人的某一行为，因此行为价值观系统是一个“低能耗系统”。通常情况下，人为了节约“能量”，总是及时地把意志系统自动地转换为行为价值观系统，只有等到实施某一种具体行为时，行为价值观系统才转换为意志系统。

意志系统与行为价值观系统主要有两个方面的区别：一是意志是人脑对于行为“价值率高差”（即行为的价值率与主体的中值价值率之差）所产生的主观反映，行为价值观是人脑对于行为“价值率”所产生的主观反映，两者相差一个“中值价值率”（或中值价值观），因此意志系统在转化为行为价值观系统时必须增补“中值价值率”（或中值价值观），行为价值观系统在转化为意志系统时必须剔除“中值价值率”（或中值价值观）；二是意志强度并不与行为的价值率高差成正比，而是与行为的价值率高差的对数成正比，因此意志系统在转化为行为价值观系统时必须进行“指数还原”，而行为价值观系统在转化为意志系统时必须进行“对数转化”。

人通过自我意识（包括自觉感觉、自我认知和自我评价），掌握了自己的中值价值率；然后，人将以自己的中值价值率为参考体系，计算出每个行为的价值率高差，从而根据“情感强度第一定律”的原理，建立“价意转换器”和“意价转换器”；人通过“价意转换器”，将行为价值观数据库转化为意志数据库；人通过“意价转换器”，将意志数据库还原为行为价值观数据库。由此价意与意价转换器可分解为两个组成部分：价意转换器与意价转换器。

1. 价意转换器的工作流程

根据“自我中心系统”的计算结果，构建“价意转换器”，以实现行为价值观数据库向意志数据库的转换。这个转换过程可分为两个步骤：

（1）将行为价值观转化为行为价值观高差。行为价值观数据库已经实现了从行为价值率向行为价值观的转换，由于行为价值观是人脑对于行为价值率的主观反映，因此行为价值观近似地等于行为价值率，行为价值观高差近似地等于行为价值率高差。行为价值率 Ψ 在扣减了中值价值率或中值价值观以后就形成了行为价值率高差，行为价值观在扣减了中值价值率或中值价值观以后就形成了行为价值观高差，行为价值观转化为行为价值观高差的过程实际上就是行为价值率转化为行为价值率高差的过程。

（2）将行为价值观高差转换为意志强度。行为中值价值率与事物中值价值率相同，行为中值价值观与事物中值价值观相同；行为价值观高差近似地等于行为价值率高差；然后根据“意志强度第一定律”可将行为价值率高差转换为意志强度。

总之，价意转换器的工作流程是：

$$\varepsilon \rightarrow \Delta\varepsilon \rightarrow \Delta\omega \rightarrow \Delta\Psi \rightarrow \nu$$

2. 意价转换器的工作流程

根据“自我中心系统”的计算结果，构建“意价转换器”，以实现意志数据库向行为价值观数据库的全面转换。这个转换过程可分为两个步骤：

(1) 将意志强度转换为行为价值率高差。根据“意志强度第一定律”可将意志强度转换为行为价值率高差。

(2) 将行为价值观高差转化为行为价值观。行为价值率高差近似地等于行为价值观高差；行为中值价值率与事物中值价值率相同，行为中值价值观与事物中值价值观相同；行为价值观高差在补入中值价值率（或者中值价值观）以后，就形成了行为价值观。

总之，意价转换器的工作流程是：

$$\nu \to \Delta\Psi \to \Delta\omega \to \Delta\varepsilon \to \varepsilon$$

第五章　情感的动力特性

情感的动力特性是指情感在其运行过程中所表现出的变化特性，主要包括强度性、稳定性、偏好性、细致性、层次性、效能性、周期性和时序性等八个方面。其中，情感的强度性和稳定性是情感最重要的两个动力特性，集中体现了人的主要情感个性。

由于情感是人对价值的主观反映，因此情感的动力特性在根本上取决于价值关系的变化特性，通常情况下，有什么样的价值关系的变化特性就会产生什么样的情感的动力特性。具有不同职业、年龄、性别、遗传因素、同胞排行、自然环境、社会环境、家庭环境、经济状态、文化程度、生理特性的人，其价值关系的变化特性往往不同，因此其情感的动力特性往往不同。

不过，情感的动力特性具有一定的相对独立性，总是或多或少地偏离价值关系的变化特性。情感个性既具有一定的可变性，又具有一定的稳定性，有些人的情感个性一旦形成，终身都难以改变。

情感的每个动力特性都无所谓好坏之分，关键在于如何运用它。同一动力特性在某一场合可能会产生负价值，则会表现出优良的动力特性；在另一场合可能会产生正价值，则会表现出不良的动力特性。

第一节　情感的强度性

情感的强度性是指人对事物所产生的选择倾向性，它是情感最重要的动力特性，决定着人的思维、行为和生理活动的驱动力大小，在根本上决定和制约着情感的其他动力特性。

一、情感强度与价值强度

情感是人脑对于事物的价值关系所产生的主观反映，情感最基本的功能是帮助人类如何正确地识别算事物的价值率。根据“情感强度第一定律”，对于相同的价值率高差，拥有不同情感强度系数 K_m 的人将会产生不同的情感强度 μ。由此提出价值强度的概念：

价值强度： 事物的价值率高差（即事物的价值率与主体的平均价值率之差）就是价值强度，用来 $\Delta\Psi$ 表示。

价值强度反映了事物对于人的价值意义，显然，$\Delta\Psi$ 越大，人作用于该事物以后，就会得到越大的价值增长率，因而反映了事物对于人的价值强度性，因此 $\Delta\Psi$ 也称为事物的价值强度。

虽然情感强度随着价值强度的增长而增长，但是人的情感强度并不与事物的价值强度成正比，而是一种非线性的对应关系，即情感强度与价值强度的对数成正比。

二、理想情感强度与实际情感强度

情感的最基本功能是帮助人如何正确地识别事物的价值率高差，但是由于情感识别机制的局限性，人不可能完全准确地识别事物的价值率高差，总会存在或多或少的差异。

显然，人对于事物的价值率高差所产生的实际情感强度总是围绕理想情感强度上下波动。如果人的实际情感强度大于理想情感强度时，就难以适度地控制自己的行为力度，通常表现为态度粗暴、行为急躁、克制力差等个性缺点；如果人的情感强度小于理想情感强度时，就难以有效地对客观事物的价值关系施加影响，通常表现为软弱涣散、缺乏战斗力等个性缺点，这两种倾向都有一定的危害性，都会降低人的行为价值率；只有当人的情感强度等于理想情感强度时，情感的强度正好与事物的价值率高差的对数成正比，其行为活动才能达到最大的价值率，只有在这种情感强度的驱动下所产生的行为才是准确的、有效的，才能获取最大的价值效益。

三、情感的体验强度和表达强度

情感的强度又可细分为情感的体验强度和情感的表达强度性（或情感的表现强度）。

一般来说，情感的体验强度与情感的表达强度基本相一致，从而使他人在与自己的社会交往过程中能够正确地识别自己的价值关系（价值需要与价值状态），有利于社会交往（即社会分工与合作）的顺利进行。当情感的体验强度大于情感的表达强度时，表现为“玩深沉”“喜乐不露于形”等，常见于男人、老人、高文化素质的人、高社会地位的人、处于复杂环境的人；当情感的体验强度小于情感的表达强度时，表现为“故作姿态”“喜形于色”“得意忘形”等，常见于女人、小孩、低文化素质的人、低社会地位的人、处于简单环境的人。

第二节　情感的稳定性

宏伟的事业往往需要稳定而持久的热情，凡是成就大业的人都具有坚持不懈、勇往直前的顽强毅力，都具有不怕艰难困苦、不怕流血牺牲的高贵品质，都具有始终不渝的崇高信念。如果一个人没有稳定而持久的热情，“三天打鱼，两天晒网”，那么他必定一事无成。稳定性是情感的第二重要的动力特性，与情感的灵活性相对立。

一、情感稳定性与价值稳定性

情感以价值为基础，价值关系的稳定性在根本上决定着情感的稳定性。人为了更准确地反映事物的真实价值，就应该使其情感的变化速度与价值关系的变化速度相吻合。如果人的情感稳定性大于其价值稳定性，情感的变化速度赶不上价值关系的变化速度，就不容易根据事物及环境条件的变化及时地调整自己的行为方式和行为目标，通常表现为思想僵化、行为保守、安于现状、兴趣单一等缺点；如果人的情感稳定性小于其价值稳定性，情感的变化速度要高于价值关系的变化速度，就会过分频繁地、过度敏感地变更自己的行为方式和行为目标，通常表现为见异思迁、意志薄弱、喜乐无常、兴趣多变等缺点。这两种倾向都有一定的危害性，都会降低人的行为价值率。只有当人的情感稳定性等于其价值稳定性时，情感的变化正好与价值关系的变化相吻合，其行为活动才能达到最大的价值率。

通常情况下，当人处于相对易变的自然环境或社会环境时，事物的价值关系也相对易变，其情感稳定性就应该低一些，反之就应该高一些。不同职业往往需要不同的情感稳定性：演员需要有较低的情感稳定性，以确保自己适应戏剧中所扮演角色的情绪变化，并在不同戏剧中从容地变换角色；政治家往往需要有较高的情感稳定性，以确保自己在政治活动中立场坚定、旗帜鲜明；外交人员往往需要有较高的情感稳定性，以确保自己在外交活动中不会举止失态。

二、情感的稳定性与灵活性

情感的稳定性与灵活性是一对矛盾，各有利弊，具体表现在以下几点：

一是情感稳定性较高的人往往容易成就大事，也容易酿成大祸、铸成大错；情感灵活性较高的人往往胸无大志，但现实的生存能力较强。

二是情感稳定性较高的人往往具有较强的改造世界的能力；情感灵活性较高的人往往具有较强的适应世界的能力。

三是情感稳定性较高的人往往爱好与兴趣单一，但造诣较深，特长突出；情感灵活性较高的人往往爱好兴趣广泛，但并无突出特长。

四是情感稳定性较高的人往往意志坚强，但顽固不化；情感灵活性较高的人往往灵活善变，但意志薄弱。

五是情感稳定性较高的人往往沉着稳重，但容易给人以因循守旧、僵化呆板的印象；情感灵活性较高的人往往处事灵活，但容易给人以不安分、不可靠的印象。

六是情感稳定性较高的人往往不忘老朋友，但难以结交新朋友；情感灵活性较高的人往往容易结交新朋友，但也容易忘记老朋友。

七是情感稳定性较高的人往往对爱情忠贞不渝，但容易死守已经死亡的爱情；情感灵活性较高的人往往喜新厌旧，但容易及时调整和改善夫妻关系、家庭关系。

三、正确处理情感的稳定性与灵活性

一个人要想正确处理情感稳定性与灵活性之间的矛盾，使自己既能成就大事又不至于铸成大错，既有很强的改造世界的能力又有很强的适应世界的能力，既能爱好广泛又有突出特长，既沉着稳重又灵活善变，既结交新朋友又不忘老朋友，就必须坚持以下原则：

一是对于高价值层次的事物（如荣誉、自尊和社会形象等）应具有较高的情感稳定性，对于低价值层次的事物（如饮食、服饰、用具等）应具有较高的情感灵活性。

二是对于长远利益和整体利益应具有较高的情感稳定性，对于眼前利益和局部利益应具有较高的情感灵活性。

三是在大的原则问题上应具有较高的情感稳定性，对于小的枝节问题上应具有较高的情感灵活性。

四是在稳定安宁的社会环境应该保持较高的情感稳定性，在动荡不安的社会环境应该保持较高的情感灵活性。

五是对于重感情、讲信任、素质高、能力强的朋友应该珍惜与他的友谊，对于见异思迁、耍滑头、素质低、能力差的朋友应该淡化或及时调整与他的友谊。

六是对于经久不衰、有强大生命力的事物应具有较高的情感稳定性，对于昙花一现、没有生命力的事物应具有较高的情感灵活性。

七是对于工作内容、工作对象和工作环境相对稳定的人应具有较高的情感稳定性，对于工作内容、工作对象和工作环境相对多变的人应具有较高的情感灵活性。

四、情感稳定性的定义

情感强度的波动性与稳定性可以采用波动度和稳定度来分别描述。

情感波动度：情感强度的概率方差。

情感稳定度：情感波动度的倒数。

人对于不同事物的情感，有着不同的情感波动性。人对于所有事物的综合情感的波动性取决于各个事物的情感波动性的叠加。可以证明（从略）：如果所有事物都是彼此独立的，那么情感的综合波动度等于各个事物的情感波动度与作用系数之乘积的代数和。

事物的作用系数越大，该事物的作用规模在整个作用规模中所占的比重就越大，其情感波动性对综合情感的波动性的影响就越显著，因此具有重大价值的事物的情感波动性（或稳定性）在很大程度上决定着综合情感的波动性（或稳定性）。

五、情感稳定性的生理机制

人的一切生理、行为和思维活动的调节与控制可通过两种手段来实现，一种是神经调节手段，另一种是体液调节手段。人的情感活动是思维活动的重要组成部分，其调节与控制也可通过这两种手段来实现。

情感的兴奋程度和兴奋性质分别通过大脑网状结构和边缘系统来调节与控制，情感的神经调节是大脑皮层或大脑其他神经组织把神经冲动传播到大脑网状结构和边缘系统，并对其功能状态产生影响，从而起到调节情感的作用；情感的体液调节是大脑和内脏的体液分泌组织把体液传播到大脑网状结构和边缘系统，并对其功能状态产生影响，从而起到调节情感的作用。

神经冲动的传播速度快，其消失速度也快，神经调节所控制的情感具有高灵活性和低稳定性的特点；体液腺体的分泌和传播的速度慢，其消失速度也慢，体液调节所控制的情感具有低灵活性和高稳定性的特点。因此人的情感稳定性可以由神经调节与体液调节在整个情感控制过程中所占的不同比重来决定：当神经调节占优势时，人的情感灵活性就较高；当体液调节占优势时，人的情感稳定性就较高。

六、情感个性的基本类型

情感个性是指情感活动的动力特点。由于气质类型是指人的所有活动的动力特点，情感活动的动力特点只是人的所有活动的动力特点的一种具体表现，因此情感个性与气质类型基本相同。

心理学关于气质的分类有“气质五行说”“气质的体液说”“气质的体型说”“气质的血型说”“气质的激素说”和“气质的高级神经活动类型说”五种典型的理论与假说。其中，“气质的体液说”根据四种体液（血液、黏液、黄胆汁、黑胆汁）的混合比例中哪一种占优势，把人的气质分为多血质、黏液质、胆汁质、抑郁质四种类型。巴甫洛夫的“气质的高级神经活动类型说”

根据高级神经活动的三个基本特征（即兴奋与抑制过程的强度，兴奋与抑制过程的平衡性，兴奋与抑制过程的灵活性）的不同组合，把人的气质划分为强而不平衡型、强而平衡且灵活型、强而平衡且不灵活型、弱型四种基本类型。然而，这两种理论都是片面的："气质的体液说"孤立地、片面地强调体液分泌活动对气质的决定作用；"气质的高级神经活动类型说"则孤立地、片面地强调高级神经活动对气质的决定作用。

事实上，情感个性或气质类型是由情感强度性与情感稳定性两个基本参量来决定，情感强度性取决于大脑皮层各兴奋灶与边缘系统（主要是杏仁体）神经联系的强弱，情感稳定性取决于神经调节或体液调节的优势情况。根据这两个基本参量的不同取值，人的情感个性可分为四种基本类型。

1. 多血质情感

强兴奋联系为主、神经调节为主，即情感强度性较高但情感稳定性较低。有这种情感个性的人容易兴奋与激动，但又容易消退下去。

2. 胆汁质情感

强兴奋联系为主、体液调节为主，即情感强度性较高且情感稳定性较高。有这种情感个性的人容易兴奋与激动，而且不容易消退下去。

3. 抑郁质情感

弱兴奋联系为主、神经调节为主，即情感强度性较低且情感稳定性较低。有这种情感个性的人容易抑制自己的情感，但这种抑制又容易消退下去。

4. 黏液质情感

弱兴奋联系为主、体液调节为主，即情感强度性较低但情感稳定性较高。有这种情感个性的人容易抑制自己的情感，而且这种抑制不容易消退下去。

具有多血质与抑郁质情感个性的人对于多变事物和多变环境具有良好的应变能力，容易接受新生事物；具有胆汁质与黏液质情感个性的人则善于继承传统事业，遵律守法，讲究伦理道德。具有胆汁质与多血质情感个性的人善于调动自己的积极性和工作热情，容易抓住发展机遇，但他们的突击力有余而耐心力不足，容易疲劳而不善于做长久的工作；具有抑郁质与黏液质情感个性的人则善于抑制自己的感情，善于有计划地、细水长流地利用自己的力量与财富，持之以恒地从事那些细致、重复、持久、枯燥无味的工作。

第三节　情感的偏好性

每个人都有不同于他人的情感偏好，正所谓"萝卜白菜，各有所爱"，"打锣卖糖，各爱各行"，构成了人类社会丰富多彩、千变万化的情感世界，这就是人的情感偏好性。

一、情感偏好性的三种类型

根据所指事物的不同类型，情感的偏好性可表现为三种基本形式：

1. 喜欢

它是指人对于生理性事物的特殊选择倾向性。例如，喜欢吃辣椒，喜欢幽静的环境，喜欢鲜花等。

2. 爱好

它是指人对于行为性事物的特殊选择倾向性。例如，爱好打球，爱好下棋，爱好旅游，爱好聊天，爱好管闲事等。

3. 兴趣

它是指人对于思维性事物的特殊选择倾向性。例如，对时事新闻感兴趣，对数学感兴趣，对时装感兴趣，对戏曲感兴趣等。

二、情感偏好性的关联性与相对性

1. 情感偏好性的关联性

由于许多事物的价值功能都是关联的，同时具有生理性价值功能、行为性价值功能和思维性价值功能，因此情感偏好性必然具有关联性，即喜欢、爱好和兴趣这三者往往是相互渗透、相互影响的。例如，爱欢旅游往往包含着喜欢自然风景、爱好体育运动、对文物古迹感兴趣三种偏好性方面的内容。

2. 情感偏好性的相对性

情感的偏好性具有相对性，人人都喜欢的东西就不是情感的偏好性，情感的偏好性是指人相对于他人对于同一事物的不同态度，是指人相对于他人的不同情感取向。

三、情感偏好性的价值本质

情感的偏好性是指人对于某些事物的特殊强烈的、相对稳定的选择倾向性，包括人对于事物的特殊态度、特殊原则、特殊看法、特殊欲望、特殊行为取向等，它是情感强度性的一种特殊表现形式。

由于情感是人脑对于事物价值关系的主观反映，情感强度取决于事物的价值率高差，因此情感的偏好性反映了一个人相对于他人在某些方面的价值强度的差异性和特殊性，由此得出：

情感偏好性的价值本质：情感偏好性反映了人与人之间对于某些事物的价值强度的差异性和特殊性。

四、情感偏好性的社会作用

正向的情感偏好性有两个社会作用：

1. 提高人的主动性和积极性

情感的偏好性能够使人的工作目标更加明确，工作动力更加强大，并使人能够自觉克服各种艰难困苦，获取工作的最大成就，并能在活动过程中不断体验成功的愉悦。

2. 增强社会劳动能力和消费能力的互补性

正是由于人与人之间存在价值强度的差异性和特殊性（或情感偏好性），人们才能各自拥有并发展不同于他人的能力、素质和特长，才能有效提高整个社会的劳动能力和消费能力的互补性。

五、情感偏好性的形成过程

情感偏好性的形成往往是一个逐渐强化的过程。例如，小孩在哭的时候，如果他的需要能够通过哭来得到满足，那么他将逐渐成为一个易哭的人；小孩在欺负其他小孩时，如果没有得到应有的训斥或惩罚，甚至还得到某种赞许，那么他将逐渐强化这种欺负行为；如果小孩在数字游戏过程中取得了成功，并赢得了赞许和羡慕，那么他对数学的兴趣将会越来越浓。

如果一个人的情感偏好性能够在今后的社会生活中使他产生额外的价值收益，那么这种情感偏好性将会得到逐渐强化，其最后的结果，将会逐渐转化成为他的特长和主要生存手段。如果一个人的情感偏好性在今后的社会生活中使他产生额外的价值损失，那么这种能够情感偏好性将会得逐渐弱化，以至最后消失。

不过，喜欢、爱好和兴趣如果得到极端的激发和强化，将会发展成为一种痴迷和狂热。

六、不良的情感偏好性

一般的人总是会逐渐发展和强化那些有利于自己生存和发展的情感偏好性，总是会逐渐调整和改变那些不利于自己生存和发展的情感偏好性。也就是说，人通常不会盲目地偏好某种事物，而是有目的地、有针对性地偏好那些具有潜在的生存优势和发展前途或者符合自己内在需要的事物，这样的情感偏好性才具有真正的客观价值，才不至于成为一种盲目的情感。

然而，有些情感偏好性由于得到了过度的刺激强化，已经具有了相当高的稳定性，一旦形成了就很难改变，即使本人已经意识到了这种情感偏好性的弊端，也无法控制自己去改变它，这就是“不良嗜好”。

特别是当人受到了强烈的精神刺激和严重的精神类药物（如兴奋剂、毒品等）的刺激，使人产生了高度的精神依赖性和药物依赖性，人就很难去控制和改变它。

有时候，由于人的认识能力的局限性和社会的价值效果反馈的迟滞性，人往往没有意识到有些情感偏好的巨大负面价值效应，而是在一种模糊的或本能的情感的驱动下，自发地建立、维护和发展一些不良的情感偏好，并为之付出代价。

第四节　情感的细致性

人对于价值关系的认识能力是有限的，当事物价值关系的变化十分微小时，人就无法进行感知和分辨。显然，人所能感知和分辨到的价值关系变化的最小值（即价值率的最小变化值）构成了情感的细致性。情感的细致性反映了人对于价值关系的认识细致性，它是情感的第三个重要的动力特性，与情感的粗犷性相对应。

一、情感细致性与情感粗犷性

情感是人脑对于价值关系的主观反映，情感只有准确地反映事物的价值关系，才能正确地指导自己的行为，使自己的价值资源产生最大的价值增长率。

对于价值关系的准确认识包括两个方面：一是对于价值关系细微变化的准确认识；二是对于价值关系重大变化的准确认识。表现在情感上的动力特性是：情感的细致性与情感的粗犷性。

情感的细致性：体现了人对于价值关系细微变化进行准确认识的动力特性。

情感细致性较高的人能够准确地识别事物价值关系的细微变化，从而有利于准确地把握自己的细节行为，提高细节行为的准确性和效率性。但是如果人的情感细致性过分高时，就会超出现实的生存需要，从而表现为婆婆妈妈、大惊小怪等情感缺点。

情感的粗犷性：体现了人对于价值关系重大变化进行准确认识的动力特性。

情感粗犷性较高的人能够准确地识别事物价值关系的重大变化，从而有利于准确地把握自己的重大行为，提高重大行为的准确性和效率性。但是如果人的情感粗犷性过分高时，就会超出现实的生存需要，从而表现为粗心大意、不拘小节、麻木不仁等情感缺点。

一般来说，人对于价值关系的认识能力总是有限的，情感细致性较高的人往往其情感粗犷性就较低，情感粗犷性较高的人往往其情感细致性就较低。

二、情感细致性与认知细致性

事物的一切关系可分为事实关系与价值关系两大类，人的认识能力也相应地分为认知能力与评价能力。其中，认知能力反映了人对于事实关系的认识能力，评价能力反映了人对于价值关系的认识能力。评价能力可分为情感能力与价值观能力。其中，情感能力是人脑对于相对性价值关系的认识，价值观能力反映了人脑对于绝对性价值关系的认识。

认识的细致性反映了人脑对于事物关系的细微变化的认识能力，它可分为情感的细致性与认知的细致性。其中，认知的细致性反映了人脑对于事实关系的细微变化的认识能力，情感的细致性反映了人脑对于（相对性）价值关系的细微变化的认识能力。

一般来说，人的精力和认识能力都是有限的：一部分人侧重于关注和识别事实关系的细微变化，而忽略其价值关系的细微变化，并有着较强的认知细致性；另一部分人侧重于关注和识别价值关系的细微变化，而忽略其事实关系的细微变化，并有着较强的情感细致性。

通常情况下，当人的工作对象或生活环境主要是"物"时，人对事实关系的反映较为敏感，对价值关系的反映较为迟钝，从而表现出较好的认知细致性和较差的情感细致性；当人的工作对象或生活环境主要是"人"时，人对价值关系的反映较为敏感，对事实关系的反映较为迟钝，从而表现出较强的情感细致性和较差的认知细致性。

情感的细致性与认知的细致性是一对矛盾，各有利弊，具体表现在以下几个方面：

一是情感细致性较高的人往往对于社会事务的办事能力强，且周到、细致和稳妥，容易与人相处，人际关系较好，但其认知的细致性通常较差，专业技术水平较差；认知细致性较高的人往往对于自然事务的办事能力强，专业技术水平高，但其难以与人相处，人际交往能力差，人际关系紧张。

二是情感细致性较高的人往往具有较强的适应社会和改造社会的能力；认知细致性较高的人往往具有较强的适应自然和改造自然的能力。

三是情感细致性较高的人往往情感细腻而丰富，生活富有情调和乐趣；认知细致性较高的人往往思维严谨而客观，反映敏捷而活跃，认识深刻而全面。

三、情感敏感度

情感的细致性可以采用情感敏感度来描述：

情感敏感度：能够使人产生情感变化的最低价值率变化量。

显然，人对于不同的事物有着不同的情感敏感度，人对于所有事物的综合情感敏感度取决于各个事物的情感敏感度的叠加。可以证明（从略），如果所有事物都是彼此独立的，那么情感的综合敏感度等于各个事物的情感敏感度与作用系数之乘积（绝对值）的代数和。

事物的作用系数越大，该事物的作用规模在整个作用规模中所占的比重就越大，其情感敏感度对于综合情感敏感度的影响就越显著，因此人对具有重大价值的事物的情感敏感度在很大程度上决定着人的综合情感敏感度。

第五节　情感的层次性

人的情感系统有着十分复杂、严密而有序的层次结构，各层次之间有着严格的逻辑递进关系，且每个层次又分为两类相对独立的情感。情感是人脑对于价值关系的主观反映，情感的客观目的在于满足人的价值需要，因此情感的层次结构在根本上取决于价值的层次结构。

一、价值的层次结构

统一价值论认为，一切形式的价值可分为使用价值与过渡性价值。其中，使用价值可分为消费性使用价值与生产性使用价值，消费性使用价值可分为食物类价值、温饱类价值、安全与健康类价值、人尊与自尊类价值，生产性使用价值可分为个体性使用价值、社会性生产价值；过渡性价值可分为生物化学能、生理潜能、劳动潜能、劳动价值四种形式。归纳起来，如果不考虑过渡性价值，价值（即使用价值）可分为四个基本层次。

1. 代谢性价值

食物类价值的客观目的在于（经过代谢性消费过程）转化为生物化学能。

2. 生理性价值

温饱类价值的客观目的在于（经过生理性消费过程）转化为生理潜能。

3. 个体性价值

包括个体性消费价值（安全与健康类价值）与个体性生产价值两种类型。其中，个体性消费价值的客观目的在于（经过个体性消费过程）转化为劳动潜能，个体性生产价值的客观目的在于（经过个体性生产过程）对劳动潜能产生放大效应。

4. 社会性价值

包括社会性消费价值（人尊与自尊类价值）与社会性生产价值两种类型。其中，社会性消费价值的客观目的在于（经过社会性消费过程）转化为劳动价值，社会性生产价值的客观目的在于（经过社会性生产过程）对劳动价值产生放大效应。

二、各层次情感的相互关系

情感是价值关系在人脑中的主观反映，既然价值可分为四个基本层次，那么情感相应地分为以上四个基本层次：社会性情感、个体性情感、生理性情感、代谢性情感。其中，社会性情感是人脑对于社会性价值所产生的主观反映，个体性情感是人脑对于个体性价值所产生的主观反映，生理性情感是人脑对于生理性价值所产生的主观反映，代谢性情感是人脑对于代谢性价值所产生的主观反映。

各层次情感之间的相互关系在根本上取决于各层次价值之间的相互关系。

一是高层次情感必须建立在低层次情感的基础之上。只有当低层次情感得到满足后，高层次情感才会逐渐形成和发展起来；低层次情感如果长期得不到满足，则高层次情感就不会稳定下来，迟早是要衰退和消失的，这是因为高层次价值最终必须通过低层次价值才能体现出来。

二是高层次情感可以对低层次情感产生反作用。高层次情感可以在一定程度上制约、诱导、抑制、转移和化解较低层次情感，这是因为高层次价值的产生与发展来自于对低层次价值的合理筛选、有机组合和协调运作。

三是高层次情感比低层次情感具有更大的能动性。低层次情感具有很大的自发性、本能性和稳定性，不容易受意志的控制，只有高层次情感具有较强的主观能动性，这是因为价值的层次越高，价值所覆盖的时空范围就越广泛，价值所表现的具体形态就越复杂多变，就需要越高的主动性、预见性和创造性，从而需要越多的理性思维和主观意志进行参与。

四是高层次情感比低层次情感具有更大的差异性、波动性和干扰性。高层次情感的激发条件、运行程序、目标指向和持续时间等较容易受外界因素的影响，并且容易产生较大的波动，这是因为价值的层次越高，其变量因素就越多，受外部因素和内部因素影响的可能性就越大，影响的程度就越高，从而具有较大的波动性和干扰性。

五是高层次情感具有较强的容他性、利他性和共享性。情感的层次越高，就越是关心他人的疾苦，就越是关心全社会的利益，就越是关心共同生存的自然环境和社会环境，就越是与社会情感融合在一起，就越能够“先天下之忧而忧，后天下之乐而乐”，就会有越多的关爱，这是因为高层次价值代表着全面的、长远的、全社会的利益，它建立在低层次价值的基础之上，涵盖着众多局部的、眼前的、个人的利益，从而与他人利益及社会利益有较强的相关性和一致性。

六是高层次情感相对于低层次情感具有一定的相对独立性。主要表现在两个方面：一方面是时间上的相对独立性。低层次情感得到满足后，高层次情感还不能马上出现，需要延迟一段时间，个别情况下高层次情感甚至永远不会出现；低层次情感严重受挫时，高层次情感也不能马上随之消失，也需要延迟一段时间，个别情况下高层次情感甚至永远不能消失。例如，长期得不到温饱的人一旦富裕起来，就容易把钱用于物质方面的奢侈与挥霍，而不会把钱用于高层次精神文化的享受，或用于社会福利和慈善事业。又如，长期享受较多社会荣誉的人，在饥饿面前往往不会向他人乞讨。另一方面是功能目的上的独立性。高层次情感的原始本质虽然是为满足低层次情感服务，是为了更可靠、更充分地满足低层次的情感需要，但是有时候人为了满足高层次情感的需要往往不顾及甚至完全牺牲低层次的情感需要。

第六节　情感的效能性

情感的内心体验无论是愉快的还是不愉快的，无论是强烈的还是微弱的，都只是情感的主观效应，都不是情感的客观目的。情感只有转化为实际的行为驱动力，并作用于一定的事物，使之产生价值增值，才具有实际的意义。情感的效能性就是指人的情感在转化为行为驱动力时所表现出的动力特性。

一、情感效能性的内涵

对于相同的情感强度，不同的人将会产生不同强度的行为驱动力：有些人情感反应很微弱但行为反应很强烈；有些人虽然情感反应很强烈，但往往只停留在情感的内心体验上，很少付诸行动。这种差异就是情感效能性上的差异，可以采用单位情感强度所产生的行为驱动力来区分。

那么行为驱动力又怎样衡量呢？统一价值论认为，人的行为活动在本质上都是价值资源的投入产出过程，其规模或力度可以采用单位时间所投入的价值量来衡量，因此可以对行为驱动力作出如下定义：

行为驱动力：人在某情感的驱动下单位时间所增加或减少投入的价值量，称该情感所产生的行为驱动力，用 F_n 表示。

这里要注意两点：一是情感所产生的行为驱动力并不是指价值资源的总投入规模，只是指在原有投入规模的基础上增加或减少的投入规模，只有当原来的投入规模为零时，行为驱动力才等于现有的投入规模；二是行为驱动力所支配的价值既可以消费性价值，也可以是生产性价值，还可以是过渡性价值。

二、情感效能系数

情感的效能性可以采用情感效能系数来描述。那么能否直接用行为驱动力与情感强度的比值来定义情感效能系数呢？回答是否定的，因为经验表明，这样定义出来的情感效能系数对于一般人来说并不是一个常量，它会随着情感强度的增长而迅速提高，因而不便于对人的情感效能性做准确的比较和度量。

可以证明（从略）：人的行为驱动力只有与事物的价值率高差成正比时，才能最迅速而有效地进行价值资源的合理分配。再根据“情感强度第一定律”可知，情感强度与事物的价值率高差的对数成正比，则情感强度应该与行为驱动力的对数成正比，其比例系数反映了人的情感强度转化为行为驱动力的效能性，因此可以对情感效能系数作出如下定义：

情感效能系数：行为驱动力的对数与情感的强度之比值，称为该情感的效能系数。

显然，当情感效能系数不变时，行为驱动力随着情感强度的增长而成指数增长。当 $\mu=0$ 时，有 $F_n=0$，这表明当情感强度为零时，人就不再增加对该事物的价值投入规模；当情感强度为负值时，行为驱动力也为负值，此时，人将减少对该事物的价值投入规模。

三、行为反应系数

根据情感强度第一定律以及情感效能系数的定义，可以证明，当事物的价值率高差很小时，行为驱动力与事物的价值率高差成正比，即

$$F_n = K_m \times K_n \times \Delta\Psi$$

可以看出，$K_m \times K_n$反映了人对于事物的价值率高差的行为反应关系，它由两部分构成：一部分是情感强度系数，它表示事物的价值率高差转化为情感强度的指数关系（或倍数关系）；另一部分是情感效能系数，它表示情感强度转化为行为驱动力的指数关系（或倍数关系）。由此提出行为反应系数的概念：

行为反应系数：情感强度系数与情感效能系数之乘积称为行为反应系数，用 K_{Mo}来表示，即

$$K_{mo} = K_m \times K_n$$

则

$$F_n = K_{mo} \times \Delta\Psi$$

根据上式可以看出：当行为反应系数不变时，提高情感强度系数，就必然会降低情感效能系数；相反，提高情感效能系数，就必然会降低情感强度系数。一般来说，那些容易情绪化的人，其情感强度系数较高，其情感效能系数较低；那些理性化的人，其情感效能系数较高，其情感强度系数较低。

在一定的社会环境里，人的行为反应系数应该维持在一个最佳状态，才

能使自己的行为达到最佳的价值效应。当人的行为反应系数过大时，人对应于相同的价值率高差将会产生过大的行为驱动力，导致向该事物的价值投入速度增长过猛，容易产生“一轰而上”“重复建设”“盲目上马”等现象，其结果是该事物的价值率高差迅速下降，并在惯性的作用下转化为负的价值率高差，又迫使人形成负的行为驱动力来消除负的价值率高差，这个波动过程可能持续好几个回合才能结束，从而造成价值资源的巨大浪费；当人的行为反应系数过小时，人对应于相同的价值率高差将会产生过小的行为驱动力，导致向该事物的价值投入速度增长过慢，从而容易失去快速发展的好机遇。因此，对于一定的生产力发展水平，人的行为反应系数存在一个最佳值。一般来说，社会的开放程度越高，社会生产力的发展水平越高，价值资源的流动性越好，社会的最佳行为反应系数就越大。

在一定的社会历史条件下，人为了使自己的行为反应系数维持在最佳状态，往往在自己的情感强度系数较大时就把情感效能系数调得较小，往往在自己的情感强度系数较小时就把情感效能系数调得较大，其结果是：有些人的情感反应很强烈，但行为反应不显著，他们通常“雷声大，雨点小”；有些人情感反应不强烈，但行为反应比较显著，他们通常“雷声小，雨点大”。

第七节　情感的周期性

情感的周期性是指情感的某些动力特性（如强度性、稳定性、偏好性、效能性等）随着时间的变化而呈现周期性的变化，它像一座时钟准确地制约和控制着人的感情、欲望与情绪的变化，因而被称之为情感生物钟。

一、情感周期性的客观动因与生理机制

由于情感的本质是人脑对于价值关系的主观反映，情感与价值的关系在本质就是主观与客观的关系，因此情感周期性的客观动因来自于价值关系的周期性变化：一方面，人体内的所有细胞和生理器官都进行周期性的运动转换和功能转换，如心脏的跳动、血液的流动、呼吸的转换、体液的排泄、激素的分泌、睡眠与觉醒、体温的变化等，导致了人的价值关系的周期性变化；另一方面，任何人都生活在周期性变化的自然环境里，人的价值关系也会受其影响而产生周期性变化。

情感周期性的生理机制是：大脑下丘脑垂体的生物时钟与边缘系统（主要是杏仁体）存在着固定和暂时的神经联系，从而周期性地改变情感的某些动力特性（特别是强度性和稳定性）。反过来，如果在外部或内部因素的诱发下，人的情感发生了周期性变化，就会在大脑边缘系统（主要是杏仁体）与

下丘脑垂体的生物时钟之间建立了某种很弱的暂时神经联系，这种暂时神经联系随着发生次数的不断增长而不断得到强化，逐渐发展成为稳定的情感周期性。

二、情感周期性的意义

情感的周期性使人能够产生以时间为周期性条件刺激物的情感条件反射，即形成以时间为诱因的情感动力定型，它可使大脑神经系统免除一些不必要或不重要的情感活动，减少大脑神经系统的能量耗费与功能耗费，还可保证大脑神经系统的情感活动不受次要因素的干扰，从而提高情感活动的准确性与有效性。

如果原有的情感周期性受到破坏，在新的情感周期性建立之前，人的情感活动的强度将会迅速增长，多余的或不重要的情感大量产生，情感与价值之间的误差大幅度提高，情感的准确性和效能性也大大下降。而且情感的周期性与人的其他活动的周期性往往是密切相关的，因此情感周期性的破坏势必引起其他活动周期性的破坏，增加能量耗费，降低功能特性。

三、情感周期性的影响因素

情感周期性的影响因素分为四大类：

1. 外部环境的变化

外部环境的周期性不同，人的情感周期性也不同。例如，在四季气候比较分明的地区，人的情感年周期性通常比较明显，在四季气候比较含糊的地区，人的情感年周期性通常比较含糊。到国外考察或旅游，可能会发生时区变化，人的生活规律必将发生变化，人的情感日周期性也将发生微小变化。

2. 生活与工作程序发生变化

人的生活与工作程序的周期性决定着人的行为、思维和生理活动的周期性，因此在很大程度上制约和影响着人的情感周期性。人如果从事某种作息时间经常变动的工作，如值夜班，实行三班轮换工作制等，他原有的情感日周期性将会受到破坏；人如果长期从事某种特定作息时间的工作，如天天值夜班，经过充分长的时间以后，他将逐渐建立一个新的稳定的情感日周期性；由（一周）六天工作制改为五天工作制后，人的情感周周期性也会发生相应的变化。

3. 生理器官的功能发生变化

如果某些生理器官发生病变、受到药物作用、受到物理或化学刺激后，其功能特性发生了变化，情感的周期性也将发生变化。例如，妇女的生殖系统在受到病菌感染、药物作用后，其月经周期可能会产生紊乱，她的情感月周期性也可能会发生紊乱。

4. 精神诱导与精神刺激

人若受到强烈的精神刺激，产生强烈的情绪波动和情绪紊乱，其情感周期性可能发生变化。

四、情感的周期性表现

情感的周期性主要表现在五个方面：

1. 情感日周期

情感日周期是指人的情感以 24 小时为一个周期进行变化。不同作息日程的人往往具有不同的情感日周期，一般人的情感在一天中的周期变化大致是：7 点以前，情绪低潮；7 点至 10 点，情绪兴奋而且稳定；10 点至 12 点，情绪兴奋但不稳定；12 点至 14 点，情绪低潮；14 点至 16 点，情绪兴奋而且稳定；16 点至 18 点，情绪兴奋但不稳定；18 点至 20 点情绪低潮；20 点至 22 点，情绪兴奋而且稳定；22 点以后，情绪低落。

2. 情感周周期

情感周周期是指人的情感以 7 天为一个周期进行变化。不同周工作规律的人往往具有不同的情感周周期，例如，对于工作任务繁重但家庭和睦轻松的人来说，星期一情绪低潮，星期二情绪兴奋但不稳定，星期三情绪兴奋但稳定，星期四情绪兴奋但不稳定，星期五情绪低潮，星期六情绪兴奋，星期日情绪稳定。

3. 情感月周期

情感月周期是指人的情感以 28 天左右为一个周期进行变化。情感月周期分为四个阶段：第一阶段，情绪容易兴奋但不稳定；第二阶段，情绪容易兴奋而且稳定；第三阶段，情绪容易抑制但不稳定；第四阶段，情绪容易抑制而且稳定。女性的情感月周期一般与她在生理上的月经周期相吻合，具体表现为月经期，精神不振，困倦嗜睡，性情急躁；排卵期前，情绪趋于稳定；排卵期，情绪容易兴奋；排卵期后，情绪又趋于稳定。情感月周期可能与人的生殖系统的功能状态有关。

4. 情感年周期

情感年周期是指人的情感以 12 个月为一个周期进行变化。春天时，人的情绪容易兴奋但不稳定，心情躁动；夏季时，情绪容易兴奋而且稳定；秋季时，情绪容易抑制但不稳定；冬季时，情绪容易抑制而且稳定。情感年周期主要与气候及自然环境的变化有关。

5. 情感寿命周期

情感寿命周期是指人的情感以其生命的全过程为一个周期进行变化，它实际上是指情感发生的时序性，或者是指情感随年龄的增长而变化的规律性，这将在下一节详细论述。情感寿命周期主要与人的生理器官特别是大脑神经系统及其功能的兴衰有关。

五、感、知、情、意的周期性差异及其价值根源

感觉、认知、情感与意志作为三种相对独立的心理活动，分别是对人的存在关系、事实关系、价值关系与行为关系的主观反映。由于事实关系（包括存在关系）、价值关系与行为关系存在着不同的周期性，因此认知（包括感觉）、情感和意志也必然存在着不同的周期性，主要表现在：

一是价值关系是一种特殊的、以人为本的事实关系，内含着人的许多复杂变量，它相对于一般的事实关系具有更大的变动性和模糊性，因而具有较短的运动周期；行为关系是一种特殊的、以创造为本的价值关系，内含有行为活动的许多复杂变量，它相对于一般的价值关系具有更大的变动性和模糊性，因而具有最短的运动周期。由此可见，意志的运动周期最短，情感的运动周期较长，认知的运动周期最长。

二是价值关系是在事实关系的基础上形成和发展起来的，而行为关系又是在价值关系的基础上形成和发展起来的，因此最早出现的是认知活动（包括感觉活动），其次是情感活动，最后才是意志活动。

三是从广义的角度来看，事实关系包含价值关系，价值关系又包含行为关系，认知包含最多的能力要素，情感包含较少的能力要素，意志包含最少的能力要素，因此各认知要素的高峰时间的分布范围最宽，各情感要素的高峰时间的分布范围较为集中，各意志要素的高峰时间的分布范围最为集中。

六、知、情、意的周期性差异的具体表现

由于意志能力通常表现为体力水平，认知能力通常表现为智力水平，因此认知、情感与意志的周期性差异通常表现为智力、情感与体力的周期性差异，具体表现在：

1. 日周期

在日周期中，智力各要素的高峰时间分散于几乎所有时间，情感各要素的高峰时间分布于 10 点至 22 点之间，意志各要素的高峰时间集中于上午 10 点和下午 5 点左右。

2. 月周期

在月周期中，时间长短的顺序分别是：体力的月周期为 23 天，情感的月周期为 28 天，智力的月周期为 33 天。

3. 寿命周期

在寿命周期中，高峰年龄出现的顺序分别是：体力为 25 岁，情感为 30 岁，智力为 40 岁；高峰年龄的分布范围是：体力各要素（如速度、力度、准确性等）的高峰年龄均分布在 25 岁至 30 岁之间，情感各要素（如强度性、稳定性、效能性、层次性等）的高峰年龄分布在 17 岁至 50 岁之间（如强度性为 17 岁，层次性即深刻性为 35 岁，稳定性为 50 岁），智力各要素（如记忆力、视力、听力、创造力、理解力、模糊分析力等）的高峰年龄分布在 10 岁至 60 岁之间（如记忆力为 10 岁，视力和听力为 20 岁，创造力为 35 岁，理解力为 40 岁，模糊分析力为 60 岁）。

当然，每个人都会因遗传素质、社会经历、生活习惯、工作性质、身体状态等因素的影响，其认知、情感与意志的周期性和高峰年龄有所不同。

七、智力周期性与意志周期性

智力周期性的生理机制是：大脑下丘脑垂体的生物时钟与大脑皮层存在着固定和暂时的神经联系，使之以时间为控制变量来周期性地改变大脑皮层的工作状态，从而周期性地改变智力的某些特征参量。反过来，如果在外部或内部因素的诱发下，人的智力发生了周期性变化，就会在大脑皮层与下丘脑垂体的生物时钟之间建立了某种很弱的暂时神经联系，这种暂时神经联系随着发生次数的增长而不断得到强化，逐渐发展成为稳定的智力周期性。

意志周期性的生理机制与智力周期性的生理机制基本相同，其主要差别在于：大脑下丘脑垂体的生物时钟所联系的主要是大脑皮层的中央前回（即躯体运动区）。

第八节　情感的时序性

情感的时序性就是指情感发展的时间顺序，它包含两个方面的意义，一是指人类情感进化的时间顺序；二是指个体情感发展的时间顺序。根据生物学的“重演规律”，个体的生命过程将会重演整个人类的进化过程，同样，个体情感的发展过程也会概要地重演人类情感的进化过程，特别是胎儿和婴儿期，这种重演尤为明显，它是整个人类情感进化史的缩影。

一、个体情感的时序性

个体情感的发展遵循以下的时间顺序：

1. 婴幼儿时期

幼儿在刚出生时只能表现出未分化的兴奋；到了 6 个月就可分化出肯定

和否定两个方面：快乐与痛苦；之后逐渐分化出苦恼、愤怒、厌恶、恐惧等否定性情感；到了12个月，开始分化出得意、喜爱等肯定性情感。

2. 儿童与少年时期

人的生理功能、语言能力、行为能力、感觉能力、思维能力迅速发展，人的情感与意志也迅速发展：3岁时就具备了人类的一切基本情感如喜、怒、哀、乐，5岁时明显表现出羞耻、忧虑、嫉妒、羡慕、失望、嫌恶、希望等情感，7岁以后出现了社会性情感如道德感和荣誉感，9岁以后的意志品质如自觉性、自制力明显增强，12岁开始自觉地、独立地为自己提出比较具体的行为动机与目的。整个儿童与少年时期有强烈的好奇心，旺盛的求知欲，情感有很强的可塑性和模仿性，极易受到他人的诱导，情绪的波动性大、稳定性差。

3. 青春期

它是人生的一个过渡阶段，由于性生理与性心理的快速而不平衡发展，人的情感出现严重的动荡性，他对外界刺激特别敏感，极易受到外界事物的刺激和诱导而发生极端化的情感，如大喜大悲、大爱大恨，其情绪周期性也比较紊乱。

4. 青年时期

人有高涨的热情、崇高的理想、远大的目标、非凡的抱负、美丽的幻想和丰富的想象，这一切都在旺盛生命力的驱动下跃跃欲试，然而，理智的缺乏、知识的贫乏、经验的缺少等局限性使得他极易造成阻碍和挫折，从而产生否定性的情感体验。由于自我意识的觉醒，他感到自己的许多东西得不到他人的理解，在感情上陷于孤立，就把心理能量和注意力转向内心世界，寻找精神乐园，通常通过写日记、心得来发泄自己的情感。

5. 中年时期

它是人生的鼎盛时期，他的精力旺盛，充满自信，遇事冷静，办事稳重妥善，其情感处于成熟稳定时期，情感的效能性也较高，但由于肩负着社会的各项重担，工作任务和人际关系等都会使他产生巨大的精神压力，容易产生心理疲劳。他对地位的升迁、财富的变化、事业的成败、社会荣誉和道德形象的变化很敏感，很容易因此而产生情感的伤害。

6. 更年期

它是人生的另一个过渡时期，由于某些生理器官如内分泌系统、植物神经系统和大脑神经系统的功能出现紊乱，人在生理上会出现心悸、呼吸不畅、眩晕、失眠、多汗、食欲减退、便秘等反应，人的情感也会出现敏感、多疑、烦躁、易怒、注意力不集中等现象。

7. 老年时期

老年人随着生理器官的功能衰退，体力与脑力的下降，容易产生消极的情感：社交圈子的不断缩小，容易产生失落感；一些愿望的落空，容易产生遗憾感；退休后的清闲容易沉湎于往事的回忆，从而产生怀旧感；退休后，许多同事和朋友的相继去世，常常产生凄凉悲切、忧郁孤独的情感；人际关系的退缩，增加了他对自己的注意力，容易沉湎于幻想及自我形象之中；对于子女支持能力的下降和依赖性的上升，极易敏感子女对于自己的态度。

二、个体情感的时序性及其价值根源

价值具有七大基本属性：目标性、强度性、方向性、层次性、时间性、动态性、相关性等，情感是人脑对于价值所产生的主观反映，因此情感必然相应地具有七大基本属性：目标性、强度性、方向性、层次性、时间性、动态性、相关性等。人的情感属性的发展时序主要起因于和取决于人的价值关系属性的发展时序。个人的生长与发育过程，就是人的各种价值关系的不断扩展与深化的过程，也是人的各种情感属性的不断发展过程。通常情况下，价值关系的发展过程总是从简单到复杂、从低级到高级、从直接到间接、从明确性到模糊性的过程，情感基本属性的发展时序表现在以下几个方面。

一是情感方向性的发展时序是：负向情感、正向情感。例如，婴儿最先学会表达冷暖、饥渴、排泄、刺痛等负向情感，然后再学会表达各种正向情感，如高兴、满足等。这是因为，对于生命力比较脆弱的婴儿来说，负向价值所产生的危害作用，往往远大于正面价值所产生的有利作用，各种各样的负向价值很容易对健康和安全构成巨大的威胁，必须优先发展否定性情感来反映这些负向价值。

二是情感时间性的发展时序是：现在式情感、过去式完成式情感、过去式情感、将来式情感。这是因为，现在式价值是最直接的价值，其他都是间接的价值，而且时间越是远离现在，价值的直接性就越弱，价值的间接性就越强，将来式价值通常具有很大的不确定性。

三是情感目标性的发展时序是：对事物的情感、对他人的情感、对自己的情感、对社会的情感。这是因为，“人”的价值通常要比“物”的价值更为复杂，而且动态多变；“自己”的价值通常是相对于“他人”的价值进行比较而存在的，因此“自己”的价值要比“他人”的价值更为复杂，而且动态多变；“社会”又是由众多的“他人”或“自己”所组成的，因此“社会”的价值要比“他人”的价值或“自己”的价值更为复杂，而且动态多变。

四是情感动态性的发展时序是：确定性情感、概率性情感。这是因为，确定性价值通常比较明确，概率性价值通常比较模糊。

五是情感相关性的发展时序是：正相关情感、负相关性情感。这是因为，人通常最先接触利益正相关的人（如父母、老师），然后，再开始接触利益负相关的人（如敌人、罪犯）。

六是情感层次性的发展时序是：生理性情感、心理性情感、精神性情感。这是因为，生理性价值是低层次的价值，心理性价值和精神性价值是高层次的价值。

七是情感强度性的发展时序是：先定性、后定量。这是因为，定性了解事物或价值通常比较容易，而定量了解事物或价值通常比较困难。

八是情感的稳定性随着年龄的增长而增长。这是因为人在成长过程中将会根据事物及环境条件的变化不断调节自己的各种价值关系，使之尽可能地趋近于最佳水平，随着年龄的增长，人的各种价值关系通过调节逐渐趋于稳定。

九是情感的效能性随着年龄的增长而提高。这是因为人的劳动能力随着年龄的增长而发展，各种行为的价值效率较高，从而具有较高的情感效能性。

十是在过渡时期，人的情感波动较大。这是因为在人生的过渡时期（青春期与更年期），人的各种生理功能、个体特性和社会角色处于剧烈变化之中，人的价值关系容易发生剧烈变动，并容易出现极端状态或敏感状态，从而容易造成人的情感的剧烈波动。

第九节　人格与人格障碍

人格就是指“作为人的基本资格”，是人区别于其他动物的基本特征。由于人的基本资格包括精神资格、心理资格与生理资格三个基本层次，因此人格可分为精神人格、心理人格和生理人格三种基本层次。其中，精神人格是指人的思维特征、价值观层次（或情感层次）和意志层次的取值范围符合正常人的价值观范围；心理人格是指人的个性心理特征符合正常人的个性心理特征；生理人格是指人的生理特征符合正常人的生理特征。

人格障碍（或人格缺陷）就是指人格明显低于正常人的水平或正常人的取值范围，它可分为精神人格障碍（或精神缺陷）、心理人格障碍（或心理缺陷）和生理人格障碍（或生理缺陷）三个基本层次。

一、精神人格与精神缺陷

人的精神包括感觉、认知、情感和意志四个方面内容，它们分别是人脑对于存在关系、事实关系、价值关系和行为关系的主观反映，因此精神人格包括认知人格（含感觉人格）、情感人格和意志人格三个方面。

1. 弱智与睿智

当人的认知水平（或智力水平）明显低于正常人水平时，就表现为弱智；

当人的认知水平（或智力水平）明显高于正常人水平时，就表现为睿智。

2. 低俗与高尚

当人的价值观层次（或情感层次）明显低于正常人水平时，就表现为低俗；当人的价值观层次（或情感层次）明显高于正常人水平时，就表现为高尚。

3. 低能与高雅

当人的意志层次明显低于正常人水平时，就表现为自我控制力差（即低能）；当人的意志层次明显高于正常人水平时，就表现为自我控制能力强（即高雅）。

精神人格障碍（或精神缺陷）相应地分为认知障碍（或认知缺陷）、情感障碍（或情感缺陷）、意志障碍（或意志缺陷）三种形式，分别表现为弱智、低俗和低能三种形式。

二、心理人格与心理缺陷

心理人格是指人在其生活实践中表现出来的较稳定的个性心理（或个性情感）特点，包括两个基本内容：一是动力特点；二是指向性。其中，动力特点主要是指人的认知、情感与意志活动的强度性和稳定性（即气质类型）；指向性是指人的心理活动是指向外部世界还是指向内心世界。由于人的气质类型可分为四种（即多血质、胆汁质、抑郁质和黏液质），指向性可分为两种（即外向型和外向型），因此心理人格可分为八种基本类型：多血质外向型、多血质内向型、胆汁质外向型、胆汁质内向型、抑郁质外向型、抑郁质内向型、黏液质外向型、黏液质内向型。

心理人格障碍（或心理缺陷）是指人的个性心理特征严重偏离正常人的个性心理特征，出现极端性心理人格类型。由于心理人格可分为八种基本类型，因此心理人格障碍（或心理缺陷）也可相应地分为八种基本类型。

1. 攻击型人格障碍

它又称反社会型人格障碍，是多血质外向型人格的极端化形式，这种人的心理活动有极高的强度性和极低的稳定性，而且行为对象总是指向外部世界。这种人常常表现为容易发生暴发性、攻击性行为，对社会和他人十分冷酷无情，缺乏友好和同情心，缺乏责任心；不顾社会道德和法律准则，经常发生反社会或攻击他人的言行，并且不能从挫折与惩罚中吸取教训，缺乏焦虑感和罪恶感，没有羞愧和悔改之心；经常撒谎欺骗，对朋友无信义、不忠实；以自我为中心，对他人的疾苦无动于衷；生活和工作无规律、无计划、常旷工、常违法乱纪、常酗酒和破坏公物等。

2. 抗拒型人格障碍

它又称被动攻击型人格障碍，是多血质内向型人格的极端化形式，这种人的心理活动有极高的强度性和极低的稳定性，而且行为对象总是指向内部世界。这种人常常表现为情绪易躁易怒，对社会和他人充满敌意和攻击性，但在外表上百依百顺；表面上唯唯诺诺，暗地里敷衍塞责；经常故意迟到，拖延时间，不听从分配和调动；经常牢骚满腹，暗地破坏或捣乱，又很依赖权威；情绪波动大，行为反复无常；常常损人不利己，而无真正的悔恨、自责或罪恶感；自卑感强，经常以冲动、好斗来作为补偿；有很强的自尊心，一旦自尊心受挫，就会出现攻击性行为；对于他人和社会的约束，具有强烈的抵制和报复心理。

3. 偏执型人格障碍

它又称妄想型人格障碍，是胆汁质外向型人格的极端化形式，这种人的心理活动有极高的强度性和极高的稳定性，而且行为对象总是指向外部世界。这种人常常表现为有极度的情绪敏感性，对侮辱和伤害耿耿于怀；思想行为固执死板，多心多疑，心胸狭窄；爱嫉妒，对别人的成就和荣誉感到紧张不安，妒火中烧，不是寻衅争吵，就是背后说风冷活，或公开抱怨和指责别人；自以为是，自命不凡，对自己的能力估计过高，惯于把失败和责任归咎于他人，在工作和学习上往往言过其实；同时又很自卑，总是过多过高地要求别人，但从来不信任别人，总认为别人存心不良；不能正确、客观地分析形势，有问题总是从个人感情出发，主观片面性大；如果建立家庭，常怀疑配偶不忠等。

4. 自恋型人格障碍

它是胆汁质内向型人格的极端化形式，这种人的心理活动有极高的强度性和极高的稳定性，而且行为对象总是指向内部世界。这种人常常表现为对批评的反应通常是愤怒、羞愧和耻辱，不一定当即表露出来；喜欢指挥他人，要他人为自己服务，过分自高自大，希望受别人的特别关注；总是认为他所关注的问题是世上最重要的；对无限的成功、权力、荣誉、美丽或理想爱情有非分之幻想；渴望持久的关注和赞美，缺乏同情心，有很强的嫉妒心。

5. 癔症型人格障碍

它是抑郁质外向型人格的极端化形式，这种人的心理活动有极负的强度性和极低的稳定性，而且行为对象总是指向外部世界。这种人常常表现为情绪表露过分，喜欢表现自己，总希望引起他人的注意，常有暗示性和依赖性；情绪带有戏剧化色彩，装腔作势，大惊小怪，无病呻吟且演技逼真；具有高度的自我暗示性、被他人暗示性和幻想性，经常利用幻想来激发内心的情绪体验；情绪易变，感情丰富，热情有余，但稳定不足；玩弄多种花招使人就范，如任性、强求、说谎、欺骗、献殷勤、谄媚，有时使用操作性的自杀威胁；人际关系肤浅，表面上温暖、聪明、有热情，实际上完全不顾他人的利益需要；高度的以自我为中心，喜欢别人的注意和夸奖，如果投其所好就会欣喜若狂，如果不顺心意就会不遗余力地攻击他人；情绪变化很大且狭隘，对遇到的挫折无法忍受。

6. 分裂型人格障碍

它是抑郁质内向型人格的极端化形式，这种人的心理活动有极负的强度性和极低的稳定性，而且行为对象总是指向内部世界。这种人常常表现为喜欢幻想，经常出现奇怪的信念、言语和行为；外表和服饰奇特，不修边幅；语言表达能力差，经常用词不当，表达不清，争论问题总是离题，没有一致的逻辑性；经常出现不寻常的知觉体验，容易产生幻觉；对人冷淡，喜欢独处；不能享受天伦之乐，缺乏温情，难以与别人建立深切的情感联系；对别人的意见漠不关心，无论是赞扬还是批评，均无动于衷；过着一种孤独寂寞的生活，生活平淡、刻板，缺乏创造性和独立性；总是过度焦虑和充满敌意。这种人格障碍往往是因为在早期成长过程中，不断受到打骂，得不到父母的爱，从而产生心理上的焦虑和敌对情绪。

7. 强迫型人格障碍

它是黏液质外向型人格的极端化形式，这种人的心理活动有极低的强度性和极高的稳定性，而且行为对象总是指向外部世界。这种人常常表现为注重细节，忽略关键要点；循规蹈矩，不知变通，很难应付突发事件；责任感特别强，为工作不惜放弃闲暇娱乐，不惜中断与朋友的交往；具有强烈的自制心理、压抑心理和不安全感；过分注意他人的态度、观点，情感表达拘束；优柔寡断，处事过于慎微，缺乏幽默感，缺乏生命活力。

8. 回避型人格障碍

它是黏液质内向型人格的极端化形式，这种人的心理活动有极负的强度性和极高的稳定性，而且行为对象总是指向内部世界。这种人常常表现为很容易因他人的批评或不赞同而受到伤害，很少有好朋友；不轻易卷入他人事务中，行为退缩，尽量逃避社会活动或人际交往；在社交场合总是缄默无语，怕惹人笑话，心理自卑；敏感羞涩，害怕在别人面前露出窘态；总是夸大潜在的困难、危险和可能的冒险，瞻前顾后，安分守己，轻微的挫折会给他们以沉重的打击；这些人在单位都被领导视为积极肯干、工作认真的好职员，因此经常得到领导和同事的称赞，可是当领导委以重任时，他们却想方设法推辞，从不接受过多的社会工作。

目前，心理学理论界所谓的“人格障碍”，实际上就是专指“心理人格障碍”（或心理缺陷），而没有包括精神人格障碍（或精神缺陷）和生理人格障碍（或生理缺陷）。

三、生理人格与生理缺陷

人的生理系统可分为运动系统、神经系统、内分泌系统、泌尿系统、血液循环系统、消化系统、呼吸系统、生殖系统等八类，生理人格就是指人在这八大系统上的生理功能是否符合正常人的基本标准。

与此相对应，人的生理缺陷可分为运动缺陷、神经缺陷、内分泌缺陷、泌尿缺陷、血液循环缺陷、消化缺陷、呼吸缺陷、生殖缺陷等八类。

第十节　意志的品质特性

有些人决策判断优柔寡断，工作计划杂乱无章，行为举止简单粗暴，情绪爆发难以自控，生活作风贪图享受，工作业绩不思进取，这些既不完全是智能方面的问题，也不完全是情感方面的问题，而是意志方面的问题。意志是一种特殊的、针对行为活动方面的情感，是人类独有的心理活动形式，它使人类的行为具有高度的主动性和创造性，从而在根本上区别于其他低等动物。意志的品质特性就是意志在对人的行为驱动过程中所表现出的动力特性，它主要取决于主体的行为价值关系变化的动力特性，反映了人的行为价值的目的性、层次性、强度性、外在稳定、内在稳定性、效能性、细致性等。

一、意志的自制性

意志是人对自身行为的价值率高差的主观反映值，在理论上，意志的强度与自身行为的价值率高差的对数成正比。然而，由于人的意志能力的有限性，人的意志的实际强度并不完全与行为的价值率高差的对数成正比，总会存在这样或那样的差异。

如果把“行为的价值率高差的对数”确定为人对于该行为的“理想意志强度”，它反映了行为价值关系的强度特性。一般情况下，意志的强度性应该与行为价值的强度性相对应，即意志的实际强度等于意志的理想强度，使意志能够正确地反映行为的价值关系，只有在这种意志强度的驱动下所产生的行为才是准确的、有效的，才能获取最大的价值效益。如果人的实际意志强度大于理想意志强度时，就难以有效地抑制自己的行为，通常表现为行为急躁、克制力差等个性缺点；如果人的意志强度小于理想意志强度时，就难以有效地激发自己的行为，通常表现为软弱涣散、缺乏战斗力等个性缺点，这两种意志倾向都有一定的危害性，都会降低人的行为价值率。总之，只有当人的意志强度等于理想意志强度时，意志的强度正好与自身行为的价值率高差的对数成正比，其行为活动才能达到最大的价值率。

意志的自制性是指人善于有效地控制和支配自己的情感和思维，严格约束自己的行动，它反映了意志的强度性。意志的强度性越高，它对人的各种行为的激发力、引导力和约束力就越强大，就越能有效地抵抗外部和内部的干扰，表现出较强的情绪克制力和忍耐心，就能够集中精力、忘我工作。

二、意志的自觉性

意志的自觉性是指人有明确的行为目的，有坚定的信仰追求，有鲜明的原则立场，有毫不含糊的是非标准，它反映了意志的行为价值的目的性。所谓意志的行为价值目的性是指人的行为活动自始至终都有预先设置的、明确的、稳定的目标指向，它通过大脑建立和锁定复杂行为的兴奋灶与行为目标的兴奋灶之间的神经联系来实现，使人的随意行动具有明确而强大的约束力，使其不至于成为漫无边际的、盲目的、无规律的活动。意志的自觉性或目的性越明确，对人的各种活动的约束力就越强大，人的思想和行为就越有规律、越不含糊，就越有坚定的信仰追求，就越能够坚持原则和遵守道德规范。

意志的行为价值的目的性取决于人的价值观，因为意志目的实际上就是行为价值目标，人对于行为价值目标的反映是价值观的重要组成部分，价值观的品质特性决定着意志的目的性。意志的主观目的在于满足自己的各种欲望、情感和情绪的需要，意志的客观目的在于实现行为活动的最大价值率，或者在于追求、创造或获取最大价值率的事物。人类根本的行为目的在于维持和发展本质力量，它可以分解为若干子目的，而每个子目的又可分解为若干二级子目的。

如果意志的自觉性过大，这种意志品质的人容易过分集中精力做某件事而忽略自己的其他需要或其他工作；如果意志的自觉性过小，这种意志品质的人难以专心地、高效地做好某件重要的事。

三、意志的能动性

意志的能动性是指一个人摆脱生物本能的控制与约束的能力，它反映了意志的行为价值的层次性。所谓意志的行为价值的层次性是指人的活动能够相对独立地脱离生物本能的约束，而受主观意志的自由支配。意志的能动性并不是指人能够在主观上漫无边际地随心所欲，而是指人的行为活动有相对宽泛的选择范围。然而，人的行为活动的选择范围无论多宽泛，总是有限的，总要受一定利益关系的驱动和制约，它不会是完全随意的、无规律的、无目的的，否则就会受到自然规律和社会法则的严厉制裁。唯心主义过分夸大意志的随意性，把意志看作是一种独立于客观现实的、纯粹的“精神力量”，看作是一种超越物质之上的、不受任何客观规律制约的“自我表现”，鼓吹人的自由意志主宰一切。事实上，人的行为活动是物质运动的高级形式，具有相对较大的混沌性和不确定性，但在本质上并不否定物质运动的确定性和规律性，而是在更大范围内和更深层次上体现物质运动的确定性和规律性，它受更为复杂的广义价值规律及其推论的制约，意志的随意性不是对自然规律的否定，恰恰相反，是在更大范围内和更深层次上体现自然规律。

人要想脱离生物本能的约束，就必须使其行为目标远离生物本能的控制。行为目标的层次性越高，意志就具有越大的能动性，因此行为目标的层次性决定着意志的层次性。行为目标就是行为的价值目标，它可分为生理性价值、个体性价值、社会性价值三个层次，意志也可相应地分为四个层次。行为目标的层次越低，人就会越多地注重低层次的、个人的、局部的和眼前的效益，其意志就是低级的、接近生物本能的意志，反之其意志就是高级的、远离生物本能的意志。

如果意志的能动性过大，这种意志品质的人容易随心所欲、无法无天；如果意志的能动性过小，这种意志品质的人容易胆小怕事、循规蹈矩。

四、意志的坚韧性

意志的坚韧性是指人能够坚持不懈、百折不挠、勇往直前地完成工作任务的能力，它反映了意志的外在稳定性。意志的外在稳定性越高，意志对人的行为活动的控制约束力就越持久，人就会表现出顽强的毅力和持久的耐心。

如果意志的坚韧性过大，这种意志品质的人容易成为工作狂、书呆子、影视迷；如果意志的坚韧性过小，这种意志品质的人容易贪图享受、不思进取、意志薄弱。

五、意志的独立性

意志的独立性是指人的意志不易受他人的影响，有较强的独立提出和实施行为目的的能力，它反映了意志的行为价值的内在稳定性。意志的行为价值的内在稳定性来自于价值观的独立性，具有这种意志品质的人善于按照自己的创见提出行为目的，并找出达到目的的手段，而不容易受别人观点的影响。与之相反的意志品质是受暗示性，这种意志品质的人容易接受他人的提示、命令或建议，容易屈从于他人的意志。

如果意志的独立性过大，这种意志品质的人容易顽固执拗、一意孤行；如果意志的独立性过小，这种意志品质的人容易朝三暮四、动摇不定、人云亦云。

六、意志的果断性

意志的果断性是指一个人善于当机立断，毫不犹豫地作出行为决策的能力，它反映了意志的行为价值的效能性。意志的行为价值的效能性越高，人对行为方案的编制速度、决策速度和激发速度就越高，就能在紧急状态下迅速作出有效的行为反应。

如果意志的效能性过大，这种意志品质的人容易草率从事、马马虎虎、紧张忙乱；如果意志的效能性过小，这种意志品质的人容易拖拖拉拉、黏黏糊糊、优柔寡断。

七、意志的倾向性

意志的倾向性是指人在决策过程中将会表现出不同的决策倾向，它反映了意志的行为价值的偏好性。不同的人具有不同的行为能力，并产生不同的自我评价，其决策倾向也有所不同，它可分为两个方面。

1. 冒险主义与保守主义

由于概率价值等于状态价值与状态发生概率之乘积，因此根据所重视的是事物的状态价值还是状态发生概率，决策者可分为冒险主义者和保守主义者。冒险主义者总是相信自己有足够的行为能力来改变事物原有的发生概率，使好结果的发生概率得以增加，使坏结果的发生概率得以减小，因此他只关心事物的状态价值，而不关心事物状态的发生概率，并把事物的最大状态价值作为其行为方案的选择标准；保守主义者不相信自己有足够的行为能力来改变事物原有的发生概率，因此他只关心事物状态的发生概率，而不关心事物的状态价值，并把事物的最大状态发生概率作为其行为方案的选择标准。

2. 乐观主义与悲观主义

由于价值等于正向价值与负向价值的代数和，因此根据所重视的是事物的正向价值还是负向价值，决策者可分为乐观主义者和悲观主义者。乐观主义者总是相信自己有足够的行为能力来承受和减弱原有负向价值对于自己的不良影响，并使原有正向价值发挥更大的积极效应，因此他只关心事物的正向价值，而不关心事物的负向价值，并把最大正向价值作为其行为方案的选择标准，这种人容易看到事物好的一面，不容易看到事物坏的一面，对于效益反应很敏感，对于亏损反应迟钝，其行为决策总是遵循“大中取大”的原则；悲观主义者既不相信自己有足够的行为能力来承受和减弱负向价值对自己所产生的不良影响，也不相信自己能够使正向价值发挥更大的积极效应，他认为负向价值对于自己的不良影响将是巨大的，而正向价值对于自己的积极效应却是非常有限的，因此他只关心事物的负向价值，而不关心事物的正向价值，并把逃避最大负向价值作为其行为方案的选择标准，这种人容易看到事物坏的一面，不容易看到事物好的一面，对于效益反应很迟钝，对于亏损反应敏感，其行为决策总是遵循“小中取大”的原则。

八、意志的周期性

意志的周期性取决于行为价值关系的周期性。当作用对象的外部环境和内部品质特性发生周期性变化时，人的行为价值关系会发生周期性变化，人的意志品质也将发生周期性变化。由于人的意志品质通常要通过行为活动来表现，在生产力较为落后的社会里，行为活动主要表现为体力活动，因此意志的周期性通常表现为体力能力的周期性。

九、意志的差异性

意志的差异性在根本上取决于行为价值关系的差异性。不同职业、不同年龄、不同气质特性、不同性别的人在不同的自然环境和社会环境下具有不同的意志品质，这是因为他们在行为价值关系上存在着差异。例如，军人的意志通常要比普通人坚强，因为军人的职业往往涉及利益关系（如生命的死活、财富与资源的归属权、领土的主权、人身的自由权、国家与民族的尊严等）的重大调整，为此军人往往需要进行殊死的较量和生命力极限的考验；年轻人的意志通常要比老年人果断，这是因为年轻人的认识能力、思维能力、决策能力和行为反应能力通常要比老年人强，从而具有较高的价值效能性；女性通常具有较强的意志坚韧性和自制性，这是因为女性在履行其生育与养育的职责时，必须具备持久的耐力和强大的自制力，才能顺利度过漫长而痛苦的怀孕、哺乳和喂养时间，才能给予孩子在成长过程中所必需的连续、细致、稳定的关心与爱护；男性通常具有较强的意志随意性、独立性和果断性，这是因为男性在承担家庭生活来源的主要责任时，必须具备较强的随机应变能力、独立生活和独立工作能力、快速反应能力，才能在复杂多变、激烈竞争的条件下获取更多的财富；在恶劣自然环境条件下生活的人通常要比在优越自然环境条件下生活的人具有更顽强的毅力，更易于经受艰苦的磨难；在动荡社会环境下生活的人通常要比在稳定社会环境下生活的人具有更高的承受生活挫折的能力。

第六章　情感的运行程序

情感的运行程序主要有情感的诱发、感受、表达、掩饰、修正、培养等具体阶段，而每个具体阶段各有不同的生理机制、价值目的、运行特点与基本规律。由于情感的哲学本质就是人脑对于价值关系的主观反映，因此情感的运行程序在本质上就是人类主体的价值系统的运行程序：情感的诱发实际上就是价值关系的诱发，情感的感受实际上就是价值关系的感受，情感的表达实际上就是价值关系的表达，情感的掩饰发实际上就是价值关系的掩饰，情感的修正实际上就是价值关系的修正，情感的培养实际上就是价值关系的培养。

社会的价值关系越复杂，人类价值关系运行的具体过程就表现出更大的复杂性、多样性、动态性、关联性、差异性、模糊性和不确定性等，因此人类情感反应系统就越来发达，情感运行的具体过程就表现出更大的复杂性、多样性、动态性、关联性、差异性、模糊性和不确定性等。情感与价值的关系是对立统一的关系，情感相对于价值具有一定程度的相对独立性，因此情感的运行程度与价值关系的运行程序之间一方面存在着内在的联系；另一方面又保持着一定的相对独立性。

全面而深入地透析情感运行的每个具体过程，就能够发现有关情感运行方面的一幅清晰、详细、具体而生动的动态图像，从而进一步发现有关人类价值关系运行方面的一幅清晰、详细、具体而生动的动态图像。

第一节　情感的诱发

一般来说，情感的启动和运行是需要耗费人的能量与价值的，并会对人的其他思维与行为产生干扰，因此，人的情感通常只有在事物发生价值作用时才会表现出来。在平时，几乎所有无关的情感将会沉寂下来，并作为一种特殊的“知识”记忆在人的头脑中，以最大限度地节省能量或价值。人与事物一旦发生直接或间接的价值作用，这种特殊的“知识”将会被激发而启用，这一过程就是情感的诱发。

情感的诱发方式可分为外因诱发与内因诱发两大类。

一、内因诱发

人的品质特性在很大程度上决定着客观事物的价值关系，因而可以成为情感诱发的内因。

从情感诱发的不同身体部位来看，内因诱发可分为六欲（即眼欲、耳欲、鼻欲、舌欲、身欲、意欲）诱发。

从情感诱发的不同价值层次来看，内因诱发可分为生理诱发、心理诱发和精神诱发。

1. 生理诱发

是指人的机体某些固有的生理活动诱发情感的过程。例如，人到了饥饿时都会产生对于食物的欲望；人到了青春时期就会自发产生接近异性的渴望；妇女到了生育和哺乳期间就会自发增强对于孩子和他人的怜爱之心。

2. 心理诱发

是指人的大脑神经系统某些固有的心理活动诱发情感的过程。例如，人对于新鲜事物将会产生好奇感；围棋爱好者一看到别人下棋，心里就发痒。

3. 精神诱发

是指人的大脑皮层的精神活动诱发情感的过程。精神诱发有三种：记忆诱发是指人回忆某事物时激发情感的过程，如每当想起某人曾经对于自己的迫害时就会感到愤怒；联想诱发（或幻想诱发）是指人把甲事物与乙事物主观地联系起来，从而把对甲事物的情感转移或传播到乙事物的过程，如少男少女们联想到自己将来成为一名歌星时就会兴奋起来；理性思维诱发是指人通过理性思维了解甲事物与乙事物之间内在的价值联系，从而把对甲事物的情感转移或传播到乙事物之上的过程，如通过逻辑推理发现某人是迫害自己的罪魁祸首时，就会产生对他的仇恨。

二、外因诱发

客体和环境的品质特性也决定着客观事物的价值关系，因而可以成为情感诱发的外因。除了原有客体和原有环境的直接诱发外，情感的外因诱发还有多种具体形式。

从情感诱发的不同价值形式来看，外因诱发可分为七情（喜、怒、哀、惧、爱、恶、欲）诱发。

从情感诱发的不同外部事物来看，外因诱发可分为：

1. 价值事物的直接诱发

当拥有不同价值率的价值事物（人、事、物）直接作用于人时，就会使人产生相应强度的情感：其中，正向的价值事物将会使人产生正向的情感

（如愉悦），负向的价值事物将会使人产生负向的情感（如痛苦）。

2. 客体相似诱发

如果甲事物与乙事物在某种数学特性、物理特性和化学特性上具有相似性，则人对于甲事物的情感可能转移或传播到乙事物之上。例如，每当看见与过去的老朋友长相相似的人，就会诱发对这位老朋友的思念之情。

3. 环境相似诱发

如果环境与过去所处的环境相似时，就会诱发当时所产生的情感。例如，每当散步到初恋时常去的河边，就会激发对初恋情人的思念。

4. 他人情感诱发

看见别人伤心流泪，自己也不免伤感；看见别人兴高采烈，自己也不免欢喜，周围人的情感会在无形中影响自己的情感。他人情感的诱发与利益相关性有关：当两者的利益正向相关时，他人的正向情感将会诱发自己的正向情感，他人的负向情感将会诱发自己的负向情感，即“他乐我也乐，他悲我也悲”；当两者的利益负向相关时，他人的正向情感将会诱发自己的负向情感，他人的负向情感将会诱发自己的正向情感，即“他悲我乐，他乐我悲”。

5. 信号诱发

某些代表一定价值的信号如图像信号、声音信号、味觉信号、温度信号、色彩信号、化学信号等，容易使人产生对相关价值的联想，并诱发人的联想情感。例如，一张骷髅图像可使人联想到死亡，从而产生恐怖的情感；一曲哀伤的音乐可使人联想到呻吟、哭泣等，从而产生忧伤的情感。色彩可以使人产生相关的联想，并诱发人的相关情感，如红色容易使人产生对血液、烈火、太阳等的联想，从而诱发人的热情，使人感到威武、庄严；绿色容易使人产生对树木、花草的联想，从而感到平静与安宁；蓝色容易使人产生对蓝天、大海的联想，从而感到广阔与深邃；黑色容易使人产生对黑夜、深渊的联想，从而感到恐怖、神秘等。

6. 语言诱发

语言属于一种特殊的信号系统，它可以用来准确地描述非常复杂的价值关系及其变化过程，从而非常精确地诱发人的情感。例如，讲述一个悲剧故事可使人产生悲伤的情感；小说读者的情感将会随着故事情节的变化而起伏。

第二节　情感的感受

外界事物的不同类型的刺激信息分别通过不同的感觉器官反映到大脑中，使人形成了对于该事物的不同品质或属性的认识。人的感觉器官分为眼睛、耳朵、舌头、鼻子和皮肤五大类，分别形成视觉、听觉、味觉、嗅觉、触觉五种感受形式。价值是事物的一种特殊属性，它作为一种特殊的刺激信息依附于或隐含于视觉、听觉、味觉、嗅觉、触觉信息之中，并通过人的五类感觉器官作用于大脑，使人形成一种特定的感受形式：情感。总之，情感的感受就是人对事物的价值关系及其作用的主观感知过程。

一、视觉感受

眼睛是接受光波信息的器官，人通过眼睛可以感知物体的形状、大小、色彩、结构、方位、距离、速度等属性，也可以感知能携带无限信息的文字和图像。眼睛是一种接受信息内容最多、范围最广、速度最快、干扰最少、综合性最强的感觉器官，通过视觉所产生的情感因而是最丰富、最广泛、最迅速、最准确、最深刻的。

眼睛最直接的作用是观看人的面容。面容能够综合地、概括地反映人的价值特性和情感状态，通过观察面孔的轮廓和特征，可以大致地确定人的心理品质、能力结构、教育程度和职业。人的面容特征所表现的价值特征与情感状态，并不是确定性和个体性的，而是概率性和种属（或类属）性的，它建立在直觉和经验材料基础之上，而直觉和经验总是对某些客观事物及其规律性的主观反映，尽管这种反映有时是不准确、不完整的，甚至是颠倒的，但不能因此而全盘否定这种客观的对应关系。事实上，这些对应关系客观地反映了人的内部心理素质与其外部结构特征之间的相互联系与相互影响，反映了人的心理素质的进化与外形结构的变更之间的内在逻辑性，反映了人的情感内容与其表现方式之间的内在一致性。作家、雕塑家、画家、戏剧家等对这些对应关系往往深信不疑，并自觉不自觉地将其反映在作品之中。由于这些对应关系首先产生于人的主观印象和推测，因而容易被逻辑思维严谨的人看作是唯心的和虚构的。眼睛的第二个作用是观看人的形体。人的头发、体形、姿态、体重、皮肤等可以补充反映面容所不能反映或不能完整反映的价值特性和情感状态。

舞蹈是一种特殊的、活动的、美化了的形体，它能抒发人的情感，发泄人的精力，培养人的艺术审美能力和道德情操。雕塑与绘画是一种固化和美化了的形体，人可以从中获得细腻的、高尚的情趣。

二、听觉感受

耳朵是接受声波信息的器官，人通过耳朵可以感知震动物体的方位和距离，并通过对震动性质的分析来判断物体的种类、属性以及物体的运动特性等。文字可以转化为耳朵所能接受的语言，人能够听取语言所表达的思想、意志和感情，耳朵所能接收的信息量及其产生的情感效能仅次于眼睛。

人讲话时声音的音色、音调、旋律、特殊节奏会加强话语的深刻含义，赋予它们多种情感色彩。有时人即使没有听清话语中的准确含义，也会被语言的音色、音调、旋律、特殊节奏所吸引，并产生强烈的兴奋情绪。语言的语气能够表现人的思想、意志和感情的精微之处，而这非词汇所能表达，人有时能够从他人的讲话中听出"弦外之音"，有时又容易曲解或误解他人说话的本意。

音乐是一种特殊的语言，它有一种内在的、扣人心弦的魔力，以音调、节奏和旋律的完美结合可以充分而有效地表现人的思想，刺激人的欲望，培养人的情感，加强人的修养。

三、嗅觉感受

嗅觉是相对次要的感觉形式，它所能提供的信息非常有限，但是由于它基本上都是建立无条件反射的基础之上，因此鼻子所接受的气味信息以及在此基础上产生的情感往往是非常深刻的，某种物质或某个人的气味一经感受就可能使人终生不忘。嗅觉与人的性系统存在着非常稳定的无条件神经联系，嗅觉的失灵必然牵连性系统，使之产生某种障碍。

四、味觉感受

味觉是指食物在人的口腔内对味觉器官化学感受系统（如味蕾）的刺激并产生的一种感觉，味觉的基本形式有酸、甜、苦、辣、咸、鲜等。其中，人对咸味的感觉最快，对苦味的感觉最慢，但就人对味觉的敏感性来讲，苦味比其他味觉都敏感，更容易被觉察。味觉经面神经，舌神经和迷走神经的轴突进入脑干后终于孤束核，更换神经元，再经丘脑到达岛盖部的味觉区。人们对于不同的味觉往往会形成不同的趋向性和选择性，用以引导人们根据自己的生理需要来选择不同特性的食物。例如，潮湿温热地区的人，喜欢辣味较重的食物，这往往有利于除湿；沿海地区的人们，往往喜欢甜味而不太喜欢咸味，这有利于减少食物中的盐分含量；青少年喜欢口味重的食物，有利于营养的摄取和盐分的补充；老年人喜欢清淡的食物，这有利于身体的保健；人在进食时，对于肉类食物的味觉感受往往会经历从舒服好感到腻味反感的转化过程，这就意味着身体开始发出了食物油脂摄入量已经达到饱和状态的生理预警。

五、触觉感受

皮肤的感觉是千百万年进化的产物，它是最原始的因而是最深刻的、最稳定的感觉形式。皮肤可以接受各种生理价值的信息（如尖利、柔软、硬度、寒冷、粗糙、沉重、温暖等），同时向大脑发出痛觉、烫觉、辣觉、冷觉、痒觉等警报，激起人的自卫本能，使人能够选择最佳的生存与发展环境。

六、各种感觉的综合感受

人的感觉系统是一个有机的整体，各种感官一方面相对独立；另一方面又相互关联、相互作用、相互补充，在各种刺激因素的共同作用下，人将会对同一事物形成一个总的心理体验，即对同一事物的价值关系形成一个总的评价。单个感觉器官只能从某一个角度来感受事物的价值特性，多个感觉器官可以同时从多个角度来感受事物的价值特性，纠正单个感觉器官所产生的感受上的片面性、偏差性和肤浅性，从而使人的情感感受更加全面、准确和深刻地反映事物的价值关系。

七、情感感受与价值特性的辩证关系

人通过视觉、听觉、味觉、嗅觉、触觉等感觉形式来感知和识别事物或他人的价值特性，其客观目的在于为自己以后进行价值计算和价值选择提供事实依据。通常情况下，人通过相应的感觉器官所感知的事物或他人的价值特性都是模糊的、概率性、种属（或类属）性的、历史的，而不是精确的、确定性、个体性和现实的，大多是建立在直觉和经验材料基础之上，尽管这种反映有时是不准确、不完整的，甚至是颠倒的，但不能因此而否定这种客观的对应关系。

虽然某一个具体的五官端正而漂亮的人并不聪明，但当统计数量足够多时，五官端正而漂亮的人的平均智商（即平均价值特性）肯定要比五官不端正的人要高。同样，人的所有视觉、听觉、味觉、嗅觉、触觉所感知的事物或他人的价值特性必然与情感状态存在着模糊的、概率性和种属（或类属）性的、历史的对应关系。也就是说，一般情况下，视觉、听觉、味觉、嗅觉、触觉等感觉美好的事物将会平均地、概率地、模糊地、种属地、历史地具有较高的价值率。

人的情感感受与事物的价值特性的辩证关系：情感感受是价值特性及其作用的主观反映，情感感受以价值特性及其作用为基础，并围绕价值特性上下波动，但是情感感受具有一定程度的相对独立性。

人对于消费性价值资源的消费过程往往就是情感感受的过程，例如，美味佳肴的享受过程，实际上就是人对于美食价值的消费过程。

第三节　情感的高峰体验

常有人说自己曾有过异乎寻常、刻骨铭心、神秘莫测的情感体验，这种

体验可能是瞬间产生的信仰顿悟，也可能是压倒一切的敬畏情感，还可能是转眼即逝的极度强烈的幸福感。在这一短暂的时刻，人沉浸在一片纯净而完善的幸福之中，摆脱了一切痛苦、烦恼、怀疑、恐惧、压抑、紧张和怯懦，自我意识悄然消逝，不再感到自己与世界之间存在着任何距离和隔阂，而是感到与世界融为一体，不再感到是站在世界之外的旁观者，而是感到自己真正属于这个世界。人们容易把这种神秘的情感体验归结为胡说八道、宗教迷信，或者归结为错觉、幻想或歇斯底里的病态心理。

一、高峰体验的形式

任何情感都是人对于价值关系的主观反映，那么高峰情感必然是对于某种具有极大价值量或极大价值率的事物的主观反映。

情感的高峰体验来自于对真善美的陶醉，如对重要真理的顿悟与发现，对伟大人物的崇拜，对高尚行为的敬仰，对音乐、戏剧、美术等的陶醉，对创造与发明的激情。女性对胎儿自然分娩后的极度骄傲与兴奋，对孩子的无限慈爱，对异性的快感，对大自然的忘情赞赏，对文化体育运动的狂热，对文艺与体育明星的痴迷等。

宗教信徒有时能够产生某种超脱的意念，并感到自己窥见了终极真理、事物的本质和生活的奥秘，仿佛完成了渴望已久的成就，实现了自己的终极理想，感觉到自己突然步入了天堂，实现了奇迹，达到了尽善尽美，并从这种朦胧而神秘的体验中得到充分的精神满足。

女性往往因被人爱恋而产生情感的高峰体验，而男性往往更多地从成功、征服、成就和胜利中享受到最大幸福。青年人较易产生高峰体验，中老年人较难产生高峰体验。

高峰体验是人对于极端价值关系的主观反映。其中，绝望、极度失恋、极端仇恨等属于负向的高峰体验，它是人对极端负向价值关系的主观反映。

二、高峰体验的生理机制

高峰体验是一种极端的情感，其生理机制是：价值事物在大脑皮层的兴奋灶与边缘系统及网状结构的神经联系形成超导性（或无障碍性）联系，人就会产生对于该价值事物的高峰体验。

人在高峰体验时，价值事物兴奋灶的兴奋强度达到极大值，而其他事物的兴奋灶的兴奋过程将会受到压抑。一方面，与该兴奋灶相关的情感、思想、行为及生理活动将会处于高度的兴奋状态，并相对地脱离意志的约束和控制作用，本能地、自发地进行启动和终止；另一方面，与该兴奋灶无关的情感、思想、行为及生理活动将会处于高度的抑制状态，从而变得模糊、迟钝。此时，人往往无法控制自己的思维，难以用意志约束自己的行为，意识不到将会产生什么样的严重后果，意识不到自己将为此承担什么样的责任，意识不到将会面临什么样的困难和危险。

负向高峰体验的生理机制与正向高峰体验完全相同，不同之处在于其兴奋灶所联系的是边缘系统中杏仁体的“惩罚”区域，而不是“奖励”区域。当人处于负向高峰体验时期，他会感到极度的痛苦，觉得世界末日就要来临，觉得世界上再没有任何美好的东西，觉得人生是多么的痛苦和空虚，这时，人的灵魂处于最阴沉的阶段。例如，当人处在失恋状态时，他就会感到前途一片黑暗，生活不再有意义，幸福永远失去，无法想象今后的生活，难以理智地处理与恋人及其亲朋好友之间的关系，难以果断地摆脱这种痛苦情感的纠葛，难以重新振作起来向新的目标进军，他甚至会想到死，以彻底解脱这种痛苦情感的折磨。

高峰体验是一种普遍的人类现象，几乎每个人都或多或少有过这种体验。高峰体验不会根据人的意志产生出来，它总是以毫无预料、突如其来的方式发生，人不能刻意追逐它，只能听其自然，要充分放松自己，并通过适当的方法进行询问、暗示和鼓励，它才会自然而然地产生出来。

三、高峰体验的客观本质与价值意义

高峰体验的客观本质就是人对于体现极端价值关系的事物所产生的主观反映，具体而言，就是人对于具有或潜在具有极大价值率的事物所产生的主观反映。

高峰体验尽管非常短暂，它所产生的价值意义却可能是非常巨大的：它能够使人产生具有重大意义的顿悟和启示，形成深刻而持久的情感记忆，甚至能够永久性地改变人的性格、人生观、价值观；能够使人变得更加活跃、激动和乐观开朗，同时又使人变得更加松弛、平静和安详；能够使人更加友好和善、富于同情心；能够使人在艰苦的环境里回想起那美好的时刻；能够使人更加执着地追求人生信仰，更顽强地热衷于自己的宏伟事业。

吸毒者在戒毒后之所以有很高的复吸率，其重要原因在于：由毒品所引发的病态高峰体验在吸毒者大脑中形成了强烈而愉快的情感记忆，使吸毒者对毒品产生了强大的、持久的吸引力。

高峰体验能够对许多心理性疾病产生一定的治疗效果，许多心理性疾病如性冷淡、抑郁症、焦虑症、自闭症、多疑症、失眠症等都是由长期的心理压抑、精神紧张或心理伤害所造成的，而情感的高峰体验有助于缓解或解除各种心理压抑和精神紧张，有利于补偿各种心理性伤害。

第四节　情感的表达

随着社会分工的不断发展，人与人的相互合作越来越频繁和复杂，人与人之间的利益联系也变得越来越紧密和多变，这就要求每个人一方面通过情感表达来及时、准确而有效地向他人展示自己的价值关系，以便求得他人有效的合作；另一方面又通过识别他人的情感表达来及时、准确而有效地了解他人的价值关系，以便更好地与他人进行合作。人的情感表达主要有三种方式：面部表情、语言声调表情和身体姿态表情。

一、面部表情

面部是最有效的表情器官，面部表情的发展在根本上来源于价值关系的发展，人类面部表情的丰富性来源于人类价值关系的多样性和复杂性。人的面部表情主要表现为眼、眉、嘴、鼻、面部肌肉的变化。

1. 眼

眼睛是心灵的窗户，能够最直接、最完整、最深刻、最丰富地表现人的精神状态和内心活动，它能够冲破习俗的约束，自由地沟通彼此的心灵，能够创造无形的、适宜的情绪气氛，代替词汇贫乏的表达，促成无声的对话，使两颗心相互进行神秘的、直接的窥探。目光可以委婉、含蓄、丰富地表达爱抚或推却、允诺或拒绝、央求或强制、讯问或回答、谴责或赞许、讥讽或同情、企盼或焦虑、厌恶或亲昵等复杂的思想和愿望。眼泪能够恰当地表达人的许多情感，如悲痛、欢乐、委屈、思念、温柔、依赖等。

2. 眉

眉间的肌肉皱纹能够表达人的情感变化。柳眉倒竖表示愤怒，横眉冷对表示敌意，挤眉弄眼表示戏谑，低眉顺眼表示顺从，扬眉吐气表示畅快，眉头舒展表示宽慰，喜上眉梢表示愉悦。

3. 嘴

嘴部表情主要体现在口形变化上。伤心时嘴角下撇，欢快时嘴角提升，委屈时噘起嘴巴，惊讶时张口结舌，愤恨时咬牙切齿，忍耐痛苦时咬住下唇。

4. 鼻

厌恶时耸起鼻子，轻蔑时嗤之以鼻，愤怒时鼻孔张大，鼻翕抖动；紧张时鼻腔收缩，屏息敛气。

5. 面部

面部肌肉松弛表明心情愉快、轻松、舒畅，肌肉紧张表明痛苦、严峻、严肃。

一般来说，面部各个器官是一个有机整体，协调一致地表达出同一种情感。当人感到尴尬、有难言之隐或想有所掩饰时，其五官将出现复杂而不和谐的表情。

二、语言声调表情

语言本身可以直接表达人的复杂情感，如果再配合以恰当的声调（如声音的强度、速度、声调、旋律等），就可以更加丰富、生动、完整、准确地表达人的情感状态，展现人的文化水平、价值取向和性格特征。

根据语言声调的不同特点可以判断人的情绪状态和性格特征：悲哀时语速慢，音调低，音域起伏较小，显得沉重而呆板；激动时声音高且尖，语速快，音域起伏较大，带有颤音；说话语速较快，口误又多的人被认为地位较低且又紧张；说话声音响亮，慢条斯理的人被认为地位较高、悠然自得；说话结结巴巴，语无伦次的人缺乏自信，或者言不由衷；男声中如带气息声，被认为较年轻，富有朝气，富有艺术感；女声若带有气声，被认为美妙动人，富有女性味；平板的声音被认为冷漠、呆滞和畏缩；喉音使男性显得成熟、世故和老练，判断力强，但使女性失去魅力；女中音和男低音代表暴躁气质；女高音和男高音多属于活泼型的人；急剧的变调对比表达暴躁气质；音调的抑扬婉转显露活泼的天性，表明气质温和柔顺；旋律可以表达人的欢乐与苦闷，希望与企盼。

判断人的说话情绪和意图时，不仅要听他说些什么，还要听他怎样说，即从他说话声音的高低、强弱、起伏、节奏、音域、转折、速度、腔调和口误中领会其"言外之意"。语言交谈能够沟通思想，促进相互了解，语言的声调使语言本身具有更多的感情色彩，从而揭示出人的思想、感情和意向的精微之处，而这非词汇所能完全表达的。任何事物都可以用最体面的语言来讲述，而不至于流于粗俗，问题只在于思想是否丰富，语言是否和谐、比喻是否恰当、礼貌是否周到、时机是否适当。

三、身体姿态表情

人的情感状态、能力特性和性格特征有时可以通过身体姿态来自发地或有意识地表达出来，从而形成身体姿态表情。当人处于强烈的兴奋、紧张、恐惧、愤怒等情感状态时，往往抑制不住身体姿态的表情变化，演员则经常通过夸张的身体姿态来有意识地表达角色的情感变化。

人的身体姿态表情是丰富多样的。正襟危坐可知其恭谨或紧张，坐立不安可知其焦急慌神，手舞足蹈可知其欢乐，捶胸顿足可知其懊恼，拍手时可知其兴奋，振臂时显得慷慨激昂，握拳时显得义愤填膺，搓手不停时表示心中烦躁不安。轻盈的脚步可看出心情愉快，沉重而不均匀的脚步表明处境不佳，迟缓的脚步表明心事重重，铿锵有力的脚步表明勇敢与坚强。昂首挺胸表明自信与自豪，点头哈腰表明顺从与谦恭，手忙脚乱表明心情紧张，全身颤抖又冒虚汗表明心虚害怕。

四、主观意志对于情感表达的影响和制约

人的主观意志将会对情感的表达产生一定的影响的制约，特别是人与人之间不同的利益相关性，将会形成不同的主观意志，并对情感表达的方式产生较强的影响和制约。

由于人与人之间存在不同类型的利益相关性，人的情感表达方式将会在一定程度上受人的主观意志和利益关系驱动的影响和制约。一般来说，当两者的利益相关性完全一致时（即利益相关系数为 1 时），人将会采取完整的情感表达方式，这将有助于对方作出正确的行为决策，从而有效地维护双方的共同利益；当两者的利益相关性完全对立时（即利益相关系数为－1 时），人将会采取全反的情感表达方式，这将有助于对方作出错误的行为决策，以损害对方的利益，从而间接地维护自己的利益；当两者的利益相关性部分一致、部分对立时（即利益相关系数大于－1，而小于 1 时），人将会采取适度的情感表达方式（即适度夸张的、适度掩饰的和适度虚假的情感表达方式），这将既有助于增长双方的共同利益，又可最大限度地降低双方的矛盾利益。为此，人实际的情感表达情况将会根据不同的利益相关性进行适当调整和修正。

不过，人对于表情器官的有意识地、有目的地进行调控，往往是不连续的、高能耗的、局部范围的、矛盾性的，因而很容易产生破绽而被识破。

第五节　情感的掩饰与欺骗

由于社会的分工，人与人之间需要进行各种各样的价值联系，在主观形式上就表现为人与人之间的情感交流，而情感交流并不是彼此情感的完全坦露，而是根据利益关系的不同类型分别采取灵活多变的情感表达方式。其中包括实施不同形式的恶意或善意的情感掩饰与欺骗。

一、情感掩饰与欺骗的价值动因

人与人之间为什么要实施情感的掩饰与欺骗，这是由人与人之间的利益相关性的不同类型来决定的。

根据利益相关系数的不同取值，人与人的利益关系可分为三种基本类型：完全一致的、部分一致（或部分对立）和完全对立的利益关系。人只有针对

不同类型的利益关系，采取不同的情感表达方式，才能最有效地维护自身的根本利益：

1. 当利益关系完全一致时

我方应该向对方完整准确地表达情感（善意的情感欺骗除外），使对方获取关于我方完整准确的价值信息（如价值状态、价值需要与价值创造能力等），并在此基础上作出准确的行为决策，从而有利于双方相互帮助、相互配合、共同发展。

2. 当利益关系完全对立时

人应该向对方完全地掩饰情感或向对方展示相反的情感（恶意的情感表白除外），使对方完全不了解或完全相反地了解我方的价值信息，使对方所作出的行为决策具有最大的盲目性或最大的差错率，从而有利于损害对方、保护我方。

3. 当利益关系部分一致（或部分对立）时

人应该部分表达、部分掩饰情感，使对方在某些利益一致的时间、范围或状态下能够准确地了解我方的价值信息，以维护和发展双方的共同利益，在另一些利益不相干或利益对立的时间、范围或状态条件下却只能盲目地或错误时了解我方的价值信息，以达到警惕对方、保护我方的目的。

当暂时不知道对方与我方的利益关系是否一致时，就应该根据具体情况进行情感的表达、掩饰和欺骗。在公众场合下，通常既有利益关系一致的人，也有利益关系部分一致的人，还有利益关系完全对立的人，而且每个人的利益关系随时发生着变化，这就需要采取巧妙的、灵活多变的情感表达、掩饰与欺骗方式，使利益关系一致的人能够准确地了解我方的价值信息，使利益关系完全对立的人完全不了解或完全错误地了解我方的价值信息，使利益关系部分一致的人只能部分地了解我方的价值信息。

二、善意的情感欺骗与恶意的情感表白

当对方与我方的利益关系一致时，如果对方在某种特殊情况下不能正确对待和处理自己或我方的价值信息时，我方实施一定程度上暂时的、局部的和特殊的情感欺骗，有利于维护和发展对方利益或双方的共同利益，这就是一种善意的情感欺骗。例如，当亲人患有绝症时，你有必要欺骗亲人说他只是患了一点小病，并尽量表现出轻松愉快的样子，这往往有利于亲人保持稳定的情绪，以免因情绪的剧烈变动而加速死亡；当你处于非常不利的经济或政治状态时，朋友又无法帮助自己，如果把真情告诉他，只能引起他不必要的担心，甚至还会引起一些额外的麻烦，这时你有必要欺骗朋友说自己一切都很好。

当对方与我方的利益关系对立时，如果对方在某种特殊情况下不能正确对待和处理自己或我方的价值信息，我方将不仅不会实施情感欺骗，而且还会设法把我方的真实情感准确地传递给对方，使对方出现我方所希望看到的错误思想或错误行为，这就是一种恶意的情感表白。例如，当劲敌参加一个重要比赛时，如果你有意地告诉他一个坏消息，其目的就在于影响他的比赛成绩。

三、情感掩饰与欺骗的基本方式

情感掩饰与欺骗的手段多种多样，可以归纳为以下几种：

1. 隐瞒自己的真实意图

敌对者或竞争者如果清楚地了解自己的真实意图，就会采取相应的措施予以阻止，因此隐瞒真实意图能够大大减少阻力，并收到出奇制胜的效果。有些人在社交场合要么“玩深沉”“装神秘”，使人摸不透他的真实意图，要么展示自己相反的意图。

2. 隐饰自己的真实能力

当自己不具备某种能力时，却装出十分自信的样子；当自己具备某种能力时，却装出无可奈何的样子。隐饰自己的真实能力可以使敌对者或竞争者不能有效地进行竞争，他们要么被自己的虚假能力所吓倒，要么因轻视自己的能力而被打倒。

3. 树立虚伪的道德形象

价值的层次越高，其效应就越持久、越广泛、越深刻，其效应的共享性就越高，谁拥有的高层次价值越多，他与别人将会有更多的共同利益，因而容易得到别人更多的帮助与支持。如果人采取某些虚假的形式，刻意树立一个善良、正直、诚实、高尚的道德形象，就可能得到更多的尊敬和爱戴，得到更多的帮助与支持。为此，人总是掩饰自己对于低层次价值的情感，而夸张自己对于高层次价值的情感，如有些商人总是掩饰自己对于金钱的迷恋，夸张自己对于友情的珍爱。

4. 表现出虚伪的情感姿态

如果人采取某些虚假的情感姿态，刻意对他人表示谦虚、礼让、恭敬、同情、关心，或表现出可怜、悲惨的样子，就容易被认为是对他人权力、能力、地位和荣誉等的认可和维护，就会在一定程度上骗取他人的某种价值回报。

四、情感掩饰与欺骗的道德判断

情感的掩饰与欺骗在本质上来说是为人的利益服务的，在什么条件下采用什么方式进行情感的掩饰与欺骗，主要取决于人的利益需要。具有不同利益关系的人对相同的情感掩饰与欺骗者可以形成不同的评价结论：精于此道者将被受益者视作精明、能干，将被受害者视作奸诈、狡猾；疏于此道者将被受益者视作老实、憨厚，将被受害者视作愚蠢、呆板。判断一个情感掩饰与欺骗行为是善还是恶，不能从认识论的角度进行，即不能从逻辑上、理念上、思维上或传统观念上进行，而应该从价值论的角度进行，即应该从价值效应上看它是否损害整体的利益、长远的利益和绝大多数人的利益。

情感的掩饰与欺骗在总体上是相对的、有条件的，它只能在一定程度上、一定范围内、一定条件下起作用。如果过少地使用情感的掩饰与欺骗，就会达不到理想的价值效应，同时给人以憨厚、愚笨的形象；如果过多地使用情感的掩饰与欺骗，就容易被他人识别出来，并诱发他人加倍的报复，其结果往往是弄巧成拙，同时给人以奸诈、不可信任的形象。

五、情感掩饰与欺骗的一般规律

由于情感的掩饰与欺骗在根本上取决于人与人的利益关系及其相关性，而人的利益关系及其相关性的变化有着一定的规律性，因此情感的掩饰与欺骗存在着一定的规律性，具体表现在：

一是社会越发展、人类越进化，人的利益关系的规模就越大，各种形式的利益竞争与利益冲突就越普遍化、多样化和复杂化，情感的掩饰与欺骗也就越普遍，因此发达地区的人通常要比贫穷地区的人具有更强的情感掩饰性。

二是人的利益关系及其相关性越多变、越动荡，情感的掩饰与欺骗就越普遍，因此处于自然灾害、社会动荡或社会变革时期的人通常要比处于自然优越或社会稳定时期的人具有更强的情感掩饰性。

三是社会关系的广泛性和复杂性越高，情感的掩饰与欺骗就越普遍，因此社会上层人物（特别是商人、文人和政客）通常要比平民具有更强的情感掩饰性。

四是工作对象的价值关系越不确定，情感的掩饰与欺骗就越普遍，业务工作越是远离自然、接近社会，其社会关系的广泛性和复杂性就越高，因此社会工作者通常要比工人、农民和科技工作者具有更强的情感掩饰性。

五是人与人之间的共同利益越少，情感的掩饰与欺骗就越多，因此人对竞争对手所表现的情感掩饰性通常要比对同盟者所表现的情感掩饰性更大。

六是人的利益关系及其相关性越模糊，情感的掩饰与欺骗就越普遍，因此人对于陌生人所表现的情感掩饰性通常要比对于熟悉人所表现的情感掩饰性更大。

七是情感掩饰与欺骗手段越高明的人，越是经常地使用情感的掩饰与欺骗，因此高文化素质的人通常要比低文化素质的人具有更强的情感掩饰性。

八是情感的掩饰与欺骗所产生的价值效应越高，情感的掩饰与欺骗就越容易产生，因此人对于上级或下级所表现的情感掩饰性通常要比对于平级所表现的情感掩饰性更高。

当然，这里的情感掩饰性只是从绝对值上来说的，不是从相对值上来说的，由于人的价值关系的总规模在不断扩展，因此从相对值上来说，人的情感掩饰性程度并没有增长。事实上，社会越发展、越开放，人的素质越高，就越能明确地、公开地袒露自己的工作目的、生活欲望与精神信仰，个人的自由、尊严及隐私就越能得到社会的普遍认可。

六、情感掩饰与欺骗的识别

情感的掩饰与欺骗是在意志活动的干预下产生的，不是情感的自然流露，因此总会或多或少地出现一些破绽，问题在于能否识别这些破绽。

在生理变化、面部表情、体姿表情和言语表情中，最容易受意志控制的首先是言语表情，其次是面部表情（其中，眼睛最容易受意志控制），最后是体姿表情，最不容易受意志控制的是生理变化。也就是说，在所有情感欺骗中，言语表情的欺骗是最容易发生的，通过言语表情所反映的情感是最不可靠的。比之于面部表情，人的体姿动作往往是了解其内心情感状态更可靠的线索，一个伪装面部表情的人常会在体姿表情上泄露内部真实的一面。

由于人在进行情感的掩饰与欺骗时，通常需要意志活动的强行参与，必然会提高大脑中央前回（特别是额叶区）神经组织的紧张程度，人的情感活动在意志活动的强行干扰下还会出现一系列不连续、不对称、不自然的特殊现象。譬如：人们微笑和惊诧的表情一般只能维持 4 秒至 5 秒，过长则可能是装出来的；说谎者的手势和面部表情往往不同步，先拍桌子，然后才板脸；说谎者的面部表情往往不对称、不自然；声音的变化比较不连续，音域会突然提高；经常发生言语中断和口误现象。测谎器就是根据人在进行情感掩饰与欺骗时所表现的紧张性、不自然性和不对称性的基本原理研制出来的。

第六节 情感的修正

在理论上讲，人对于事物的实际情感强度应该与理想情感强度（与该事物的价值率高差的对数成正比）相同时，人的情感才能正确反映事物的价值关系，只有在这种情感的引导下所产生的行为才具有最大的价值率。然而，由于价值的复杂性和多变性以及人对于价值认识能力的局限性，人的实际情感强度并不等于理想情感强度，这就需要对情感进行不断的修正。情感的修正过程实际上就是实际情感强度应该与理想情感强度不断趋于一致的过程。

一、情感的初始设置

人为了迅速而准确地建立对于客观事物的情感，必须首先采用某种合理的方式来确定情感的初始值，以尽可能降低今后情感的修正幅度，缩短今后情感的修正时间，降低因修正过程所产生的价值损耗。情感的初始设置主要有以下方式。

1. 感受直接事物的首次价值效应

当事物首次作用于人时，人将会对该事物产生第一印象，从而完成了情感的初始设置。一见钟情就是指男女双方首次见面就产生了强烈而深刻的第一印象。由于事物的价值效应取决于许多偶然因素，首次作用的价值效应往往具有很大的偶然性和片面性，通常不能正确反映事物的真实价值，由此产生的第一印象具有很大的偶然性和片面性，有待于进一步地修正和完善。不过，它毕竟考虑了部分价值变量的作用，相比完全盲目的情感已经前进了一大步，特别是当各种变量相对稳定时，第一印象的准确性就相对较高。

2. 感受相关事物的价值效应

当原发事物的相关事物作用于人时，人将会形成对于相关事物的情感，进而引起对于原发事物的情感，从而完成了情感的初始设置。例如，当见到某先生是个不讲理的蛮汉时，就会对这位先生的父母亲产生不好的印象。情感的这种间接的初始设置方式比直接的设置方式具有更大的不确定性，因而容易产生更大的价值误差。

3. 感受事物的外部特征

事物的外部特征与其价值属性虽然是相对独立的，但总会存在某种联系，事物的外部特征总会在一定程度上反映其价值属性，因此感受事物的外部特征也会引发人对于事物的情感，从而完成情感的初始设置。“以貌取人”就是指通过感受他人的某些外部特征（如相貌、身材、衣着、言谈举止等）来判断这个人的价值状态、价值需要及价值创造能力，并决定对于这个人的喜恶与取舍。

4. 接受他人的教育和诱导

前人或他人的经验，可作为情感初始设置的重要依据。自己周围的人特别是父母、老师、朋友等具有稳定而成熟情感的人，可通过语言、表情等方式把他们对于事物的情感传播给自己，从而完成情感的初始设置。阅读前人或他人的著作以及观看电视、电影、戏剧等，可以在较大范围内了解古今中外各种社会历史事物的价值属性，从而完成了社会历史事物的情感的初始设置过程。为了提高初始情感的准确性，人总是优先接受自己最亲近、最信赖、最有权威的人或媒体所传播的情感。

5. 观察他人的行为表现

他人的行为表现特别是父母和老师的行为表现，将对子女和学生的初始情感产生重要的影响。粗俗的父母常常会教育出粗俗的子女，情感贫瘠的老师将会在情感领域误人子弟。之所以强调老师要为人师表，父母要严于律己，在很大程度上是为了使其学生或子女建立正确的初始情感。

二、情感的修正过程

初始情感建立以后，需要对其进行修正，修正过程既可以通过总结自己亲身的生活经验来完成，也可通过借鉴他人的生活经验来完成，既可以通过自觉的学习与修养来完成，也可通过他人对于自己的培养与教育来完成。

情感的修正过程大致是：人在准备实施某一行为方案时，就会对所有涉及的事物进行价值分析，对其中一个或多个未知或模糊事物的价值率高差进行初步估计，即进行情感的初始设置，再根据各个事物的价值率高差和作用规模估算出行为方案的价值率。行为方案实施后，可得到实际的价值率高差，再与原来所估算的价值率进行比较，如果有误差就开始对未知或模糊事物的初始情感进行修正，并将修正后的情感投入另一行为方案的修正过程。情感的这种修正过程通常需要反复进行多次，人对于未知或模糊事物的情感才能趋于清晰、成熟和稳定。

多个未知或模糊事物的情感修正既可以分步进行，也可以同步进行，但存在优先顺序：先修正较陌生事物的情感，后修正较熟悉事物的情感；先修正较低层次的情感，后修正较高层次的情感；先修正作用规模较大事物的情感，后修正作用规模较小事物的情感；先修正现实事物的情感，后修正过去和未来事物的情感。如果人、环境或事物的品质特性发生了变化，则事物的价值关系也将发生变化，原先已经修正好的情感将会进行新的修正。

三、情感的修正程序

情感的一般修正程序可分为三个阶段：初始化阶段、修正阶段和稳定阶段。其中，在初始化阶段，情感由原点走向初始值；在修正阶段，情感产生波动，并不断缩小波动幅度；在稳定阶段，情感向一个稳定值趋近。

实际生活中的情感修正模式是千差万别的。有些情感没有稳定阶段，如对重大自然灾害、政治迫害、舆论攻击等变动性很大的价值事物的情感；有些情感没有修正阶段，如对死亡、绝症等重大事件的情感；有些情感没有初始化阶段和修正阶段，如对酸、甜、苦、辣等食物的无条件情感；有些情感在经历一段时间的稳定过程后，又进入新的修正过程。此外，还有四种特殊的情感修正模式：一是高位波动式修正模式，其情感强度的波动中心始终大于事物的价值率高差，多见于多血质气质的人；二是低位波动式修正模式，其情感强度的波动中心始终小于事物的价值率高差，多见于抑郁质气质的人；三是下降式修正模式，其情感强度从某个高值平稳走向事物的价值率高差，不出现情感波动，多见于胆汁质气质的人；四是上升式修正模式，其情感强度从某个低值平稳走向事物的价值率高差，不出现情感波动，多见于黏液质气质的人。

四、情感修正时间的一般规律

一是事物的价值层次越高，情感的修正时间通常越长，情感修正过程的波动幅度越大。

二是事物的作用规模越大，情感的修正时间通常越长。

三是参加实践活动的次数越少，其情感修正时间就越长。

四是女性通常比男性的情感修正时间要长。

五是老年人通常比年轻人的情感修正时间要长。

六是性格内向者通常比性格外向者的情感修正时间要长。

七是低文化者通常比高文化者的情感修正时间要长。

八是初始情感越不合理，其修正时间通常就越长。

五、意志动力特性的修正

人对于每个自身的行为动作（超复杂行为、复杂行为、简单行为和本能行为）都有一个意志，由于意志是人对其行为价值率高差的一种主观估计，因此必然存在着或多或少的误差，需要进行不断地修正。

以复杂行为的修正为例，意志的修正程序是：人在实施某个复杂行为之前，总会对相关的所有简单行为的价值率进行分析，并在此基础上对整个复杂行为的价值率产生一个预测值，与人的中值价值率进行比较后，在人的大脑中形成了实施这个复杂行为的意志。在完成这个复杂行为后，人又会对其价值率的实际值与预测值进行对照，如果存在明显的误差，就会对其中一个或多个简单行为价值率的预测值或意志进行修正，修正的优先顺序是：先修正相对不熟悉的、新出现的或相对不明确的简单行为的意志；如果有两个以上不熟悉的简单行为，则先修正低价值层次的简单行为的意志；如果有两个以上不熟悉的低层次的简单行为，则先修正使用规模较大的简单行为的意志。

为了加快意志的修正过程，通常可以对多个简单行为的意志同步进行修正，但修正的幅度将根据以上优先顺序进行调整。修正以后的意志，将投入下次复杂行为之中进行检验；如果某简单行为长期得不到使用，其意志将会逐渐衰减；如果某简单行为的意志在多次实施过程中得到确认，其稳定性将会得到加强。复杂行为的意志修正程序通常要反复进行多次，直至各个简单行为价值率的实测值与预测值基本相同，该复杂行为价值率的实测值与预测值也基本相同，这时复杂行为的意志修正程序才得以完成。

由于任何行为动作都会涉及一个或若干事物，行为动作的价值率在很大程度上取决于它所涉及的所有事物的价值率，因此意志误差在很大程度上产生于情感误差，要修正好意志，必须首先修正好情感。在实际生活中，意志的修正与情感的修正经常同时进行。

第七节 情感错觉

当人们把一根筷子插入水中时，就会产生一种错觉：这根筷子发生了弯曲，这说明一些相关因素干扰了人的视觉器官对于事物状态的视觉判断。同样，人们对于事物的价值关系所形成的主观评价或主观情感，也会受到来自环境因素及自身内部因素的干扰，从而产生或多或少的情感误差，这就是情感错觉。

一、情感总强度

任何事物的价值关系取决于客体的品质特性、介体的品质特性和主体的品质特性三个方面的因素，情感是人脑对于价值关系所产生的主观反映，因此情感的变化也取决于这三个方面因素的变化，无论是客体的品质特性发生变化，还是介体的品质特性和主体的品质特性发生变化，人的情感都会发生变化。根据价值关系主导变量的不同，人的情感可分为三种形式：

1. 感情

当主导变量是客体的品质特性时，人的情感就是感情。

2. 情绪

当主导变量是介体的品质特性时，人的情感就是情绪。

3. 欲望

当主导变量是主体的品质特性时，人的情感就是欲望。

显然，当客体、介体和主体三个方面的品质特性同时发生变化时，情感的总强度取决于感情强度、欲望强度与情绪强度三个方面的叠加作用，即

$$I_m = I_g + I_y + I_q$$

其中，I_m为情感强度、I_g为感情强度、I_y为欲望强度、I_q为情绪强度。

由于感情、欲望与情绪是相互影响、相互渗透的，因此有时候，很难清楚地分辨出人的主流情感到底是属于感情，还是属于欲望，或是属于情绪。

二、情感错觉的三种形式

由于感情、欲望与情绪是相互影响、相互渗透的，因此情感错觉可分为三种形式：

1. 感情错觉

人在评价某一客观事物的价值时，通常会受到来自环境因素和主体自身因素的干扰，从而形成感情错觉。也就是说，由于受到情绪强度和欲望强度的干扰，人对于某一客观事物的感情强度将会发生一定程度的偏差。例如，当人处于疾病状态和恶劣环境时，人对于客观事物的感情强度就会偏低。

2. 情绪错觉

人在评价某一环境事物的价值时，通常会受到来自客体因素和主体自身因素的干扰，从而形成情绪错觉。也就是说，由于受到感情强度和欲望强度的干扰，人对于某一环境事物的情绪强度将会发生一定程度的偏差。例如，当人处于健康而舒适的状态，并且对于恋人有着良好的印象时，就会发现整个空间都充满“爱”的味道，就会发现那里的环境多么美好。

3. 欲望错觉

人在评价自身的主观需要时，通常会受到来自环境因素和客体因素的干扰，从而形成欲望错觉。也就是说，由于受到情绪强度和感情强度的干扰，人对于自身需要的欲望强度将会发生一定程度的偏差。例如，当人处于优美的环境并且正在从事很有意义的工作时，人往往对于自身的疾病或饥饿感受不到痛苦。

三、情感的均衡状态

综上所述，可得出以下三点：一是要想排除感情错觉，就必须使附加的情绪强度和附加的欲望强度均为零；二是要想排除情绪错觉，就必须使附加的感情强度和附加欲望强度均为零；三是要想排除欲望错觉，就必须使附加的感情强度和附加情绪强度均为零。

现提出如下概念。

1. 感情均衡

当客体的品质属性不能诱发任何附加的感情强度时，就称主体处于感情均衡状态。

2. 情绪均衡

当主体所处环境因素不能诱发任何附加的情绪强度时，就称主体处于情绪均衡状态。

3. 欲望均衡

当主体的品质特性不能诱发任何附加的欲望强度时，就称主体处于欲望均衡状态。

4. 情感均衡

当感情强度、欲望强度与情绪强度的代数和为零时，就称主体处于情感均衡状态。

5. 情感全均衡

当欲望均衡、感情均衡、情绪均衡同时成立时，就称主体处于情感全均衡状态。

四、无错觉情感

人对于某一事物进行价值评价时，没有受到其他相关因素的影响，这就形成了无错觉情感（即无干扰情感）。无错觉情感可分为三种：

1. 无错觉感情

在欲望均衡和情绪均衡状态时，人的情感完全由感情来决定，此时主体的感情强度及其变化可以较为准确地反映出客体的价值特性，从而避免感情错觉的发生。

2. 无错觉情绪

在欲望均衡和感情均衡状态时，人的情感完全由情绪来决定，此时主体的情绪强度及其变化可以较为准确地反映出环境中相关事物的价值特性，从而避免情绪错觉的发生。

3. 无错觉欲望

在感情均衡和情绪均衡状态时，人的情感完全由内在的欲望来决定，此时主体的欲望强度及其变化可以较为准确地反映出人的内在需要，从而避免欲望错觉的发生。

第八节 情感病态

情感是人脑对于价值关系的主观反映，一般情况下，人的情感强度总是围绕事物的价值率高差为中心而上下变化。然而，由于社会的历史原因、个人的特殊经历、错误的教育方式、不合理的社会体制以及社会的阴暗势力等因素的影响，使一部分人的情感状态严重地偏离了事物的客观价值关系，从而表现出某种程度的病态，这就是情感病态或心理病态。

一、社会心理病态与个体心理病态

根据主体类型的不同，心理病态可分为社会心理病态与个体心理病态两种。

1. 社会心理病态

社会心理病态一方面包括长期沉积下来的落后传统的社会心理病态，如“多子多福”心理、“光宗耀祖”心理、“不患寡而患不均”心理、“男尊女卑”心理、女性的“从一而终”心理、“夫唱妇和”心理等；另一方面包括社会新产生的社会心理病态以及从境外渗透进来的社会心理病态，如“金钱至上”心理、“爱情是游戏”心理、“权钱交易”心理等。

2. 个体心理病态

个体心理病态是个体心理的极端化形式。例如，适度的利己心理属于正常心理，而极端的利己心理就是自私心理；适度的取利心理属于正常心理，而极端的取利心理就是贪婪心理；适度的惜财心理属于正常心理，而极端的惜财心理就是吝啬心理。

二、心理病态的常见形式

1. 自私心理

当人没有足够的能力通过正当途径获取利益时，当人处于孤立而狭隘的社会关系时，当人得不到他人的信任和社会的尊重时，当人看不到自私对道德形象的损害和对内心平衡的破坏时，当人的文化素质和道德修养水平不高而难以形成高层次价值的需要时，当人没有崇高的思想境界和价值追求时，就容易产生自私心理。

2. 贪婪心理

当人的某种物质享受欲望出现病态性亢进时，当人面对他人物质生活水平的提高而失去平衡时，当人的薄弱意志抵不住金钱与物质的诱惑时，当人失去自尊心和社会责任感时，当人失去道德良心时，当人曾经饱尝金钱与物质贫乏之苦时，就容易产生贪婪心理。

3. 吝啬心理

当人处于孤立而狭隘的社会关系时，当人得不到真正的友谊时，当人缺少亲密的情感交流时，当人没有同情心和人情味时，当人对他人抱有强烈的戒备心时，当人对外界风险存在严重焦虑时，当人极度关心既得利益又担心失去它时，当人过分迷恋物质利益而忽略精神利益时，当人从小受到冷淡、敌视、不公正惩罚等待遇时，就容易产生吝啬心理。

4. 空虚心理

当人失去精神信仰和人生奋斗目标时，当人的成就或劳动能力得不到实现或得不到承认时，当人处于精神压抑和神经紧张时，当人缺乏自信而看不到发展前途时，当人面临生活困难和失业威胁时，当人的物质生活得到充分满足而精神文化生活单调时，当人的社会地位下降而社交范围急剧缩小时，当人的社会地位上升而亲密朋友反而疏远时，当人的财富聚敛到一定程度再没有往日对于财富追求的激情和冲动时。

5. 依赖心理

当人有自卑感而缺乏自信心时，当人担心被遗弃而无自立能力时，当人长期处于过分偏爱之中而缺乏自主性和独立性时，当人的能力和个人价值长期受到压抑而又处处委曲求全时，当人的需要得到充分满足而不求上进时，就容易产生依赖心理。

6. 虚荣心理

当人存在心理缺陷时，当人的自尊心受到严重伤害时，当人无力获取真正的荣耀时，当人面对他人的荣耀而失去平衡时，当人处于受歧视、受压迫的境地时，当人的能力和成就得不到实现或得不到承认时，就容易产生虚荣心理。

7. 浮躁心理

当人没有明确的人生奋斗目标而无所适从时，当人无力成就事业而想投机取巧时，当人做事无恒心而想急功近利时，当人处于社会变革时期而很难预测和把握未来时，当人在他人的成功面前失去平衡时，当人失去已有的优势面临新的严重挑战时，就容易产生浮躁心理。

8. 迷信心理

当人没有精神依托和人生信仰时，当人面临生活转折而不能预测和把握未来时，当人依赖于他人、依赖于权威时，当人不懂科学而不能正确认识自然和社会时，当人对外界力量感到神秘和恐惧时，就容易产生迷信心理。

9. 压抑心理

当人承受繁重的学习与工作任务时，当人处于紧张的人际关系时，当人处于僵化而过于严厉的社会体制时，当人的能力不能充分发挥时，当自己的需要得不到满足时，当自己的愿望得不到实现时，当自己存在某些生理或心理缺陷而受到他人歧视时，就容易产生压抑心理。

10. 怪癖心理

病态的、极端化的爱好就是怪癖，如吸毒、吸烟、酗酒．洁癖、吮指头指甲、开灯睡眠癖、乘车恐怖、疑病癖等，它在本质上就是人与某一条件刺激物之间存在着一种病态的、稳定的价值联系，它的形成可能出自于他人的引诱和强迫，也可能出自于自己的好奇和模仿，还可能是出自于生理上、心理上和生活上的暂时需要，或者出自于一次或多次的强烈刺激。怪癖通常会给自己和他人带来十分严重的危害，而怪癖的消除往往需要坚强的意志。

第九节　情感与疾病

中医理论认为人有“七情”，即喜、怒、忧、思、悲、恐、惊，人有“五脏”，是指心、肝、脾、肺、肾等，每一种情感都有相应的人体脏器来“主管”，即心主喜，肝主怒，肺主忧与悲，脾主思，肾主恐与惊。过度的情感反应必然会伤及相对应的脏器，即喜伤心，怒伤肝，忧（或悲）伤肺，思伤脾，恐（或惊）伤肾。说明人的情感与疾病存在着密切的关系。那么这种密切关系是否存在着某种科学道理呢?

一、情感运动

情感的本质是人脑对于价值关系的主观反映，其客观目的在于帮助人如何正确的识别价值、表达价值、计算价值、消费价值和创造价值。外界价值关系的变化必然会引发人的情感变化，一般来说，外界正常的价值变化通常会引发人脑及身体正常的情感反应，人体的生理机制会自动进行调节，这些情感反应对于人的健康状态不仅不会产生伤害作用，而且还会产生有利作用。人对于价值关系就产生的生理变化、心理变化与精神变化就是“情感运动”，它是身体运动的一种重要内容之一。

显然，外界过度的价值变化通常会引发人脑与身体过度的情感反应，而过度的情感反应通常是不利于人体的健康。这种“过度”通常是指情感在持续时间的过久，反应强度上的过高，变动速率的过大。

人在自己的生命过程中只有全面而深刻地经历各种情感反应（喜、怒、忧、思、悲、恐、惊），他的生理状况、心理状况和精神状况才能得到相应的培养与锻炼，缺少任何一种情感的体验，他就得不到相应的情感培养与情感锻炼，他的身体和心智就不容易保持健康。一些“富二代”“官二代”“星二代”生活在很优越的环境里，他们衣食无忧，很少体验怒、忧、悲、恐、惊等负面情感，很少经历各种情感的煎熬与锻炼，因而很容易出现各种情感缺陷与心理疾病，往往没有承受重大挫折与沉重打击的能力；相反，一些生活在极端贫困家庭与极端恶劣环境的人，他们总是处于生存的危机之中，很少体验喜与乐的正面情感，也容易出现各种情感缺陷与心理疾病，对于人与事的观点往往过于悲观与消极。

总之，“情感运动”是身体运动的重要组成部分，“情感锻炼”是身体锻炼的重要组成部分，适量的“情感运动”与“情感锻炼”将会有利人的生理健康、心理健康和精神健康，过度的“情感运动”与“情感锻炼”将会有害人的生理健康、心理健康和精神健康。

二、情感反应与机体变化

情感一旦发生波动，人体诸多器官的状态就会发生变化，如大脑的觉醒和兴奋程度、血液的流动速度、内脏器官的工作状态、呼吸的幅度和频率、肌肉的紧张程度、体液的分泌状态等将会进行事前的预先设置，从而使机体能够在事物发生价值作用之前形成必要的生理准备、行为准备和思维准备。例如，愤怒感的产生会使机体会出现心跳加速、血压升高、血糖增加、血管扩张、脸色涨红等生理反应，从而加快体内细胞组织的氧气与营养物质的供给速度，便于迅速有效地实施攻击或反抗行为；惊恐感的产生会使机体将会出现皮肤血管收缩、脸色苍白、大脑迅速充血等生理反应，从而在极短时间内向大脑集中供血，以提高大脑的氧气和营养物质的供给速度，提高大脑的觉醒程度、兴奋程度以及思维敏捷性，便于灵敏而准确地识别所发生的突发事件，并有效地实施反抗行为或逃遁行为。

三、情感模式与器官疾病的对应关系

由于人体的不同生理器官在不同类型的情感反应中担任不同的角色，因此每一种过度的情感反应往往会使某一种器官产生相对较强的生理反应及疾病。

1. “喜伤心”的原理

当人的价值大幅度地上升时，人体需要全面提供其接受其价值资源、扩大其价值需求的生理准备，并需要为身体的各种细胞提供足够的能量，从而提高了心脏的负担和压力。

2. “怒伤肝”的原理

当人的价值面临某一事物的巨大威胁时，人需要调动爆发力和攻击力来进行反抗和攻击，这就需要身体内迅速分泌大量用以刺激爆发力和攻击力的激素，而这些激素往往对人的身体产生较大的毒性，需要肝脏来及时进行排毒，从而提高了肝脏的负担和压力。

3. “忧（或悲）伤肺”的原理

当人的价值面临某一事物的持续削弱时，人需要持续不断地压抑和收缩自己的需求和欲望（包括食欲在内的其他生理欲望），使人能够集中精力解决目前所焦虑的重要问题。此时，身体及各部位的细胞组织均处于消极状态，人的免疫系统的免疫能力也明显下降，肺部是呼吸的器官，空气中的寒热之气或病菌最容易侵袭肺部，很容易使人出现感冒、咳嗽等症状。同时，皮肤也是可以呼吸的器官，当人处于“忧”或“悲”的状态时，人体的免疫能力下降，空气中的寒热之气或病菌最容易侵袭皮肤的毛囊，容易使人导致荨麻疹、斑秃、牛皮癣等，因此中医认为“肺主皮毛”。总之，“忧”或“悲”的过度情感提高了肺部的负担和压力。

4.“思伤脾”的原理

人需要调动自己的思维器官来理顺各种价值关系的来龙去脉。人的思维过程是大脑神经系统高度活跃的时候，为了集中精力进行思维，身体往往需要排除干扰，尽量减少或停止其他生理系统的运动量与活跃度，这就需要减少消化液的分泌量，抑制人的食欲等，容易出现头昏、心慌、贫血、呕吐、腹胀、腹泻等症状，使人的许多生理系统持久地处于非正常状态。中医认为“脾主运化”，负责身体内能量与气血的调度与配置，过度的“思”，使人非正常地、持久地调度体内的能量与气血，将会提高脾的负担与压力。

5.“恐（或惊）伤肾”的原理

当人的价值面临着巨大而突然的威胁时，在自己不了解危险的真实来源，也不知道应对危险的最佳方式时，往往应该保持身体最有效的防御姿态，释放身体多余的负担（包括大小便），并使神经系统和大脑皮层保持高度的觉醒状态与兴奋水平，从而把自己的价值损失和身体危害降低到最小限度。此时，人体分泌大量肾上腺素，让人呼吸加快（提供大量氧气），心跳与血液流动加速，为身体活动提供更多能量，瞳孔放大，使反应更加快速，然而，肾上腺素的大量分泌提高了肾脏的负担和压力。

四、情感反应的两种调控方式

人的情感反应有两种基本的调控方式：神经控制、体液控制（通过激素等）。其中，神经控制是大脑接收到情感信息之后，通过神经系统发出控制指令，直接控制人体各个器官与组织的生理、行为、思维等生理过程，神经控制主要适应于快速、高强、短暂的情感反应；体液控制是大脑接收到情感信息之后，通过相应的激素分泌器官释放相应的激素，通过血液、体液等传递到相应的组织与器官之中，间接控制人体各个器官与组织的生理、行为、思维等生理过程，体液控制主要适应于慢速、低强、持久的情感反应。

情感通过神经控制与激素控制完成其价值功能以后，将会产生一系列的副作用。其中，神经控制所产生的副作用主要有：导致疲劳、细胞缺氧、缺水、缺营养、加快衰老、磨损与病变等，这些副作用在神经控制的价值功能完成以后，必须进行“去神经”过程来予以逐渐消除。不过，神经控制消失比较快速，神经控制所对应的组织器官能够很快松弛下来和恢复起来，它所产生的副作用通常比较小，而且能够很快消失。

激素控制所产生的副作用主要有：许多的激素物质具有较强的化学腐蚀性，能够腐蚀生理器官，伤害器官的生理功能，这些副作用在激素控制的价值功能完成以后，必须进行“去激素”过程来予以逐渐消除，否则持续的、高浓度激素的腐蚀作用，将会破坏细胞的正常功能，并使相应的组织器官发生损伤与病变。而且情感的强度越大，人体所分泌的激素浓度就越高，人体所需要的“去激素”过程就越长久。

五、长寿的秘诀

有四种人容易长寿：

第一种，没心没肺的人长寿；不生气、不动怒者，不伤肝。

第二种，稀里糊涂的人长寿；少思少谋者，不伤脾。

第三种，平静的人长寿；不激动者，不伤心；不恐不惊者，不伤肾。

第四种，觉悟者长寿。不悲不忧者，不伤肺。凡是觉悟者，不把功名利禄看得太重，不会因为利益的得失而耿耿于怀，不会因为财富的损失而悲伤。

第十节 情感的培养与训练

如同身体锻炼和智力培养一样，人的情感也需要培养与训练才能不断发展和完善。情感的培养与训练是人的素质培养的重要方面，其意义绝不亚于智力培养，它包括信仰的树立、品德的修缮、性格的陶冶、精神的充实等具体内容，实际上就是对情感的品质特性如强度性、稳定性、灵活性、细腻性、偏好性、层次性、效能性等进行塑造、调整和改变。由于情感的本质就是人脑对于价值关系的主观反映，因此情感的培养实际上就是人对于价值关系的认识能力、反应能力与创造能力的培养。行为关系是一种特殊的价值关系，意志是人对行为关系的主观反映，意志可以看作是一种特殊的情感，因此情感的培养与训练还包括对意志的自觉性、能动性、自制性、坚韧性、独立性、果断性和倾向性进行培养与训练。

情感的培养与训练主要应该从以下几个方面进行。

一、刻苦学习、勤于思考

情感与认知是相互渗透、相互促进和相互影响的，情感必须建立在认知基础上，一个人要想具有较高的情感水平，就必须首先具有较高的智力水平，知识的增长和智力水平的提高将有利于情感水平的提高，而且不同形式的知识和智力将会侧重于从不同的角度影响人的情感水平。

“数学使人精密”。数学手段一旦被人所掌握，就会自觉不自觉地应用于各种情感反应活动中，就会使情感与价值之间建立更加精确的对应关系。

“历史使人深刻”。从价值论的角度来看，历史就是人类社会重大事件或重要人物的价值关系的发展过程。经常阅读历史和研究历史能够使人习惯于和善长于从时间推演的角度或从逻辑因果关系的角度探索社会事物发展的来龙去脉，从而有利于深刻地认识社会事物及其价值关系变化的必然规律，使自己的情感在其时间推演和因果变化上具有更高的深刻性。

“哲学使人明智”。明智就是指一个人能够从长远的角度、整体的角度和辩证的角度来考察和控制自己的思想、行为和情感，哲学反映了事物最一般的本质特性和规律性，哲学的学习有利于客观地、历史地、辩证地认识各种价值事物最一般的本质特性和规律性，从而有利于培养人的长远观念、整体观念和辩证思维能力。

“逻辑学使人严谨”。学习逻辑学可以使人的认识活动和情感活动自觉不自觉地受到某些逻辑法则的制约和影响，从而提高了思维的逻辑严谨性。

“文学使人丰富”。文学作品是作者通过描述各种具体的生活内容和引人入胜的故事情节，将社会道德观念、价值取向、社会意志、时代脉搏、大众呼吸等注入其中，从不同角度映射各种错综复杂的社会利益的矛盾与冲突的产生和发展过程，并向读者敞开自己的心灵，灌入自己的热情，倾诉自己的衷肠，表达自己的观点，刻画自己的性格，描述自己的人生，从而引起读者的好感、关切与共鸣，有利于使读者在其内心逐渐建立一个丰富而深邃的情感世界。

二、投身实践、积极工作

实践活动在本质上是一种价值创造活动，人在实践活动中能够真实地感受复杂多样的价值关系的变化，并形成现实的情感体验，成功的实践活动使人产生正向的情感体验，失败的实践活动使人产生负向的情感体验，参加的实践活动越多、越复杂、越激烈，人所产生的情感体验就越多、越复杂、越激烈，就越有利于丰富人的情感世界，增强人的承受情感挫折的能力，培养人的情感灵活性，提高人的情感层次性，增进人的情感效能性。

人如果总是逃避或消极地对待实践活动，其情感就难以得到培养和锻炼，就会是脆弱的、不稳定的、低层次的和低效能的，经不起风吹雨打。在温室里长大的孩子，往往经受不起生活的磨难，工作上和生活上一旦遭受巨大的打击，就可能产生生理上的疾病、情感上的缺陷和精神上的障碍。

三、兴趣广泛、业余充实

不同的兴趣与爱好往往从不同角度培养人的情操，广泛的兴趣与爱好可以全方位地培养人的情感。例如，扑克、麻将等可以培养人对于概率性、模糊性事物的正确掌握，提高人的情感灵活性，使人果断、活泼；象棋、围棋等可以培养人对于确定性、逻辑性事物的把握，提高人的情感稳定性，使人严谨、稳重、深邃、细致；钓鱼等可以培养人的情感持久性，使人有耐心、有毅力；球类和田径运动等可以培养人的情感强度性和效能性，增强吃苦耐劳的精神；音乐欣赏、唱歌和跳舞等可以培养人的情感细腻性，使人温和、体贴；观看电视、电影及阅读报刊、小说、杂志等可以培养人的情感丰富性、层次性，使人浪漫、有情调。

丰富的业余生活可以排遣人的精神空虚，发展人的积极进取精神和乐观开朗的性情；可以合理宣泄人的情感积郁，缓解或消除人的心理压力和精神障碍；可以加强人与人的沟通，缓解或消除人际间的冷漠与隔阂；可以训练人对于负向情感的感受性，提高人的心理承受能力。当然，任何业余活动都必须掌握一个限度，不能痴迷到影响人的正常生活和工作。

四、广交朋友、珍爱友谊

广交朋友、珍爱友谊，一方面可以帮助人建立广泛的社会关系，使其价值关系多样化、复杂化，从而有利于发展丰富多彩的情感世界，并使其情感在复杂多样的价值关系及其变动中不断得到锻炼；另一方面可以从不同侧面培养和完善人的情感，这是由于不同阶层人的价值关系及其情感反映往往具有不同的特征，如低社会层次的人的价值关系往往比较简单，其情感通常表现为纯朴而粗俗；高社会层次的人的价值关系往往比较复杂，其情感通常表现为高雅而虚伪。与不同阶层的人进行交往，将利于在情感发展中进行取长补短；第三方面，与朋友的交往本身就是一个精神沟通和心理慰藉过程，容易使人形成乐观开朗和自尊自信的性情，有利于缓解和克服压抑、退缩、冷漠、焦虑等负向情感。

独生子女的价值关系通常比较简单，不利于全方位地培养情感，因而应该鼓励他们走出家庭、融入社会，建立和发展广泛的社会关系。

五、乐善好施、善解人意

乐善好施就是指人主动帮助他人，多做好事。善解人意就是指人总是优先从正价值的方向判断他人的行为和思想动机。乐善好施、善解人意者在人际交往过程中虽然从表面上来看要比他人多付出一些价值，违背了人际交往的等价规律，但从深层次上来看，同样遵循人际交往的等价规律，因为他将由此得到别人更多的尊敬和爱戴，其利益将会更多地、更好地得到他人和社会的承认和保护。乐善好施、善解人意者一方面可以借助他人积极地扩展自己的社会关系；另一方面可以充分享受人际间的亲情与友情，降低心理压力。

人如果过分提防他人、处处封闭自己、时时自私自利，就会不断缩小自己的社会关系范围，其情感将会变得越来越冷漠、单调和狭隘，虽然减少了吃亏、受骗的机会，却会出现更大的可能使自己在遇到困难时无人同情和帮助，在碰到大好发展机遇时无人支持和合作。

六、勇于探索、大胆创新

勇于探索、大胆创新有利于破除陈旧的、衰落的价值关系，发现和建立新生的、有生命力的价值关系。新生的价值关系往往具有很大的波动性和不确定性，人对新生事物所产生的情感也往往具有很大的波动性和不确定性，因此勇于探索、大胆创新者往往会承受巨大的情感上和意志上的严峻考验，从而有利于增强心理承受能力和对突发事件的处置能力。新生事物的价值关系往往具有较高的价值层次，代表着社会的长远利益或整体利益，因此勇于探索、大胆创新者往往不计个人得失，不恋眼前利益和局部利益，具有无私无畏的品质和高度的社会责任感。此外，他们往往能够紧紧抓住高速发展的机遇，实现自己的人生价值，充分体验到成功的喜悦，从而培养出乐观开朗、豁达宽容的性格。

七、善待挫折、百折不挠

挫折是指人的需要受到阻碍或限制而得不到满足时的生活过程。人的需要如果通过正常的努力得不到满足，通常将会采取两种方式加以解决：一是削弱意志，压抑这种需要，使之逐渐淡化；二是加强意志，付出更大的努力来促成需要的满足。挫折既可以使人失望、痛苦，使意志薄弱者失去自信，也可以给人以收益，使意志坚强者更加坚强，经验更加丰富，情感更加成熟，工作更加努力。

人的意志通常需要依靠挫折的磨炼才得以强化。如果人的需要能够得到轻松而充分的满足，很少经历挫折，那么他的情感和意志必然是脆弱的。一个饭来张口、衣来伸手、从未遭受挫折的人，面对突如其来的打击往往会手足无措、悲观失望。

挫折对于弱者来说是一种灾难，对于强者来说是一种精神财富。失败作为一种挫折，有利于强化人的意志，失败者可以总结经验，吸取教训，为今后的成功打下良好的基础，因此对于强者来说，“失败是成功之母”。

第十一节　个人情感的发展历程

人类机体是一个复杂的价值循环与转化系统，而所有价值循环与转化过程都是在人的情感的指导下完成的。因此一个人从出生、成长、再到死亡的变化过程，是一个复杂价值系统从形成、发展、再到衰亡的变化过程，也是个人情感从形成、发展、再到衰亡的变化过程。科学分析个人情感的发展历程，对于深入揭示人类生命过程的奥秘，具有重大的理论意义。

个人情感的发展历程大致可分为几个阶段：情感的初始形成、情感的成长、情感的发展完善、情感的衰落。

一、个人情感的初始形成

婴儿刚出生时，还没有独立的能力，只能完全在父母的监护下才能生存，通常由父母代理他的个人情感来完成价值的所有运行程序。此时，婴儿在生存和发展的过程中所需要的各种价值主要是由父母提供，而且这些价值的绝大部分都是在父母一定的情感指导下进行支配的。

监护情感：父母在监护小孩的过程中所表现出来的情感，就称父母的监护情感。

父母的监护情感通常会介于婴儿的利益情感与父母的利益情感之间。监护情感越是靠近婴儿的利益情感，越是有利于婴儿的生存与发展。但是如果监护情感过于靠近婴儿的利益情感，就会损害父母的正当利益，不利于父母的生存与发展；如果监护情感过于靠近父母的利益情感，就会损害婴儿的正当利益，不利于婴儿的生存与发展。因此监护情感取值情况，反映了父母利益与婴儿利益之间的相互关系。

刚出生时，婴儿只相当于父母的“私有财产”，此时，婴儿的利益情感与父母的利益情感是完全一致的。

随着婴儿的长大，婴儿逐渐从父母的附属物，转化为独立的主体，小孩的利益情感也逐渐从父母的利益情感分离出来，并逐渐走向独立。随着年龄的增长，婴儿的利益情感逐渐远离父母的利益情感，那么父母的监护情感一方面逐渐远离了婴儿的利益情感；另一方面也逐渐远离了父母的利益情感。

二、个人情感的成长

少年时期，个人的情感开始具有相对的独立性，但是仍然受到父母较多制约的，此阶段的价值资源仍然主要由父母来提供，并主要由父母在监护情感的指导下来进行支配。

成长情感：小孩在实际成长过程中所表现出来的情感，就是小孩的成长情感。

由于少年在成长过程所需要的各种价值资源一部分由父母在监护情感的指导下进行支配，另一部分由少年在自己的个人情感指导下进行支配。因此，少年的成长情感通常是由父母的监护情感与少年的个人情感合并而成。

监护情感与小孩的个人情感各自对于小孩在成长情感中的贡献大小，取决于它们的作用矩阵强度，而作用矩阵的强度取决于每种情感在作用过程中所投入价值资源的比例关系：当父母在监护过程投入的价值比例很高时，说明父母监护情感的作用矩阵很强，小孩的实际成长情感就趋近于父母的监护情感；当父母在监护过程投入的价值比例很低时，说明监护情感的作用矩阵很弱，小孩的实际成长情感就趋近于小孩的个人情感。

随着少年的年龄增长，父母的监护情感与少年的个人情感的差异度越来越高，父母的监护情感的作用矩阵也越来越减弱，少年的成长情感越来越趋近于他的个人情感，从而使少年的个人情感具有越来越高的相对独立性。

随着父母的监护情感与少年的个人情感的差异度不断提高，父母与少年本人在教育与培养的许多方面存在着观念差异与意见分歧，如果不加以正确对待和合理引导，就会导致少年出现越来越强烈的逆反心理与叛逆心理。

而且此时，少年的个人情感正处于深刻变化之中，正是个人情感的层次性、多样性、复杂性和动态性发生激烈变化的过程之中，如果父母或老师过分地把自己的情感强加于少年，往往会产生适得其反的效果。

由于少年的个人情感通常是从父母的监护情感逐渐分离出来的，而父母的监护情感通常又是从父母本人的个人情感逐渐分离出来的，因此少年的个人情感必然会受到父母的个人情感的强烈影响。

不同的情况，监护情感的作用矩阵的减弱速度不一样。一般来说，家庭经济条件较好的人，其父母监护情感的作用矩阵减弱速度较慢；自主性和独立性较强的小孩，监护人心态较为宽松时，其监护情感的作用矩阵的强度减弱速度较快。

三、个人情感的发展与完善

随着个人的不断成长，个人的劳动能力不断增强，他所创造和消费的价值总量不断增长，他的价值循环转化系统越来越趋向于多样化、复杂化、高层次化。由于任何人的所有价值运行都是在个人情感的指导下完成的，价值循环转化系统与情感系统是相辅相成、互为前提、相互促进的，因此个人价值系统的不断发展与完善，必然与情感系统的发展与完善总是是同时进行的。

个人情感的发展完善，具体表现在以下几个方面。

1. 情感独立性越来越强

随着个人的不断成长，他逐渐走向社会，并逐渐脱离了原来家庭的帮助与影响，他开始独立地应对各种复杂的自然环境与社会环境，越来越多的价值资源由他的个人劳动来单独获取，并由他来独立支配，从而使他的个人情感也表现出越来越强的独立性。

2. 情感多样性越来越高

随着活动空间的不断扩展、活动内容的不断丰富、活动领域的不断深入，个人接触的事物越来越复杂而多变，接触的社会成员越来越众多而复杂，接触的社会领域越来越广泛而深入，个人的情感相应地变得越来越多样化和复杂化。

3. 情感细致性越来越强

随着个人参与越来越多的生产活动与社会实践活动，接受越来越多的教育与培训，个人情感由此得到不断地修正与补充，使个人情感越来越趋近于事物的实际价值率，从而表现出越来越强的细致性和精确性。

4. 情感层次性越来越高

随着个人劳动能力的不断增长，个人接触的社会范围越来越广泛，接触的相关人员的价值层次越来越高尚，接触的时间跨度越来越长远，接触的价值内容越来越深刻，从而推动着个人情感不断向高层次的方向发展。

5. 情感稳定性越来越高

个人在成长的初期，个人对于外界事物的初始情感通常来自于父母、长辈、老师、书籍等的教育与引导，这种被动接受的情感通常具有很低的稳定性。随着个人逐渐走向社会、走向生产实践，这种初始的情感将会得到不断的验证、修正与补充。其中，经过验证的情感将会得到强化，从而不断提高其稳定性。

此外，中年人往往肩负着对于小孩的监护责任，其实际情感通常处于小孩的利益情感与自己的利益情感之间；同时，中年人往往又肩负着对于老年人的赡养义务，其实际情感通常处于老年人的利益情感与自己的利益情感之间。中年人在履行对于老年人（即自己的父母）的赡养义务时，自己的实际情感往往偏离其利益情感；少年儿童在接受着父母履行监护义务时，父母的实际情感也会偏离其利益情感。这两者一般情况下是对等的，即赡养义务的价值总量与监护义务的价值总量通常是对等的，赡养义务是对监护义务的正常回馈。

四、个人情感的衰落

人类机体是一个复杂的价值循环转化系统，这个系统在步入老年阶段以后，将会逐渐萎缩。由于人的价值循环转化系统必须在情感指导下才能运行，因此价值循环转化系统的萎缩必然会导致人的情感系统的萎缩。

1. 价值循环转化系统的衰落

人到老年阶段，其价值循环与转化系统逐渐走向衰落，具体表现在：

（1）健康问题日益突出。人一旦进入老年期，各种疾病开始出现，并严重影响人的工作状态、生活状态与精神状态。

（2）活动范围与活动内容逐渐萎缩。人在退休以后，赋闲在家，其社交范围必然迅速缩小，信息来源的渠道减少，价值循环与转化的内容及规模都会大幅度地减少。

（3）思维逐渐僵化。人在退休以后，参与各种生产实践与社会活动的机会大幅度减少，信息来源渠道萎缩，没有新的工作任务的挑战，没有工作环境与工作内容的变更，没有对自己新情感与新思维方式进行验证与修正的机会，从而导致思维的僵化。

2. 情感系统的衰落

人的价值循环转化系统逐渐衰落，必然导致情感系统逐渐衰落，具体表现在：

（1）情感悲观倾向逐渐加强。悲观倾向的情感特征是：对于亏损的反应很敏感，即对于负向价值的事物拥有较高的情感；对于效益的反应很迟钝，即对于正向价值的事物拥有较低的情感。人进入老年阶段，价值循环转化系统逐渐萎缩，负向价值的事物大幅度增长，正向价值的事物大幅度萎缩。此时的人，通常只求尽量把负向价值降低到最小程度，无心去大力发展正向价值，因此他们往往对负向价值的反应比较敏感，对正向价值的反应比较迟钝。

（2）情感保守倾向逐渐加强。保守倾向的情感特征是：对于现状事物、确定性事物的反应很敏感，即对于现状事物、确定性事物拥有较高的情感；对于新生事物、不确定性事物的反应很迟钝，即对于新生事物、不确定性事物拥有较低的情感。人进入老年阶段，价值循环转化系统逐渐萎缩，人没有足够的精力、足够的时间、足够的价值资源来推动未来事物与不确定事物的价值运行，只能尽量维持现状事物与确定性事物的价值运行。此时的人，通常只求维持现状，保持健康长寿，不图创业与发展，因此他们往往对现状价值与确定性价值的反应比较敏感，对未来价值和不确定性价值的反应比较迟钝。

（3）情感恋旧倾向逐渐加强。恋旧包括对故乡的思念、对朋友的思念、对亲人（特别是子女）的思念、对老伴的依赖、对重大历史事件的回忆。一般的价值循环转化系统在运行过程中，这个系统将会与外界事物或外部价值系统不断地建立和发展新的价值联系。然而，老年人随着价值循环转化系统的不断萎缩，他们与外界事物建立和发展新的价值联系的可能性越来越小，从而使过去曾经发生过的许多价值联系越来越突出，占据越来越多的个人思维空间，并对老年人的情感系统产生越来越大的影响，从而使他们具有越来越强烈的情感恋旧倾向。

一般来说，妇女在更年时期，其个人情感的独立性、多样性、层次性常常会发生剧烈变动，因此可能会出现心态和情感系统的突变现象。

第十二节　集体情感的数学定义

人类的集体是由若干个人按照特定的利益关系（经济关系、政治关系和文化关系等）所组成的，集体的生存和发展过程如同个人的生存与发展过程一样，也是在集体情感的引导下，确定正确的价值目标，制定正确的整体规划，编制正确的实施细则，执行正确的具体行为，从而达到最大的价值增长率。

一、集体情感的本质与客观目的

集体情感是一种特殊的观念，它是以事物的价值特性为主观反映的对象。集体情感的本质就是事物的价值特性在集体共同意识中的主观反映，它通过情感来认识世界各种事物之间的价值联系与价值作用，并掌握各种事物价值特性的运动与变化的客观规律，从而帮助和引导集体成员（特别是决策者和行为实施者）有效地识别价值、表达价值、消费价值、计算价值和创造价值。

集体情感的客观目的在于指导集体的实践活动，使之按照集体的利益要求而对不同的事物采取不同的选择倾向、原则立场和行为取向，以达到最大的价值效应。任何集体所拥有的价值资源也是有限的，这就需要以“情感”的形式来对各种事物的价值特性进行认识和分析，从而引导和控制集体的决策者或行为实施者把有限的价值资源投入到合理的领域，最大限度地减少价值资源的浪费，提高价值资源的利用率，使价值资源实现最大的增长率。

二、集体情感的基本构成要素

根据“最大价值率高差法则”（或“价值率高差选择性法则”），事物的价值率高差决定着该事物的价值收益率或价值增值速度的变化情况：事物的价值率高差越高，该事物的价值收益率就越大，价值增值速度就越高，集体就会越多地向该事物追加投入价值资源，从而越多地扩大其存在规模；相反，事物的价值率高差越低，集体就会越多地把向该事物所投入的价值资源抽调出来，从而越多地缩小其存在规模。

总之，集体情感的本质就是集体对事物价值率高差的主观反映，其客观目的在于识别和分析事物的价值率高差，以引导和控制集体成员对有限的价值资源进行合理分配，以实现其最大的价值增长率。

事物的价值率高差作为一种重要的客观存在，必然会反映到集体的共同意识中，从而形成了“集体主观价值率高差”，即

集体主观价值率高差：事物的客观价值率高差$\triangle\Psi_j$在集体的共同意识中的主观反映，用ω_j来表示。

根据主观与客观的关系，集体主观价值率ω_j围绕集体的客观价值率Ψ_j上下波动，即

$$\omega_j \doteq \Psi_j$$

由于价值率高差是事物最基本、最重要的价值特性，那么集体主观价值率高差必然是集体情感中最基本、最重要的内容，决定和制约着情感中的其他要素，它是集体情感中的基本构成要素。

三、集体情感的数学定义

世界上的事物是复杂多样的，集体对于所有事物价值率高差都会有自觉不自觉地产生一个观念，即形成一个集体主观价值率高差，用以指导集体的思想、决策与行为。这样，由许多的集体主观价值率高差就构成一个复杂的、有机的情感念体系。由此给出集体情感的数学表达式。

集体情感：集体对于所有事物价值率高差的主观反映值（即集体主观价值率高差）所组成的集合，称为集体情感，用M来表示，即

$$M_j = \{\mu_1, \mu_2, \cdots, \mu_n\}$$

集体对于单一事物的主观价值率高差可以看作是由一个元素所组成的集体情感。由于价值形式是多层次的，因此集体情感是一个多层次的、复杂的观念体系，可用二维或多维的“情感矩阵”来描述。

四、集体的合成情感

对于同一事物，不同的人类主体（个人、集体和社会）往往拥有不同的情感；根据人类主体的不同，情感可分为个人情感、集体情感和社会情感三种基本形态。其中，集体情感是由集体各成员对于同一事物的情感相互作用而成，而社会情感又是由社会中的各集体对于同一事物的情感相互作用而成。由此提出“合成情感”的概念。

合成情感：设集体是若干个人所组成，则集体对于同一事物的情感称为该事物的合成情感，用M_C来表示。

集体情感通常并不等于各成员情感的代数和，但必定与各成员的情感存在一定的相关关系，可以证明（从略）：

情感合成定理：集体的合成情感等于各个集体成员的情感与情感影响权数之乘积，即

$$M_c = \sum (S_i \times M_i)$$

其中，M_i为第i个集体成员的情感，S_i为第i个集体成员的情感对于集体

情感的影响权数。

五、利益相关系数

人与人之间通过一定形式的社会分工，来拓展和放大自己的劳动能力，为此必须结成各种各样的社会关系或社会群体，并通过投入自己的价值资源，来获取一定的价值收益。社会关系或社会群体使人与人之间形成了一定的利益相关性，由此提出“利益相关系性”和“利益相关系数”的概念。

利益相关系性：对方一旦产生某种收益，就会直接或间接地导致己方产生某种收益，就形成了双方的利益相关性。

利益相关系数：用以描述主体之间利益相关性大小的量度，就是利益相关系数，它反映了己方的收益在对方的总收益中所占有的比例关系，用 Y 来表示。

对于公司或企业来说，集体的利益相关系数就是股权数。股权数反映了股东与集体的利益相关性大小，股权越大，股东与集体的利益联系就越密切。当股权数达到 1 时，说明这个集体的所有资产都属于他；当股权数达到 0 时，说明这个集体的所有资产与收益都跟他无关。

集体是由若干个人所组成的，一方面每个集体成员都会向集体投入各种各样的价值（如资金、劳动力、设备、原材料、信息等）；另一方面每个集体成员都会从集体的收益中分享各种各样的价值（如分红、工资、奖金、福利等）。

由于利益相关性的存在，个人与个人（或个人与集体）之间的情感存在相关性，利益相关系数越大，个人与个人（或个人与集体）之间的情感就越接近。可以证明，集体情感与个人情感之间存在如下的关系：

$$M_c = \sum (Y_i \times M_i)$$

其中，M_i表示个人情感，M_c表示集体情感，Y_i表示个人与集体之间的利益相关系数。

集体的利益情感：设集体的利益情感为 M_0（即某一事物对于集体的价值率高差），每个成员的利益情感 M_i（即某一事物对于成员的价值率高差），每个成员的利益相关系数为 Y_i，则集体的利益情感为：

$$M_c = \sum (Y_i \times M_i)$$

六、影响权数的制约因素

个人对于集体情感中的影响权数并不是一个常数，它会随时间、空间、环境条件以及个人的状态与素质的变化而变化。影响权数的大小取决于两个方面的因素：

1. 正式的制约因素

如正式的职务任命文件、机构设置方案、股东大会决议、各种规章制度等，能够使集体在组织上、制度上对不同个人的影响权数进行明确的规定，处于领导地位的人有较高的影响权数，处于被领导地位的人只有较低的影响权数，集体的各种决策、方针、行为实施等集体行为更多地由领导者来决定，更多地取决于领导者的情感。

2. 非正式的制约因素

如某个人在集体中所树立的道德形象和能力形象能够对其他成员的价值产生较强的同化或异化作用，整个集体的情感会更多地受他的情感的影响，从而使他具有较高的影响权数。此外，良好的社会关系、亲和的群众联系、长久的工作经验等都会使这个人对于他人的情感以及集体的情感产生较大的影响，从而使他也具有较高的影响权数。

七、集体的不同类型

根据集体情感影响权数的不同取值，集体可分为三种类型。

1. 极端民主化集体

当集体中所有人的影响权数相等时，集体情感等于各成员情感的代数和，该集体的一切决策与行为，都只是按照所有成员的平均利益和平均意志来实施，这时的集体处于极端民主状态。

2. 极端专制化集体

当集体中只有一个人的影响权数为人，而其他成员的影响权数均为 0 时，集体情感只取决于某一个人的情感，该集体的一切决策与行为，都只是按照这个人的利益要求和主观愿望来实施，这时的集体处于极端专制状态。

3. 正常化集体

正常情况下，集体将会根据集体成员的能力、品德、资产、资历、健康、社会关系等众多因素，赋予不同的情感影响权数，能力越强、品德越高尚、资产越多、资历越久、健康越好、社会关系越好，集体就会给予越高的影响权数，从而使集体能够获得最高的价值效率。当成员对于集体情感的影响程度大于平均水平，因而属于领导者或统治者的行列；当成员对于集体情感的影响程序小于平均水平，因而属于被领导者或被统治者的行列；当成员对于集体情感的影响程序等于平均水平，因而属于“平民”或“自由人”的行列。

第十三节　集体情感的运行与修正

集体情感反映了集体对于不同事物的价值评价，其客观目的在于在帮助集体的决策者或行为实施者正确地识别和计算事物的价值率高差，以引导集体对于不同事物形成不同的选择倾向性，从而采取相应的集体行为，进而产生最大的价值增长率。一般情况下，集体的情感总是或多或少地偏离正确的情感，这一方面是因为事物的价值率高差总是处于不断的变化之中；另一方面是因为集体的认识能力总是有限的，集体情感未必能够完全准确地反映事物价值率高差的变化情况。为此，集体总是要不断地修正自己的情感。

一、集体的利益情感

集体是一种复合型的人类主体，它与个人一样，同样具有相对于自己的客观存在以及相对应的主观意识，同样具有相对于自己的利益或价值以及相对应的情感或情感。集体情感是事物的价值率高差在集体意识中的表现形式，因此集体情感与客观事物价值率高差之间的关系实际上也是主观与客观的关系。由于任何形式的集体主观反映都是以集体的客观事实为基础而上下波动的，因此，集体的主观价值率高差 μ 必须以其集体的实际价值率高差$\triangle\Psi$ 为基础，并围绕实际价值率高差 Ψ 上下波动。

集体的情感的正确与否取决于它的结构要素（即集体的主观价值率高差）是否与集体的客观价值率高差相吻合。如果完全吻合，则集体的情感就能正确地指导、调节和控制集体的活动，就能完全正确地反映集体的利益要求，这种集体的情感就是一种理想型的集体情感，能真正代表集体的根本利益。

集体成员往往拥有不同层次、不同形式和不同份额的价值资源，集体作为复合型人类主体，总会尽可能地使自己所拥有的所有价值资源均保持最快的增长速度，为此，集体必须完整准确地认识各种客观事物对于自己的价值率高差，并在此基础上正确地进行决策、行为和效果评判。客观事物对于集体的实际值率所组成的集合，就是集体的利益情感（或集体的理想情感）。

集体的利益情感：客观事物对于集体的实际价值率高差$\triangle\Psi$ 所组成的集合，称为集体的理想情感（又称集体的利益情感），用 W_P来表示，即

$$M_P = \{\triangle\Psi_1, \triangle\Psi_2, \cdots, \triangle\Psi_N\}$$

显然，集体的理想情感反映了集体对于事物价值率高差的完全准确的反映形式，这是集体情感的理想状态，集体的理想情感并不是集体实际存在的情感，因为任何主体都不可能对事物的价值率高差进行完全准确地反映，总会存在一定的差异，它是根据集体与客观事物的利益关系而设置的一种特殊的“情感”，是用以正确反映集体利益关系的“化身”的情感，因此集体的理想情感又称集体的利益情感。

二、集体情感的偏差度

由于集体认识能力的局限性，集体永远不可能完全准确地形成理想情感，

即集体的实际情感与理想情感之间总会存在或多或少地存在某些差异。

集体情感偏差度：集体的实际情感 M 与其集体理想情感（或集体利益情感）M_P之间的差值，称为集体情感偏差度，用 δM 来表示，即

$$\delta M=M-M_P$$

集体情感偏差度中的每一个元素反映了集体对各个事物的情感偏差量，由于各个事物的作用系数不同，各个集体情感偏差量在集体的生产或生活中所占比重与分量不同，因此集体的情感偏差度并不等于所有事物的情感偏差度的代数平均值，而应该等于所有事物的情感偏差度的加权代数和。

只有当各个子集事物的作用系数完全相同时，集体情感偏差度等于各个具体事物情感偏差度的代数平均值。

三、集体情感最佳化法则

集体的任何复杂行为都是将一定的价值资源投入若干个简单行为之中，因此该复杂行为的价值率高差可以通过对若干个简单行为的价值率高差进行合并运算得来；集体的任何简单行为都是将一定的价值资源投入若干个具体事物之中，因此该简单行为的价值率高差可以通过对若干事物的价值率高差进行合并运算得来。

集体要想实现利益的最大化，就必须对自己的每一个价值目标、每一个复杂行为、每一个简单行为、每一个具体事物的价值率高差进行精确计算，并按照“最大价值率高差法则”进行选择，为此，集体必须有完全正确的情感，并使自己的情感与事物的价值率高差完全一致，才能对各个行为、各个事物的价值率高差进行精确计算，从而为有效地遵循“最大价值率高差法则”提供准确而可靠的数据。

相反，如果集体的实际情感偏离了其利益情感，它对于许多具体事物的价值率高差判断就会出现偏差，在此基础上所计算出来的各种价值目标、各种简单行为和复杂行为的价值率高差，就可能会出现更大的偏差，这些偏差将会使它在对各种价值目标和行为方案进行选择时就会更为严重地偏离“最大价值率高差法则”，从而遭受更大的价值损失。由此可得：

集体情感最佳化法则：集体的实际情感越是接近集体的利益情感，集体遭受价值损失的概率就越小；反之，集体的实际情感越是远离集体的利益情感，集体遭受价值损失的概率就越大。集体要想使自己的利益最大化，就必须使自己的实际情感无限地趋近于利益情感。

显然，“集体情感最佳化法则”是“最大价值率高差法则”的又一种表现形式。实际情感偏离利益情感的程度可以采用“集体情感偏差度”来衡量，根据“集体情感最佳化法则”，可得出：

集体情感偏差最小化法则：集体情感的偏差度越小，集体遭受价值损失的概率就越低；集体情感的偏差度越大，集体遭受价值损失的概率就越大。因此，集体总是会把自己的集体情感偏差度降低到最小。

显然，“集体情感偏差最小化法则”是“集体情感最佳化法则”的表现形式，也是“最大价值率高差法则”的另一种表现形式。集体的一切活动都在集体情感的指导下进行的，由于集体认识能力的局限性，其情感总会与事物的价值率高差存在一定的差异。同时，由于主体、客体及介体的素质与状态在不断地变化着，事物的实际价值率高差也在不断地变化着。这就要求集体必须不断地调节和修正自己的情感，以趋近于事物的实际价值率高差。

集体对于集体情感的修正过程，与个人对于个人情感的修正过程基本相同；集体情感的一般变化规律，也与个人情感的一般变化规律基本相同。

第七章　情感的社会运用

情感是人对价值关系的主观反映，人对于社会性事物的价值关系所产生的主观反映，构成人的社会情感。社会性事物包括社会分工（其中，规范化的社会分工就是经济）、社会管理（其中，规范化的社会管理就是政治）与社会意识（其中，规范化的社会意识就是文化）。从严格意义上讲，夫妻关系、父子母子关系、兄弟姐妹关系都是一种社会关系，在本质上都是分工与合作的关系。所有的社会关系都是在这些关系的基础之上延伸和发展起来的。因此，所有的社会情感都是在夫妻情感、父子母子情感、兄弟姐妹情感的基础上逐渐发展起来的。

人与人的分工与合作过程在客观上就是价值关系的相互作用过程，在主观上就是人与人的情感的相互作用过程。在不同的社会领域，价值资源的运动与变化通常表现出不同的动力特点和规律性，那么人们对于不同社会领域中的社会事物所表现出的社会情感，必然也会具有不同的动力特点和规律性。

情感的运动与变化规律虽然不以人的意志为转移，但人们可以在认识、掌握和遵循它的前提下，灵活地、积极地、创造性地应用它。

第一节　审美情感

目前美学界，在什么是美？什么是审美？什么是审美情感？等方面，存在着许多争议，几乎没有大家都认可的公论。许多学者分别从不同角度和不同的层次深度，对上述问题进行了有益的探索，但都存在一定的片面性、零散性、模糊性和主观性。美的价值是人类的重要价值之一，审美情感是人类的重要情感之一，它与人们的日常生活密切相关，深入探索美及审美情感的本质及其规律性，是价值理论和情感理论的重要内容。

一、审美情感的理论误区

目前的理论界在关于“美”“审美”“审美情感”与“审美标准”等方面，存在若干理论误区，主要体现在：

1. 主观性

理论界普遍认为，美的本质就是“使人感到愉悦、和谐、自由等的一切事物”。然而，事实上，美是一种客观存在，属于客观方面的范畴，而“使人感到愉悦、和谐、自由等”则属于主观方面的范畴。用主观范畴的东西来解释和定义客观范畴的东西，本身就是一种唯心主义的思维方式，是不科学的。事实上，“美”是一种客观存在，它的客观内容就是“价值”；“审美”是一种主观意识，它是人脑对于客观存在的一种反映，是人脑对于“价值”的评判、感受与体验；“审美情感”是人脑在审美过程中所产生的情感反应，它与“审美”实际上具有完全相同的意义。

2. 无功利性

理论界普遍认为，审美情感是无功利性的。事实上，任何情感都具有功利性，其客观目的在于引导人如何正确地识别价值、表达价值、计算价值、消费价值和创造价值，从而使自己有限的价值资源投入最需要的事物之中，并产生最大的价值增长率。价值就是功利，既包括短期的功利，也包括长期的功利；既包括物质的功利，也包括精神的功利。

3. 无层次性

理论界普遍认为，审美情感是高层次的人类情感，动物并不具备审美与审美情感。事实上，价值可分为三个基本层次：生理性价值、个体性价值和社会性价值，因此美也可分为三个基本层次：生理性美、个体性美和社会性美，审美可分为生理性审美、个体性审美和社会性审美。生命是从低层次生命向高级生命逐渐进化而来的，价值也是从低层次价值向高层次价值逐渐进化而来的，审美情感也是从低层次审美情感向高层次审美情感逐渐进化而来的。因此，动物也有低层次的价值，因而也有低层次的审美与审美情感。

二、审美价值的本质

事物的价值特性有若干方面，主要有两个方面：一是事物的价值量；二是事物的价值率（即单位时间内的价值产出量与价值投入量之比值）。

“统一价值论”认为，由于不同事物之间存在价值运行效率的问题，因此真正决定事物的根本命运、决定人类主体对于其根本态度的价值特性是事物的价值率，而不是事物的价值量。

“统一价值论”认为，由于不同人类主体之间存在价值资源利用的差异性问题，因此真正决定事物的根本命运、决定人类主体对于其根本态度的价值特性是事物的“价值率高差”（即事物的价值率与主体的平均价值率之差值），而不是事物的“价值率”。

为了区分事物的不同价值特性，统一价值论把事物划分为“真善美”与“假恶丑”两种类型：凡是事物的价值率高差大于零，就定义为“真善美”，对于“真善美”事物，人类主体总是会不断增加对于它们的价值投入规模；

凡是事物的价值率高差小于零，就定义为“假恶丑”，对于“假恶丑”事物，人类主体总是会不断减少对于它们的价值投入规模。

根据载体形式的不同，“统一价值论”又把价值分为三大类型：资料类价值、行为类价值和思维类价值，并分别用真（或假）、善（或恶）、美（或丑）来定义。

真（或真类事物）： 就是指价值率高差大于零的思维类事物。

善（或善类事物）： 就是指价值率高差大于零的行为类事物。

美（或美类事物）： 就是指价值率高差大于零的资料类事物。

作为“真善美”的反面，“假恶丑”对于主体的生存与发展只有消极的意义，则给出它们的精确定义：

假（或假类事物）： 就是指价值率高差小于零的思维类事物。

恶（或恶类事物）： 就是指价值率高差小于零的行为类事物。

丑（或丑类事物）： 就是指价值率高差小于零的资料类事物。

由于行为是一种特殊的资料，因此善价值是一种特殊的美价值（或审美价值），恶价值是一种特殊的丑价值（或审美负价值）；由于思维是一种特殊的行为（即脑力行为或思维行为），也是一种特殊的资料，因此真价值也是一种特殊的善价值，还是一种特殊的美价值；假价值也是一种特殊的恶价值，还是一种特殊的丑价值。

美丑类事物所表现的价值特性就是审美价值，由于不同的美丑类事物之间存在价值运行效率问题，因此美丑类事物的价值特性主要体现为价值率；由于不同人类主体之间存在价值资源利用的差异性问题，因此美丑类事物的价值特性主要体现为价值率高差。由此提出“审美价值”的概念：

审美价值： 资料类事物或美丑类事物所拥有的价值率高差。

根据统一价值论的“价值率高差选择法则”，资料类事物的价值率高差（即审美价值）决定着该事物对于主体的客观意义：当资料类事物的价值率高差（即审美价值）大于零时，它对于主体的生存与发展具有积极的意义，主体就会不断增加对该事物的价值投入规模；相反，当资料类事物的价值率高差（即审美价值）小于零时，它对于主体的生存与发展就只有消极的意义，主体就会不断减少对该事物的价值投入规模。

三、审美情感的本质

任何情感都是人脑对于某种事物的价值所产生的主观反映，情感与价值的关系在本质上就是主观与客观的关系。审美价值作为一种客观存在，必然会反映到人的头脑中，从而形成相应的审美情感，由此可得：

审美情感的本质： 审美价值在人的头脑中所产生的主观反映，就是审美情感。

审美情感作为人类的一种特殊情感，同样服从“情感强度第一定律”，即人对于某审美事物的情感强度与该审美事物所产生的价值率高差的对数成正比。

显然，审美情感与审美价值的关系在本质上就是主观与客观的关系，具体表现在：

一是审美情感以审美价值为基础而上下波动，审美价值一旦发生变化，审美情感就必然会发生变化。

二是审美价值的基本走向在根本上决定着审美情感的基本走向，审美价值的分类决定着审美情感的分类，审美价值的层次结构决定着审美情感的层次结构。

三是审美情感对于审美价值具有一定程度的反作用，审美情感引导人对于不同性质的审美事物投入不同的价值资源，从而使审美事物产生不同的命运，有的审美事物逐渐走向兴旺，有些审美事物逐渐走向灭亡。

四是审美情感相对于审美价值具有一定的相对独立性。虽然在整体上讲，审美情感随着审美价值的变化而变化，但是这种变化并不是同步的，也不一定是正向相关的，审美情感的变化有时会偏离审美价值的变化，甚至会与审美价值的变化方向完全相反。

四、审美情感的运行过程

审美情感的运行过程实际上就是审美情感与审美价值的相互作用过程。

审美情感的运行过程：当某美好事物的价值率高差大于零时，人就会产生一定强度的审美情感（如愉悦、舒适等），并不断增加对于该美好事物的价值投入规模，然而，在“边际效应规律”的作用下，该美好事物的价值率高差就会不断下降，并逐渐趋近于零，从而使人对于该美好事物的情感强度也逐渐趋近于零；相反，当某丑陋事物的价值率高差小于零时，就会产生一定强度的审美负情感（如厌恶、反感等），并不断减少对于该丑陋事物的价值投入规模，然而，在“边际效应规律”的作用下，该丑陋事物的价值率高差就会不断上升，并逐渐趋近于零，从而使人对于该丑陋事物的负情感强度也逐渐趋近于零。

不难理解，审美情感具有两大特性：

1. 相对性

由于审美事物的价值特性取决于主体特性、客体特性和介体特性，同一审美事物通常对于不同的人类主体（个人、集体或社会），在不同的环境条件下，往往具有不同的价值率，因此同一审美事物往往对于不同的人类主体将会产生不同的审美情感。

2. 动态性

由于审美事物的主体特性、客体特性和介体特性总是处于不断的变化之中，审美事物的价值特性也就处于不断的变化之中，对于审美事物所产生的审美情感也必然处于不断的变化之中。此外，审美情感引导人对于审美事物的价值投入规模不断处于调整之中，使审美事物的价值率处于不断变化之中，从而使人对于审美事物的情感强度也不断处于变化之中。

五、审美情感的层次结构

价值可分为四个基本层次：代谢性价值、生理性价值、个体性价值和社会性价值；审美价值也可分为四个基本层次：代谢性审美价值、生理性审美价值、个体性审美价值和社会性审美价值。

习惯上，把代谢性价值（即食物类价值）归属到生理性价值之中，代谢性审美价值归属到生理性审美价值之中，代谢性审美情感也归属到生理性审美情感之中，因此审美情感可分为三个基本层次：

1. 生理性审美情感

对于生理性审美价值（包括代谢性审美价值）所产生的情感就是生理性审美情感，如酸甜苦辣感、刺痛感、寒冷感、酷热感、潮湿感、干渴感、饥饿感、神经麻木感、性饥渴感等。

2. 个体性审美情感

对于个体性审美价值所产生的情感就是个体性审美情感，如安全感、恐惧感、适合感、音乐美感、环境美感、人体美感、食物的色香美感、服饰美感、家具美感、艺术绘画作品的美感等。

3. 社会性审美情感

对于社会性审美价值所产生的情感就是社会性审美情感，如孤独感、失落感、归属感、自豪感、自尊感、屈辱感、爱国主义情感、集体荣誉感、自由感、社会成就感、正义感、公平感、责任感、义务感、自尊感、羞耻感、友谊感、罪恶感、良心感、助人为乐感等。

六、审美标准与审美规范

对于审美价值的判断标准，就是审美标准。在人们的现实生活和生产实践中，对于事物的审美价值进行判断的“审美标准”是非常模糊的，往往具有很强的主观性、模糊性和抽象性。为此，必须把它转化为客观的、精确的、具体的物理化学参数，才能具有现实性和可操作性。

不难理解，事物的价值特性与事物的物理特性、化学特性、生物特性和社会特性等通常会存在着一定的相关性，即具有不同物理特性、化学特性、生物特性和社会特性的事物往往具有不同的价值特性。因此对于事物的价值特性的评价往往可以通过衡量该事物的物理特性、化学特性、生物特性和社会特性来间接地进行衡量。

审美规范的本质：根据事物的审美价值与事物的物理特性、化学特性、生物特性和社会特性等的内在关联性，把事物的审美价值的判断标准转化为对于事物的物理特性、化学特性、生物特性和社会特性等的判断标准，这就是审美规范。

审美标准可分为两种基本类型：审美的价值论标准与审美的认识论标准。

1. 审美的价值论标准（即审美标准）

凡是价值率高差大于零的事物类价值事物就是“美”，凡是价值率高差小于零的事物类价值事物就是“丑”。

2. 审美的认识论标准（即审美规范）

凡是符合社会审美规范的事物类价值事物就是“美”，凡是违反或偏离社会审美规范的事物类价值事物就是“丑”。

由于审美的认识论标准与审美的价值论标准存在内在的逻辑联系，因此两者在本质上是一致的，即“审美标准”与“审美规范”在本质上是一致的。一般来说，凡是价值率高差大于零的事物类价值事物，它就符合社会审美规范，就是美；凡是价值率高差小于零的事物类价值事物，它就违反或偏离社会审美规范，就是丑。不过，在一些特殊情况下，两者就会存在一定的差异，有时候两者之间是完全对立的。例如，有些看起来美好的事物，却是有害的、肮脏的、危险的；有些看起来丑陋的事物，却是有益的、健康的、安全的。

第二节 道德情感

目前的理论界，在什么是道德？什么是道德规范？什么是道德情感？什么是道德标准？等方面的认识，众说纷纭、莫衷一是。许多学者分别从不同角度和不同的层次深度，对上述问题进行了有益的探索，但都存在一定的片面性、零散性、模糊性和主观性。深入探索道德的本质与道德情感的本质及其规律性，是价值理论和情感理论的重要内容。

一、道德情感的理论误区

目前的理论界在关于“道德”“道德情感”与“道德标准”等方面，存在若干理论误区，主要体现在：

1. 主观性

理论界普遍认为，道德是一种社会意识形态，它是人们共同生活及其行为的准则与规范，罪莫大于无道，怨莫大于无德。然而，道德应该是一种客观存在，属于客观方面的范畴，用主观范畴的东西来解释和定义客观范畴的东西，本身就是一种唯心主义的思维方式，是不科学的。事实上，“道德”属于一种客观存在，它的客观内容就是“行为规范”，它的客观目的在于调节人与人之间的利益关系；只有“道德观念”或“道德情感”才是属于主观意识，它是人脑对于道德这样一种特殊的客观存在所产生的主观反映，是人脑对于“道德”的评判、感受与体验。

2. 无功利性

理论界普遍认为，道德情感是无功利性的。事实上，任何情感都具有功利性，其客观目的在于引导人如何正确地识别价值、表达价值、计算价值、消费价值和创造价值，从而使人类主体有限的价值资源投入到最需要的事物之中，并产生最大的价值增长率。任何行为规范之所以能够普遍地被人们接受和遵守，其根本原因在于这些行为规范能够产生较大的价值率，使社会的价值资源能够产生较高的增长率。所有不能够产生较大价值率的行为规范最终只能被社会所抛弃和所禁止。价值或价值率就是功利，既包括短期的功利，也包括长期的功利；既包括物质的功利，也包括精神的功利。

3. 无层次性

理论界普遍认为，道德情感是高层次的人类情感，动物并不具备道德与道德情感。并认为，道德的产生就是因为人身上存在动物性，人本身就是人性与兽性的共同体。西方伦理学家认为，人性与兽性的区别，在于人有道德，而动物没有。事实上，人有人道，狗有“狗道”，只是动物的道德及道德情感较为简单而低级，人类的高层次道德是从动物的低层次道德逐渐进化而来的，人类的高层次道德情感也是从动物的低层次道德情感逐渐进化而来的。例如，狮群中，新狮王战胜旧狮王以后，所有母狮都会自觉地服从新狮王的统治，严格遵守新狮王所“制定”的道德规范，同时，新狮王也会严格履行自己所应尽的责任与义务（如外部安全、内部秩序等），从而保持整个狮群的有序性、稳定性和可持续性。

二、善与恶的本质

“统一价值论”对于善（或恶）的定义是：

善（或善类事物）：就是指价值率高差大于零的行为类事物。

恶（或恶类事物）：就是指价值率高差小于零的行为类事物。

善恶类事物所表现的价值特性就是善恶价值，由于不同的善恶类事物之间存在价值运行效率问题，因此善恶类事物的价值特性主要体现为价值率；由于不同人类主体之间存在价值资源利用的差异性问题，因此善恶类事物的价值特性主要体现为价值率高差。由此提出“善恶价值”的概念：

善恶价值：行为类事物或善恶类事物所拥有的价值率高差。

根据统一价值论的“价值率高差选择法则”，行为类事物的价值率高差决定着该行为对于主体的客观意义：当行为类事物的价值率高差大于零时，它对于主体的生存与发展具有积极的意义，主体就会不断增加对该行为的价值投入规模；相反，当行为类事物的价值率高差小于零时，它对于主体的生存与发展就只有消极的意义，主体就会不断减少对该行为的价值投入规模。

善恶价值可从两个方面来考察：一是道德价值，主要用于调整人与人之间非规范化利益关系的行为规范所拥有的价值；二是法规价值，主要用于调整人与人之间规范化利益关系的行为规范所拥有的价值。

三、道德的本质

一般来说，如果没有任何行为方面的约束，任何动物都会不择手段地通过自己的行为来获取最大的价值收益。然而，有些同类动物之间的行为（如打斗、抢夺食物、捕杀同类等）以及对于公共环境的行为，将会严重危害同类的利益，从而危害整个动物族群的利益，最终又会间接地损害自己的利益。

为此，人类或动物界通过长期的生物进化、环境选择、性选择和社会演化，逐渐形成了一系列的行为约束规则（或游戏规则），用以调节同类之间的利益关系，以维护人类或动物群体的有序性、稳定性和可持续性，就必须对同类的行为进行有效的规范和约束，这就形成了道德。例如，狼群中的食物分配等级制，幼仔共同保护制，不猎食同类肉体，不与直系亲属交配等。

人的利益关系可分为两大类：规范化利益关系和非规范化利益关系。其中，规范化利益关系是指利益关系的归属主体非常明确、产权界线非常清晰、拥有方法非常正式，价值流量比较稳定，运行规模非常巨大，传承来源非常明朗，权利使用非常正当等；非规范化利益关系是指利益关系的归属主体比较复杂、产权界线比较模糊、拥有方法比较随意，价值流量比较波动，运行规模比较零散，传承来源比较含糊，权利使用难以控制等。两种不类型的利益关系分别采用不同的方式来进行调整。其中，规范化利益关系采用政治和法律的方式来进行调整，非规范化利益关系采用伦理和道德的方式来进行调整。由此可得：

道德的本质：用以调节人与人之间非规范化利益关系的行为规范，就是道德。

伦理也是用于调节人与人之间非规范化利益关系的行为规范，伦理与道德的区别在于：伦理侧重于调节个人与个人之间（特别是亲属、朋友、同事、夫妻之间）的利益关系，道德侧重于调节个人与集体、集体与集体、个人与社会、集体与社会之间的利益关系。

四、道德价值的本质

道德事物所表现的价值特性就是道德价值，由于不同的道德事物之间存在价值运行效率问题，因此道德事物的价值特性主要体现为价值率；由于不同人类主体之间存在价值资源利用的差异性问题，因此道德事物的价值特性主要体现为价值率高差。

任何行为规范都存在两面性：一方面，行为规范将会给自己和群体带来一定的价值收益；另一方面，该行为规范的遵守、维护和监督，需要耗费自己或群体一定的价值资源。总之，任何行为规范都存在一定的价值率，这就是道德的价值特性。道德价值并不是指该道德的价值量，而是指道德的价值率或价值率高差（即道德的价值率与主体的平均价值率之差）。由此可得：由此提出“道德价值”的概念：

道德价值的本质：道德所表现的价值率或价值率高差就是该道德的价值或道德的价值特性，它在根本上决定着该道德的善恶性质。

显然，凡是价值率高差大于零的道德，就是善的道德；凡是价值率高差小于零的道德，就是恶的道德。

五、道德情感的本质

任何情感都是人脑对于某种事物的价值所产生的主观反映，情感与价值的关系在本质上就是主观与客观的关系。道德价值或道德的价值特性作为一种客观存在，必然会反映到人的头脑中，从而形成相应的道德情感，由此可得：

道德情感的本质：道德的价值特性（即道德的价值率高差）在人的头脑中所产生的主观反映，就是道德情感。

道德情感作为人类的一种特殊情感，同样服从“情感强度第一定律”，即人对于某道德的情感强度与该道德所产生的价值率高差的对数成正比。

显然，道德情感与道德价值的关系在本质上就是主观与客观的关系，具体表现在：

一是道德情感以道德价值为基础而上下波动，道德价值一旦发生变化，道德情感就必然会发生变化。

二是道德价值的基本走向在根本上决定着道德情感的基本走向，道德价值的分类决定着道德情感的分类，道德价值的层次结构决定着道德情感的层次结构。

三是道德情感对于道德价值具有一定程度的反作用，道德情感引导人对于不同性质的道德事物投入不同的价值资源，从而使道德事物产生不同的命运，有的道德事物逐渐走向兴旺，有些道德事物逐渐走向灭亡。

四是道德情感相对于道德价值具有一定的相对独立性。虽然在整体上讲，道德情感随着道德价值的变化而变化，但是这种变化并不是同步的，也不一定是正向相关的，道德情感的变化有时会偏离道德价值的变化，甚至会与道德价值的变化方向完全相反。

六、道德情感的运行过程

道德情感的运行过程实际上就是道德情感与道德价值的相互作用过程。

道德情感的运行过程：当某道德（如助人为乐、拾金不昧、见义勇为、爱国等）的价值率高差大于零时，人就会产生一定强度的道德情感（如责任感、正义感、爱国情感等），并不断增加对于该道德的价值投入规模，然而，在“边际效应规律”的作用下，该道德的价值率高差就会不断下降，并逐渐趋近于零，从而使人对于该道德的情感强度也逐渐趋近于零；相反，当某道德（如损坏公物、欺负弱者、偷盗、抢劫等）的价值率高差小于零时，人就会产生一定强度的道德负情感（如负罪感、厌恶感、良心谴责感等），并不断减少对于该道德的价值投入规模，然而，在“边际效应规律”的作用下，该道德的价值率高差就会不断上升，并逐渐趋近于零，从而使人对于该道德的负情感强度也逐渐趋近于零。

不难理解，道德情感具有两大特性：

1. 相对性

由于道德的价值特性取决于主体特性、客体特性和介体特性，同一道德通常对于不同的人类主体（个人、集体或社会），在不同的环境条件下，往往具有不同的价值率，因此同一道德往往对于不同的人类主体将会产生不同的道德情感。

2. 动态性

由于道德的主体特性、客体特性和介体特性总是处于不断的变化之中，道德的价值特性也就处于不断的变化之中，对于道德所产生的道德情感也必然处于不断的变化之中。此外，道德情感引导人对于道德的价值投入规模不断处于调整之中，使道德的价值率处于不断变化之中，从而使人对于道德的情感强度也不断处于变化之中。

七、道德的层次结构

道德的层次结构可以从两个角度来进行划分，一是从道德所调节的不同价值层次来进行划分；二是从道德所调节的不同手段来进行划分。

1. 不同价值层次的道德

价值可分为三个基本层次：生理性价值（包括代谢性价值）、个体性价值和社会性价值。由于道德的根本目的在于调节主体之间的利益关系（或价值关系），因此根据道德所调节的不同价值层次，道德可分为三个基本层次。

（1）生理性道德。以调节人与人之间生理性价值的行为规范，就是生理性道德。例如，食物分配方面的道德、生存权或生命权方面的道德、交配权方面的道德等。

（2）个体性道德。以调节人与人之间个体性价值的行为规范，就是个体性道德。例如，欠债还钱、杀人偿命、买卖公平、赡养父母、抚养子女等。

（3）社会性道德。以调节人与人之间社会性价值的行为规范，就是社会性道德。例如，助人为乐、见义勇为、拾金不昧、尊老爱幼、廉洁奉公等。

2. 不同调节手段的道德

根据道德调节的不同手段，道德可分为三个基本层次：

（1）社会分工类（或经济类）道德：如善的道德主要有：爱岗敬业、爱护公物、赡养父母、夫妻和睦、邻里团结、抚养子女、勤俭节约；恶的道德主要有：乱扔垃圾、随地吐痰、遗弃子女、虐待父母、欠债不还等。

（2）社会管理类（或政治类）道德：如善的道德主要有：诚实、守信、助人为乐、见义勇为、拾金不昧、舍己救人、爱护环境、爱国、爱集体；恶的道德主要有：偷盗、诈骗、斗殴、强奸、抢劫、杀人、放火、见死不救、破坏环境、捕杀野生动物等。

（3）社会意识类（或文化类）道德：如善的道德主要有：公平、正义、博爱、和谐等；恶的道德主要有：民族歧视、妇女歧视、残疾人歧视、宗教歧视、家族观念、门第观念、个人主义、自由主义等。

八、道德情感的层次结构

道德情感是人脑对于道德价值所产生的主观反映，道德情感的层次结构取决于道德的层次结构。根据不同道德层次所产生的道德情感，可以确定道德情感的不同层次。道德情感的层次结构可以从两个角度来进行划分，一是从道德情感所调节的不同价值层次来进行划分；二是从道德情感所调节的不同手段来进行划分。

1. 不同价值层次的道德情感

价值可分为三个基本层次：生理性价值（包括代谢性价值）、个体性价值和社会性价值。由于道德的根本目的在于调节主体之间的利益关系（或价值关系），因此根据道德情感所调节的价值层次不同，道德情感可分为三个基本层次。

（1）生理性道德情感。人脑对于生理性道德所产生的情感，就是生理性道德情感。例如，食物分配方面的道德情感（如对于同类的食物施舍之心）、生存权或生命权方面的道德情感（如对于同类生命的仁慈之心）、交配权方面的道德情感（如对于优势异性的交配欲）等。

（2）个体性道德情感。人脑对于个体性道德所产生的情感，就是个体性道德情感。例如，同情心、责任心、敬业精神、勤俭节约精神等。

（3）社会性道德情感。人脑对于社会性道德所产生的情感，就是社会性道德。例如，公平感、正义感、爱心感、爱国主义等。

2. 不同调节手段的道德情感

根据道德情感所调节的不同手段，道德情感可分为三个基本层次：

（1）社会分工类（或经济类）道德情感：如朋友义气、敬业精神、博爱之心、勤劳之心、勤俭节约精神等。

（2）社会管理类（或政治类）道德情感：如责任感、义务感、公德心、同情感、宽容心、良心感、集体荣誉感、归属感。

（3）社会意识类（或文化类）道德情感：如公平感、正义感、爱心感、民族歧视感、门第观念、罪恶感、个人主义、自由主义、爱国主义等。

九、道德标准与道德规范

对于行为类事物的判断都存在两个方面的标准：一是价值论标准；二是认识论标准。其中，价值论标准就是判断某一行为“是否有用”，认识论标准就是判断某一行为“是否符合社会道德规范”。

对于“是否有用”的判断标准就是“价值率高差”：凡是价值高差大于零的行为，人就会不断增加其价值资源的投入规模，就意味着这个行为就是“有用”；反之，凡是价值高差小于零的行为，人就会不断减少其价值资源的投入规模，就意味着这个行为就是“没用”。

人们经过长期的生活实践与生产实践活动，已经总结和积累了大量的行为规范，并且已经充分证明了这些行为规范是非常有用的，这些行为规范构成了社会的基本道德规范。这样一来，人们在对一些行为进行判断时，就会以社会的基本道德规范作为参照系统进行判断，并把“是否符合社会基本道德规范”作为判断行为的重要标准。为了区别这两个不同标准，现提出如下概念：

1. 道德的价值论标准（即道德标准）

凡是价值率高差大于零的行为类事物就是“善”，凡是价值率高差小于零的行为类价值事物就是“恶”。

2. 道德的认识论标准（即道德规范）

凡是符合社会基本道德规范的行为类价值事物就是“善”，凡是违反或偏离社会基本道德规范的行为类价值事物就是“恶”。

在人们的现实生活和生产实践中，对于行为类事物的“有用性”判断往往具有很强的主观性、模糊性和抽象性。为此，通常把“有用性标准”转化为客观的、精确的、具体的“道德规范性标准”，即把“道德标准”转化为“道德规范”，才能具有现实性和可操作性。

例如，偷盗的本质就是：未经主人同意，以隐蔽性的手段，拿走主人财物的行为；抢劫的本质就是：未经主人同意，以强制的、公开的手段，拿走主人财物的行为。显然，为了维护社会的秩序性和稳定性，“不偷盗”与“不抢劫”是几乎所有国家和民族共同的行为规范或道德规范。

由于道德的认识论标准与道德的价值论标准存在内在的逻辑联系，因此两者在本质上是一致的，即“道德标准”与“道德规范”在本质上是一致的。一般来说，凡是价值率高差大于零的行为类价值事物，它就必然符合当时的社会道德规范，就是善；凡是价值率高差小于零的行为类价值事物，它就必然违反或偏离当时的社会道德规范，就是恶。

不过，在一些特殊情况下，“道德标准”与“道德规范”就会存在一定的差异，有时候两者之间是完全对立的。例如，偷盗行为虽然违背当时的道德规范，属于一种“恶”，但是偷盗公敌的财物，并用之于公益事业，却符合当时的道德标准，是一种更为高尚的善；杀人行为虽然违背当时的道德规范，属于一种“恶”，但是英勇抗击侵略者，保家卫国，却符合当时的道德标准，是一种更为高尚的善。

第三节　求真情感

目前理论界，在什么是真？什么是求真价值？什么是求真情感？等方面，存在着许多争议，几乎没有大家都认可的公论。真的价值是人类的重要价值之一，求真情感是人类的重要情感之一，它与人们的日常生活密切相关，深入探索真的价值及求真情感的本质及其规律性，是价值理论和情感理论的重要内容。

一、真与假的本质

“统一价值论”对于真（或假）的定义是：

真（或真类事物）：就是指价值率高差大于零的思维类事物。

假（或假类事物）：就是指价值率高差小于零的思维类事物。

真类事物所表现的价值特性就是求真价值，由于不同的真类事物之间存在价值运行效率问题，因此真类事物的价值特性主要体现为价值率；由于不同人类主体之间存在价值资源利用的差异性问题，因此真类事物的价值特性主要体现为价值率高差。由此提出“求真价值”的概念：

求真价值：思维类事物或真假类事物所拥有的价值率高差。

根据统一价值论的“价值率高差选择法则”，思维类事物的价值率高差决定着该事物对于主体的客观意义：当思维类事物的价值率高差大于零时，它对于主体的生存与发展具有积极的意义，主体就会不断增加对该思维的价值投入规模；相反，当思维类事物的价值率高差小于零时，它对于主体的生存与发展就只有消极的意义，主体就会不断减少对该思维的价值投入规模。

这里要注意：主体对于思维类事物不断增加价值投入规模的过程，实际上就是思维类事物不断扩展其应用范围和使用频率的过程，也就是思维类事物中所含“信息”不断消失，并逐渐转化为“常识”的过程；主体对于思维类事物不断减少价值投入规模的过程，实际上就是思维类事物不断降低其应用范围和使用频率的过程，也就是思维类事物中所含“信息”不断浓缩的过程。

“真”通常包括两个方面的客观内容：一是事物的真相和事实；二是事物的内在本质和规律性。真与美、善一样，都是人们所追求的美好事物，我们只要掌握了事物的真相、事实以及内在本质及规律性，就可以有目的地、有选择地进行应对该事物的运动与变化，从而为有效利用自己的价值资源提供认识方面的依据，以最大限度地消除人们在行为上和思维上的盲目性。

二、求真情感的本质

任何情感都是人脑对于某种事物的价值所产生的主观反映，情感与价值的关系在本质上就是主观与客观的关系。求真价值作为一种客观存在，必然会反映到人的头脑中，从而形成相应的求真情感，由此可得：

求真情感的本质：求真价值在人的头脑中所产生的主观反映，就是求真情感。

求真情感作为人类的一种特殊情感，同样服从“情感强度第一定律”，即人对于某思维类事物的情感强度与该思维类事物所产生的价值率高差的对数成正比。

显然，求真情感与求真价值的关系在本质上就是主观与客观的关系，具体表现在：

一是求真情感以求真价值为基础而上下波动，求真价值一旦发生变化，求真情感就必然会发生变化。

二是求真价值的基本走向在根本上决定着求真情感的基本走向，求真价值的分类决定着求真情感的分类，求真价值的层次结构决定着求真情感的层次结构。

三是求真情感对于求真价值具有一定程度的反作用，求真情感引导人对于不同性质的真事物投入不同的价值资源，从而使真事物产生不同的命运，有的真事物逐渐走向兴旺，有些真事物逐渐走向灭亡。

四是求真情感相对于求真价值具有一定的相对独立性。虽然在整体上讲，求真情感随着求真价值的变化而变化，但是这种变化并不是同步的，也不一定是正向相关的，求真情感的变化有时会偏离求真价值的变化，甚至会与求真价值的变化方向完全相反。

三、求真情感的运行过程

求真情感的运行过程实际上就是求真情感与求真价值的相互作用过程。

求真情感的运行过程：当某思维类事物的价值率高差大于零时，人就会产生一定强度的求真情感（如愉悦、舒适等），并不断增加对于该思维类事物的价值投入规模，然而，在“边际效应规律”的作用下，该思维类事物的价值率高差就会不断下降，并逐渐趋近于零，从而使人对于该思维类事物的情感强度也逐渐趋近于零；相反，当某思维类事物的价值率高差小于零时，就会产生一定强度的求真负情感（如厌恶、反感等），并不断减少对于该思维类事物的价值投入规模，然而，在“边际效应规律”的作用下，该思维类事物的价值率高差就会不断上升，并逐渐趋近于零，从而使人对于该思维类事物的负情感强度也逐渐趋近于零。

不难理解，求真情感具有两大特性：

1. 相对性

由于思维类事物的价值特性取决于主体特性、客体特性和介体特性，同一思维类事物通常对于不同的人类主体（个人、集体或社会），在不同的环境条件下，往往具有不同的价值率，因此同一求真事物往往对于不同的人类主体将会产生不同的求真情感。

2. 动态性

由于思维类事物的主体特性、客体特性和介体特性总是处于不断的变化之中，思维类事物的价值特性也就处于不断的变化之中，对于思维类事物所产生的求真情感也必然处于不断的变化之中。此外，求真情感引导人对于思维类事物的价值投入规模不断处于调整之中，使思维类事物的价值率处于不断变化之中，从而使人对于思维类事物的情感强度也不断处于变化之中。

四、求真情感的层次结构

价值可分为三个基本层次：生理性价值（包括代谢性价值）、个体性价值和社会性价值；求真价值可分为生理性求真价值、个体性求真价值和社会性求真价值。因此求真情感可分为三个基本层次：

1. 生理性求真情感

对于生理性求真价值所产生的情感就是生理性求真情感，如饮食文化情结，茶文化情结、酒文化情结、性文化情结、生殖文化情结等。

2. 个体性求真情感

对于个体性求真价值所产生的情感就是个体性求真情感，如服饰文化情结、音乐情结、舞蹈情结、建筑文化情结、种植文化情结等。

3. 社会性求真情感

对于社会性求真价值所产生的情感就是社会性求真情感，如礼仪文化情结、宗教文化情结、图腾情结、道德文化情结等。

五、求真标准与求真规范

对于任何真理或认识的判断都存在两个方面的标准：一是价值论标准；二是认识论标准。其中，价值论标准就是判断真理“是否有用”，认识论标准就是判断真理“是否符合社会基本常识”。

对于“是否有用”的判断标准就是“价值率高差”：凡是价值高差大于零的真理或认识，人就会不断增加其价值资源的投入规模，就意味着这个真理就是“有用”；反之，凡是价值高差小于零的真理或认识，人就会不断减少其价值资源的投入规模，就意味着这个真理就是“没用”。

人们追求真理、认识事物、认识世界的根本目的在于改造世界，以获取更多的价值资源，因此真理“是否有用”，是人们真正关心的核心问题，而真理“是否符合社会基本常识”，则是人们关心的次要问题。不过，人们经过长期的生活实践与生产实践活动，已经积累了大量的真理，并且已经充分证明了这些真理是非常有用的，这些真理构成了社会的基本常识。这样一来，人们在对一些新的认识或新的真理进行判断时，就会以社会的基本常识作为参照系统进行判断，并把“是否符合社会基本常识”作为判断真理或认识的重要标准。为了区别这两个不同标准，现提出如下概念：

1. 求真的价值论标准（即求真标准）

凡是价值率高差大于零的事物类价值事物就是“真”，凡是价值率高差小于零的事物类价值事物就是“假”。

2. 求真的认识论标准（即求真规范）

凡是符合社会基本常识（或求真规范）的思维类价值事物就是“真”，凡是违反或偏离社会基本常识（或求真规范）的思维类价值事物就是“假”。

在人们的现实生活和生产实践中，对于思维类事物的“有用性”判断往往具有很强的主观性、模糊性和抽象性。为此，通常把“有用性标准”转化为客观的、精确的、具体的“常识性标准”，即把“求真标准”转化为“求真规范”，才能具有现实性和可操作性。

由于求真的认识论标准与求真的价值论标准存在内在的逻辑联系，因此两者在本质上是一致的，即“求真标准”与“求真规范”在本质上是一致的。一般来说，凡是价值率高差大于零的思维类价值事物，它就符合社会基本常识（或求真规范），就是真；凡是价值率高差小于零的思维类价值事物，它就违反或偏离社会基本常识（或求真规范），就是假。也就是说，符合社会基本基本常识的认识或真理，就是有用的；违反社会基本基本常识的认识或真理，就是没用的。

不过，在一些特殊情况下，两者会存在一定的差异，有时候两者之间是完全对立的。有些看起来符合社会常识的“真理”，却是一种天大的谬误，例如，从直观表面上来看，太阳围绕地球转，而实际上却是地球围绕太阳转；有些看起来违反社会常识的“谬误”，却是真正的真理，例如，有些宗教理论从表面上看起来严重违反科学常识，但它们往往在更深的层次上反映了社会整体的利益诉求和社会运动的内在规律性。

第四节　亲子情结

作为父母，在发现养育了十几年的子女并不是自己亲生子女的时候，就会产生强烈的失败感；作为子女，在发现养育了自己十几年的父母并不是亲生父母的时候，就会产生强烈的失落感；作为爷爷奶奶，在发现了孙子并不是自己亲生孙子的时候，也会产生强烈的失败感。这种现象就是人的“亲子情结”。任何主观上的情感都是人脑对于某种客观价值关系所产生的主观反映，那么人的亲子情结是人脑对于什么样的客观价值所产生的主观反映呢？

一、生命过程的连续性

任何生命的运动过程都是一个不间断的、连续的运动过程，任何个体的生命过程都只是某种、某类生物的生命过程的一个片段，都将起着承上启下的作用。生命过程的连续性表现在三个方面：

1. 对于生命过程的前辈继承

在个体的生命过程中，尤其是在生命过程的早期，每一个人都需要借助于前辈的帮助才能生存下来，只有在前辈的生育、养育和教育下，才得以正常生长。

2. 对于生命过程的现辈持续

在个体的生命过程中，尤其是在生命过程的中期，每一个人都会努力为生存而战，一方面继续受惠于前辈们的劳动成果；另一方面开始为后辈们着想。

3. 对于生命过程的后辈延伸

在个体的生命过程中，尤其是生命过程的晚期，每一个人都开始生育、养育和教育后代，并为他们的未来进行策划。

二、价值关系的连续性

生命过程需要以价值为动力源予以维持，因此生命过程的连续性在客观上就形成了价值关系的连续性。价值关系的连续性表现在三个方面：

1. 价值关系的前辈继承

在个体的生命过程中，尤其是在生命的早期，每一个人都需要借助于前辈的价值资源，用以发展自己的体力、脑力和生理力。而且前辈们的各种价值关系（如亲缘关系、经济关系、政治关系和文化关系）将会扩展延伸到自己的身上。

2. 价值关系的现辈持续

在个体的生命过程中，尤其是在生命的中期，每一个人都会大力发展自己的各种价值关系（如亲缘关系、经济关系、政治关系和文化关系），并最大限度地增长自己的价值资源。

3. 价值关系的后辈延伸

在个体的生命过程中，尤其是生命的晚期，每一个人都会致力于发展后辈们的价值关系，把自己的各种价值关系扩展延伸到后辈们的身上，还会尽量为他们提供更多的价值资源（通常以精神遗产和物质遗产的形式），并帮助他们提高创造价值资源的能力。

三、情感的连续性

价值关系反映到人的头脑中就形成了情感，价值关系的连续性反映到人的头脑中就形成了情感的连续性。情感的连续性表现在三个方面：

1. 情感的前辈继承

在个体的生命过程中，尤其是在生命的早期，每一个人都会自觉不自觉地思考：我是从哪里来？我的父母是谁？我属于哪个族类？等一系列的“溯源性”问题。如果不解决这些问题，他就会产生失落感和孤独感。

2. 情感的现辈持续

在个体的生命过程中，尤其是在生命的中期，每一个人都会自觉不自觉地思考：我应该做些什么？我怎样做才能对得起列祖列宗？我怎样做才能对后辈有个交代？等一系列的“节点性”问题。如果不解决这些问题，他就会产生挫败感和孤独感。

3. 情感的后辈延伸

在个体的生命过程中，尤其是生命的晚期，每一个人都会自觉不自觉地思考：我要去哪里？我的后代是谁？谁来继承我的事业？等一系列的“归宿性”问题。如果不解决这些问题，他就会产生失败感和孤独感。

四、亲子情结的本质

情感的连续性是指父辈与子辈（或者前辈与后辈）之间的情感联系，这实际上就是亲子情结。

由于情感的本质就是价值关系在人脑中所产生的主观反映，情感的连续性的本质就是价值关系的连续性在人的头脑中所产生的主观反映，因此可得：

亲子情结的本质：价值关系的连续性在人的头脑中所产生的主观反映，就是亲子情结。

价值关系的连续性包括两个相对独立的方面：一是价值关系的前承性，它是指子辈对于父辈的价值关系的连续性；二是价值关系的后续性，它是指父辈对于子辈的价值关系的连续性。

情感的连续性也包括两个相对独立的方面：一是情感的前承性，它是指子辈对于父辈的情感连续性；二是情感的后续性，它是指父辈对于子辈的情感连续性。

由此可见，亲子情结包括两个方面：二是子辈对于父辈的亲子情结，称作子系亲子情结；一是父辈对于子辈的亲子情结，称作父系亲子情结。由于情感的本质是人脑对于价值关系的主观反映，因此可得：

子系亲子情结的本质：价值关系的前承性在子辈头脑中所产生的主观反映，称作子系亲子情结。

父系亲子情结的本质：价值关系的后续性在父辈头脑中所产生的主观反映，称作父系亲子情结。

亲子情结的客观目的在于提高生物种群内部的价值连续性，加强内部凝聚力，从而提高整个生物种群的生存能力和可持续发展。

从人类生存与种族延续的角度来看，父辈对于子女抚养的重要性通常要大于子女对于父辈赡养的重要性，因此，父系亲子情结的强度性和稳定性，通常要大于子系亲子情结的强度性和稳定性，“不孝之子女”要远多于“不慈之父母”，这是一种普遍的社会现象，也是一种普遍的生物现象。

五、几点说明

一是亲子情结不同于生养情结。有些人之间虽然有亲子关系，却没有养育关系，这时，他们之间的亲子情结可能很淡漠；有些人之间虽然有养育关系，却没有亲子关系，这时，他们之间的养育情结可能很强烈。

二是为了确保人类价值的连续性发展，一般人所拥有的价值资源将会自觉不自觉地进行三个方面的分配：其一是主要用于“寻根”的需要（如祭拜祖先、建碑立墓等）；其二是主要用于现实生存的需要；其三是主要用于“传承”的需要（通常表现为遗产的形式）。

三是生物之间（包括个体与个体、群体与群体、物种与特种之间）的竞争，从价值的角度来看，就是个体或群体的生存能力（包括消费能力、劳动能力和生产能力三个方面）的竞争，从而使个体、群体或物种的价值资源得到最大程度的增长；从遗传说的角度来看，就是遗传基因的竞争，从而使具有最大生存能力的、优势的、变异的遗传基因片段得以保留下来。亲子情结的客观目的在于提高生物种群内部的价值连续性，加强内部凝聚力，从而增加遗传基因的竞争力度，加快生物进化的速度。

四是动物有时也会表现出强烈的亲子情结。例如，在一个狮群中，新狮王取代旧狮王以后，它的“首要任务”就是捕杀旧狮王所亲生的未成年狮子；其次是尽可能使狮群中所有母狮怀上自己的“亲生骨肉”。虽然新狮王对于“野种”往往表现得残酷无情，但对于自己的“亲生骨肉”却慈爱有加。

第五节　亲情、友情与爱情

人的一切情感可分为亲情、友情与爱情三大类，它们分别是人脑对于亲属价值关系、社会价值关系和两性价值关系所产生的主观反映，其客观目的在于引导人们有效地利用亲属价值关系、社会价值关系和两性价值关系。亲情、友情与爱情这三种情感分别作用于不同生活领域和社会领域，有着不同的特点与规律性，三者之间又存在着内在的逻辑关系。

一、亲情的本质

人在出生以后，最先接触的是亲情，即母子亲情与父子亲情。这种亲情所包含的价值内容主要有：婴儿哺乳、衣食住行、安全与健康、家庭教育、家务劳动、家庭经济等。

随着年龄的增长，人开始接触更多的亲情，如兄弟亲情、姊妹亲情、奶奶爷爷亲情、外公外婆亲情、舅舅外甥亲情、叔侄亲情、表兄妹亲情、堂兄妹亲情等。这些扩展亲情所包含的价值内容不断丰富，价值层次不断上升，价值范围不断延伸，这些亲情的价值内容主要有：人情来往（重大节日）、家庭经济、经济互助、社会事物的合作等。

由于情感的本质是人脑对于价值关系所产生的主观反映，因此可得：

亲情的本质：是人脑对于亲属价值关系所产生的主观反映。

亲属价值关系来自于亲属关系所产生的各种价值关系。通常意义的亲属关系主要是由婚姻行为所引发的，即

亲属关系：由于婚姻关系而产生的人际关系。

婚姻关系可产生两种类型的人际关系：一是血缘亲属关系；二是非血缘亲属关系。

非血缘亲属关系：在婚姻关系建立以后，所产生的新的人际关系。

婚姻关系不仅把两个原本没有血缘关系两个个体（即夫妻）结成了非血缘亲属关系，而且还会导致丈夫的所有非血缘亲属关系与妻子的所有非血缘亲属关系建立了广泛的、间接的非血缘亲属关系，从而衍生出岳婿关系、婆媳关系、姑嫂关系、叔嫂关系、郎舅关系、小姨子与姐夫、妯娌关系、连襟关系等。

婚姻关系的重要目的在于繁衍后代，以保持生命活动的连续性，由此形成了血缘亲属关系。

血缘亲属关系：在生殖行为形成新的个体以后，所产生的新的人际关系。

血缘亲属关系可分为若干代：一代血缘关系（父母辈与子女辈）、二代血缘关系（爷爷辈与孙子辈）、三代血缘关系（曾爷辈与曾孙辈）。通常情况下，一对夫妻可生育多个子女，因此血缘关系还可衍生出一级血缘关系：如兄弟、姊妹、兄妹关系；再衍生出二级血缘关系：如表兄妹、表兄弟、表姊妹、堂兄妹、堂兄弟、堂姊妹、舅舅与外甥、叔叔与侄儿等关系。

亲属价值关系作为一种客观存在必然会反映到人的头脑中，从而形成亲情，因此亲情的强度主要取决于亲属价值关系的价值率高差，亲情的深度主要取决于亲属价值关系的价值层次。

在奴隶社会和封建社会，经济关系、政治关系与文化关系等都有着很强的家族特色，此时，亲属价值关系占据社会价值关系的重要比例，往往决定着人的生存根本，因此亲情的重要性是非常高的。随着社会生产力的发展，各种社会关系越来越远离家庭关系或家族关系的制约，那么各种亲属关系的价值含量越来越低，亲情的重要性也逐渐下降，这就是现代人之所以“人情

淡漠”的客观价值动因。

二、友情的本质

人在走向社会以后，逐渐建立和发展各种社会关系，这就是朋友关系。

朋友关系： 人在消费过程和生产过程中，与其他人所结成的人际关系，称为朋友关系。

朋友价值关系： 伴随着朋友关系而形成的价值关系，就是朋友价值关系。

朋友价值关系作为一种客观存在，必须会反映到人的头脑中，从而形成了一种特殊情感：友情。

友情的本质： 朋友价值关系在人的头脑中所产生的主观反映。

朋友的范围很广，主要包括：同学、同事、战友、校友、盟友、合作伙伴、棋友等。由此产生的友情范围也非常广泛，主要包括：同学之情、师生之情、战友之情、发小之情等。

朋友价值关系的深度性、持久性与稳定性决定着友情的深度性、持久性与稳定性。例如，战友往往在战争中形成了生死相依的价值关系，从而容易形成深厚的、持久的战友之情。例如，人们在吃喝玩乐的过程中所结成的友情往往是肤浅的、短暂的、不稳定的。

情感的纯洁度取决于价值关系的纯洁度。例如，同学（特别是中小学）之情往往是纯洁的，这是因为在共同学习的过程中，价值关系比较简单而清晰，很少涉及利益上的冲突。

敌人是朋友的反义词，它所代表的是负向的价值关系，其价值率高差很低，甚至是负值。敌人与朋友的区别往往是复杂的，而且是动态多变的，昨天的朋友可能会成为今天的敌人，今天的朋友可能会成为明天的敌人，区分敌人与朋友的真正标准就是价值或利益。俗话说：“没有永恒的朋友，也没有永恒的敌人，只有永恒的利益。”

三、爱情的本质

当人生长到一定阶段，就会自然地产生对于婚姻与家庭的渴望，这种渴望主要基于两个目的：一是繁衍后代以延伸自己的生命；二是与异性建立和发展双方在消费方面和生产方面的互补价值关系。

两性价值关系的本质： 男女之间在生殖、消费和生产方面所产生的互补性价值关系，就是两性价值关系。

性爱的本质： 就是两性价值关系在人的头脑中所产生的主观反映，就是性爱。

性爱包括性欲、性感与爱情三个层次。其中，性欲是低层次两性价值关系在人的头脑中所产生的主观反映，爱情是高层次两性价值关系在人的头脑中所产生的主观反映。爱情是最高层次的性爱。

爱情可分为规范化爱情与非规范化爱情两种类型。其中，规范化爱情是以建立、维持和发展长远性、稳定性、正式性的两性价值关系（特别是家庭关系）为根本目的的性情感，它通常符合当时的法律要求与道德要求；非规范化爱情是以建立维持和发展短暂性、不稳定性、非正式性的两性价值关系（特别是情人关系）为主要目的的性情感，它通常不符合当时的法律要求与道德要求。

由于婚姻关系通常使两个异性之间形成了全方位（包括双方所有的价值形式与价值层次）、全生命过程（覆盖双方生命的全过程）、全社会关系（涉及双方的所有社会关系）的价值联系，因此爱情的强度和深度远大于其他情感的强度与深度。如果存在婚外婚和婚外恋的情况，爱情也会有更多的“水分”。

四、深刻理解亲情、友情与爱情的价值内涵

很多人认为，我们在结交朋友时，往往并没有明确的价值目的，也没有考虑对方的任何价值特征，而是为了追求“纯粹的友谊”；

很多人认为，在处理亲属关系时，并没有考虑任何经济回报，也没有追求任何物质利益，而是为了“无私的亲情”；

很多人认为，我们在追求异性朋友时，往往没有过多地考虑对方的价值内容，既不是为了追求对方的金钱和财富，也没有追求对方的社会地位，而是为了追求“纯洁的爱情”。

人们在探索亲情、友情与爱情背后的价值目的时，有四个方面的价值是最容易被人们忽略的：隐性价值、模糊性价值、间接性价值、抽象性价值，而这些价值往往具有巨大的潜在能量和广阔的发展空间。例如，人尊与自尊类价值可以大大提高社会对于个人的认可度，从而可使他的劳动成果更容易被社会接收，他的困难更容易得到他人的同情和支持，他的价值优势更容易得到社会的采用，但是人尊与自尊类价值往往具有很高的隐性、模糊性、间接性、抽象性。

“情感以利益为核心”，并不意味着情感的庸俗化。判断一个人的情感是否属于高尚的情感，并不是看他的情感是否有明确的价值目的，而是看他的情感所指向的价值内容是属于高层次价值还是低层次价值，是属于长远性价值还是短期性价值，是属于精神性价值还是物质性价值，是属于集体性价值还是个人性价值。凡是为了追求高层次价值、长远性价值、集体性价值的情感，就是高尚的情感；相反，凡是为了追求低层次价值、短期性价值、个体

性价值的情感，就是低俗的情感。

一般来说，高层次价值往往具有较高的隐性、模糊性、间接性、抽象性，因此高层次情感往往具有较高的隐性、模糊性、间接性、抽象性；低层次价值往往具有较高的显性、明确性、直接性、具体性，因此低层次情感往往具有较高的显性、明确性、直接性、具体性。

总之，无论是高层次情感，还是低层次情感，都是以利益为核心，都是为了追求一定的价值利益。

第六节　情感与经济

人类自从有了社会分工，就实现了社会的各种价值资源的优化配置，有效地提高了社会的价值增长率。经济是社会分工不断发展的产物，是社会分工不断趋于明确化、规模化、标准化、程序化、清晰化、精确化和条文化的结果。社会分工可分为规范化社会分工和非规范化社会分工两大类。其中，规范化的社会分工就是经济。

由于经济领域是财富生产的核心领域，是人类生存与发展的基础，是价值创造的主要来源，因而是人类情感发生与发展的主要策源地，也是一切情感矛盾与情感冲突的主要源头。

一、经济对于情感的决定作用

人类机体的形成是一个从简单到复杂，从低级到高级的逐渐进化过程，人类的社会分工也是一个从简单到复杂，从低级到高级的逐渐发展过程。随着社会生产力的发展，经济的内容、形式、程序和规模都在不断发展，由经济关系所产生的各种经济价值关系都在不断发展。

情感是对价值关系的反映，价值关系的基本特征决定着情感的基本特征。由于经济关系是政治关系和文化关系的基础，经济价值是一切社会价值的基础，因此国民经济发展的基本状况在根本上决定着国民情感的基本特征。主要表现在以下几个方面：

（1）落后的、不发达的民族经济，容易产生落后的、不高尚的民族情感；先进的、发达的民族经济，容易产生先进的、高尚的民族情感；

（2）封闭的民族经济容易产生自私自利、自我封闭、自高自大、因循守旧的民族情感；

（3）开放的民族经济容易产生乐于助人的、宽容的、敢于创新的民族情感；

（4）畸形发展的民族经济容易产生极端的、畸形的民族情感；平衡和谐发展的民族经济容易产生平衡的、和谐的民族情感；

（5）长期处于停滞或衰退的民族经济容易产生悲观、颓废的民族情感；长期处于快速发展的民族经济容易产生乐观、积极向上的民族情感；

（6）长期处于经济受压迫地位的民族，容易产生敌对的、自卑的民族情感；长期处于经济统治地位的民族，容易产生傲慢的民族情感。

民族的劣根性与丑陋性在根本上产生于经济发展的落后性与缺陷性。因此，要提高全民族的情感素质，要培养大批高尚的仁人志士，在根本上必须大力发展社会生产力，改变落后的经济状态。

当然，经济对情感的决定作用不是绝对的，政治、文化、地理环境等因素也会对民族情感产生巨大的影响。在相同的经济条件下，因为政治、文化和地理环境上的差异，不同民族情感之间可能会存在很大的差异，落后的民族经济有时也会产生相对先进的民族情感，穷有“穷则思变”的积极情感；发达的民族经济有时也会有相对落后的民族情感，富有“富则思安”的消极情感。

二、经济地位对于个人情感的决定作用

情感是人脑对于价值关系的主观反映，个人价值关系的基本特征决定着个人情感的基本特征。一个人的经济地位往往也在一定程度上影响和制约着他的情感状态，主要表现在以下几个方面：经济优越的人容易产生积极乐观的情感，经济困难的人容易产生消极悲观的情感；经济优越的人容易产生友好和谐的情感，经济困难的人容易产生斗争对抗的情感；经济优越的人容易产生开放宽容的情感，经济困难的人容易产生封闭排斥的情感；经济优越的人容易产生谦让、温和的情感，经济困难的人容易产生争锋、激进的情感；经济优越的人容易产生感恩的情感，经济困难的人容易产生埋怨的情感；经济优越的人容易产生利他助人的情感，经济困难的人容易产生自私自利的情感；经济优越的人容易产生相互信任的情感，经济困难的人容易产生相互猜忌的情感；经济优越的人容易产生相互欣赏的情感，经济困难的人容易产生相互嫌弃的情感；经济优越的人容易产生低调、含蓄的情感，经济困难的人容易产生高调、张扬的情感；经济优越的人容易产生以精神利益、长远利益和整体利益为主要目的的情感，经济困难的人容易产生以物质利益、眼前利益和个人利益为主要目的的情感；经济优越的人容易产生稳健性情感，经济困难的人容易产生投机性情感。

当然，经济地位对于个人情感的决定作用并不是绝对的，政治地位、文化地位、家庭背景、性格特征和人生经历也会对个人情感产生巨大的影响。例如，经济困难的人一旦找到了生活的出路，其意志的顽强性往往是常人无

法比拟的。此外，在相同的经济地位情况下，个人之间的情感特性往往有着很大的差异。虽然大力进行价值教育和情感教育，可以在一定程度上改善贫困人口的情感劣势，消除贫富人口之间的情感对立，但是最彻底、最根本的方法是缩小贫富差距，削减贫困人口，提升社会保障总水平。

三、职业对于情感的决定作用

不同的职业往往具有不同特性的价值关系，而不同特性的价值关系必然会造就不同特性的情感。

军人职业：军人的主要任务是战争与保卫，这需要以生命作为“生产资料”来进行劳动，而且军人队伍必须具有高度的凝聚力、统一的意志力和强大的执行力，才能使军人集团具有较强的生存能力，因此军人之间的价值关系通常表现出很高的利益相关性，有着很多的共同利益，因此军人之间的情感往往是深厚的、稳定的、持久的、单一的。战友之情相对于其他职业成员之间的情感更加稳定而持久。

教师职业：教师通常是以知识与能力作为“生产资料”来进行劳动的，以学生的前途与未来作为“产品”，而知识属于高层次价值，学生的前途与未来也是属于高层次价值，在此基础上所产生的教师与学生之间的情感往往是深厚的、高尚的。正是由于教师职业的这种价值特殊性，相对于其他职业，教师职业通常需要更高道德水平的人。

政府官员：政府是社会分工的规范者，社会管理的执行者和社会意识的引导者，政府以及政府官员往往代表着全社会的总体利益，政府的意志往往代表着社会大众的基本意志，政府及政府官员与社会大众的价值关系通常是稳定的、持久的、多样化的、高层次的，因此政府官员的情感品质通常是属于高层次的。

小贩职业：小贩的经营行为就是小商品的交易行为，他通常追求的是低层次的价值，小贩与客户之间的价值关系是短暂的、物质性的、眼前的、不稳定的、不持续的，因而小贩与客户之间的情感关系通常是低层次的。但是，这并不等于说这个小商贩本人是低素质、低层次情感的人。

四、商品情感化和情感商品化趋势

随着商品经济的不断发展，存在两个方面的趋势：

商品情感化趋势：是指随着商品经济的不断发展，越来越多的精神类产品转化为商品，而且商品具有越来越强大的精神功能和心理功能，越来越朝着人的情感领域进行扩展与渗透，商品交换的具体内容也越来越朝着精神交流、情感沟通的领域发展。

情感商品化趋势：是指人的情感越来越受到商品经济的影响，情感的目标追求越来越明确地指向商品或金钱，人的情感体验和情感表达越来越依赖于商品或金钱。

商品情感化趋势和情感商品化趋势实际上指的是商品经济价值与生理性价值（包括代谢性价值）、个体性价值及社会性价值之间的相互联系和相互作用越来越密切、深入和融合，它是商品经济体系发展的必然结果。

五、商品意识

社会意识产生于社会存在。商品意识产生于商品生产和商品交换等具体的商品经济活动，并随着商品经济活动的发展而发展，商品经济的客观内容及其发展方向在根本上决定着商品意识的客观内容及其发展方向。

在商品经济不发达的社会里，商品生产与交换通常处于不公平的、封闭的、无序的、低层次的状态，由此所产生的商品意识也通常具有相当程度的不公平性、地方保护性、无序性、自私性，给人的感觉是商品意识就是一种见利忘义、自私自利、斤斤计较、短期行为的不良意识。其实，这是一种偏见，当今社会的商品意识之所以存在这些缺陷，并不是商品经济发展的必然产物，恰恰相反，是商品经济发展不充分、不完善、不成熟的产物。

随着商品经济的不断发展，商品生产与交换将越来越朝着公平、开放、合理、有序、高层次的方向发展，这就越来越迫使人们反对不正当竞争，努力开放市场，强力冲击地方保护主义，严格规范市场的运作方式，不断提高产品质量，积极开发新产品，注重长期效应，反对短期行为，广泛采用国家技术标准，极力采用民主决策方式，大力节约自然资源，等等。不难发现，与商品经济相适应的商品意识包含着强烈的竞争意识、开放意识、公平意识、效益意识、法律意识、资源意识和科技意识等，此外，商品意识还是对平均主义意识、权力崇拜意识、身份等级意识、地方保护意识、行业垄断意识等的全面否定。由此可见，商品意识的加强具有重要的社会进步意义。

六、金钱意识

金钱是一种特殊商品，它在商品生产与商品交换过程中充当价值尺度、流通手段、支付手段、贮存手段和世界货币等角色。随着货币的使用功能和发行规模的不断增长，人的金钱意识必然会不断增强，这是商品经济发展的必然结果，也是商品意识增强的一种具体表现。

金钱意识加强的具体表现是：人对任何事物进行价值评价与价值判断时，总喜欢用金钱作为基本尺度；在权衡利益得失时，总会首先考虑金钱的得失；人际关系总是以金钱关系为主线；实现任何目的总是优先考虑采用金钱手段；

习惯语言中总是有较多的与金钱相关的字眼。

在商品经济不发达的社会里，商品与金钱较多地与人的物质利益、短期效益和局部利益相联系，较少地与人的精神利益、长远效益和整体利益相联系；在商品经济成长的初期，旧的法律制度和伦理道德观念不相适应，新的相适应的法律制度和伦理道德观念又没有完全建立起来，在法律上和伦理道德上存在许多漏洞与矛盾，商品生产者与商品交换者时常通过非法的、非道德的手段来牟取暴利，各种形式的权钱交易、权权交易、出卖良心、出卖信任等行为在相当长的时间内伴随着商品经济的发展而发展，这样，金钱的获取往往与非法和非道德行为相联系，金钱意识经常与法律意识、道德意识相抵触，从而产生罪与恶的客观效果。不过，这只是暂时的现象。随着商品经济的进一步发展，商品交换朝着多元化、复杂化的方向发展，商品交换的等价逐渐由单方位的等价走向多方位的等价，并无限趋近于全方位的等价，商品市场也越来朝着公平、开放、有序、合理的方向发展，在此基础上所建立的商品意识或金钱意识就会逐渐消除片面性和消极作用，发展成为一种健康的、积极向上的社会意识。

七、情感经济及其主要形式

随着商品的心理功能与精神功能不断增强，商品越来越走向情感化，人的情感也越来越走向商品化，情感体验或情感消费逐渐发展成为一种越来越重要的消费形式，服务于人的情感需要的“体验式经济”或“情感经济”也随之发展起来，它是继“实物经济”“服务经济”之后又一种重要的经济形式。情感经济的产业主要有：

1. 心理咨询业

随着社会复杂化程度的提高，工作的知识密度和技术含量越来越高，劳动者虽然在肉体方面的劳动强度和劳动复杂度越来越低，但在精神方面的劳动强度和劳动复杂度越来越高，劳动过程对人的大脑产生的疲劳与伤害也越来越复杂；随着社会生产率的提高，工作节奏和生活节奏明显加快，人的精神紧张程度越来越高，由此产生的心理疾病也越来越普遍；随着社会开放性程度的提高，利益关系的变化越来越频繁，人与人之间的竞争越来越激烈，人的工作责任也越来越加重，由此产生的心理压力也越来越大，各种心理疾病也越来越严重；随着医学水平的不断提高，各种生理性疾病越来越容易治愈，心理性和精神性疾病逐渐地发展成为人类不可忽视的、难以治愈的主要疾病。以预防、治疗心理性和精神性疾病为主要目的的心理咨询业必然会发展起来。

2. 礼仪业

随着人际交往活动的不断增多，人们参加各种婚庆、悼念、节日、开业、促销、慈善、道歉、纪念等活动越来越频繁，礼仪形式也越来越复杂多样，礼仪内涵也越来越深化，为礼仪业的发展提供了广阔的市场。

3. 名胜旅游业

随着人的精神生活的不断丰富，人对于难忘经历的重新体验、对于重要历史事件的回顾、对于世界名胜古迹的向往、对于外国风土人情的兴趣变得越来越强烈，由此促进了名胜旅游业的迅速发展。

4. 互动体验业

随着情感体验的进一步发展，人们不再满足于那些被动的、纯粹接受外界刺激的静态情感体验，而是越来越追求积极的、互动的情感体验，如参与少数民族的传统体育活动，实施互动游戏，亲自表演节目，从事手工制作，动态模拟飞机驾驶，参加野战军事演习、旅游历险业、野营野餐业、极限环境体验业、电子模拟历险业等。

5. 娱乐游戏业

随着科学技术的不断发展和社会的不断进步，人们对于精神方面的需求越来越强烈，需要用各种娱乐方式或游戏方式来充实人们的个人生活空间，尤其是广场舞、街舞、网络游戏、网络歌曲等的发展将会异常迅速。

第七节　情感与政治

为了确保社会分工的可持续性发展，使社会分工能够产生稳定性的、可靠的、持久的、最佳的价值率，就需要对社会分工的各种行为活动确立相应的社会规则，这就是社会管理。政治是社会管理不断发展的产物，是社会管理不断趋于明确化、规模化、标准化、程序化、清晰化、精确化和条文化的结果。社会管理可分为规范化社会管理和非规范化社会管理两大类。其中，规范化的社会管理就是政治。

政治的客观目的在于对经济价值关系进行控制和调整，以提高经济关系的稳定性、效率性和可持续性，政治相对于经济能够较深刻、较广泛、较持久地决定和改变人的利益关系或价值关系，因而能够较深刻、较广泛、较持久地决定和改变人的情感关系。

一、政治对于民族情感的决定作用

人类的社会管理（或政治）也是一个从简单到复杂，从低级到高级的逐渐发展过程。随着社会生产力的发展，政治的内容、形式、程序和规模都在不断发展，由政治关系所产生的各种政治价值关系都在不断发展。

情感是对价值关系的反映，价值关系的基本特征决定着情感的基本特征。

政治关系是在经济关系的基础上发展起来的，而政治关系又是文化关系的基础，因此政治关系对于社会的各种价值关系将会产生重大的影响，因此政治关系将在很大程度影响和决定着国民情感的基本特征，主要表现在以下几个方面：

一是“官本位”的独裁政治体制，容易产生“官本位”的民族情感；“民本位”的民主政治体制，容易产生“民本位”的民族情感。

二是以强制性管理手段为主的政治体制，容易产生官民对立的民族情感；以引导性手段、服务性手段为主的政治体制，容易产生官民和谐的民族情感。

三是腐败的、低能的、涣散的政治体制，容易产生腐败的、低能的、涣散的民族情感；廉洁的、高效的、有凝聚力的政治体制，容易产生廉洁的、高效的、有凝聚力的民族情感。

四是封闭的、僵化的、教条的政治体制，容易产生封闭的、僵化的、教条的民族情感；开放的、活跃的、创新的政治体制，容易产生开放的、活跃的、创新的民族情感。

二、政治对于个人情感的决定作用

社会管理是关于社会分工的规则体系，其客观目的在于提高社会分工的稳定性和效率性，因此，社会管理相对于社会分工而言，具有更高的抽象性、远见性和间接性。社会意识是关于社会管理的规则体系，其客观目的在于提高社会管理的稳定性和效率性，因此，社会意识相对于社会管理而言，具有更高的抽象性、远见性和间接性。经济是规范化的社会分工，往往代表着社会分工的主流内容；政治是规范化的社会管理，往往代表着社会管理的主流内容；文化是规范化的社会意识，往往代表着社会意识的主流内容。因此，政治相对经济而言，具有更高的抽象性、远见性和间接性；文化相对政治而言，具有更高的抽象性、远见性和间接性。政治价值相对经济价值而言，具有更高的抽象性、远见性和间接性；文化价值相对政治价值而言，具有更高的抽象性、远见性和间接性。政治情感相对经济情感而言，具有更高的抽象性、远见性和间接性；文化情感相对政治情感而言，具有更高的抽象性、远见性和间接性。

一般来说，一个人的经济地位决定政治地位，政治地位决定文化地位。但是一个人的文化地位又反作用于政治地位，政治地位又反作用于经济地位。经济地位、政治地位与文化地位往往相互作用、相互转化和共同发展。“地位”实际上就是价值内容的层次性，价值流量的强大性、价值范围的广泛性和价值形式的复杂性。一个人的社会地位包括经济地位、政治地位与文化地位三个主要方面，社会地位越高的人，其价值内容的层次就越高，其个人价值系统的价值流量就越大，其社会关系就越庞大，其价值作用与价值转化的方式就越复杂，其社会活动的能量就越大，其社会作用的主动性就越强。那么表现在个人情感上就是：地位越高的人，其情感内容的层次就越高，其个人情感系统的情感流量就越大，其社会情感关系就越庞大，其情感作用与情感转化的方式就越复杂，其社会情感的能量就越大，其社会情感的主动性就越强。

当然，政治对于个人情感的决定作用并不是绝对的，经济状况、文化状况、家庭背景、性格特征和人生经历也会对个人情感产生巨大的影响。一般来说，政治状况相对于经济状况而言，对个人情感的影响较为间接而长远，但是政治状况相对于文化状况而言，对个人情感的影响较为直接而当。

三、政治情感与政治价值的关系

政治情感与政治价值的关系实际上就是主观与客观的关系，主要表现在：政治情感是以政治价值为基础，并围绕政治价值上下波动；政治情感相对于政治价值具有一定的相对独立性；政治情感可以对政治价值产生一定的反作用。

爱国主义情感产生于并且服务于国家对于个人的价值关系，前者是后者的主观反映。国家只有给人们以祥和、文明、自由和富裕，才会产生强大的凝聚力，才能激发人们强烈的爱国主义情感。如果国家对于个人在政治、经济及文化等方面的负价值大于正价值，那么个人的爱国主义情感就难以产生，即使产生了，也会逐渐消退。

当然，爱国主义情感具有相对的稳定性，它的产生需要一个过程，它的消失同样需要一个过程。如果一个国家仅仅在某一个短暂的历史时期给国民带来灾难，并不会在根本上动摇国民的爱国主义情感，相反还会激发国民强烈的“国家兴亡，匹夫有责”的责任感。

人们对于某一政治事物（如政治信仰、政治主张、政治制度、政治党派或政治领袖等）所产生的情感，在根本上取决于这一政治事物的价值关系。社会主义只有迅速有效地解放和发展社会生产力，实际地改善人们的生活水平，才能真正地、持久地、牢固地为人们所热爱，否则，仅仅依靠思想教育和舆论宣传所建立起来的情感是短暂和脆弱的。

人们对于政治权力、政治地位的亲和情感，在根本上取决于它所隐含的真实价值量，即取决于政治权力、政治地位的“含金量”。例如，人们的“官本位”思想的严重程度往往取决于这个社会的官职“含金量”。

四、政治情感对于政治价值的反作用

政治情感对于政治价值（或政治事物）的反作用主要表现在以下几个

方面：

1. 政治情感在舆论导向上的反作用

政治家为了达到自己的政治目的，总是利用舆论工具对大众情感进行引导、控制和调节，使自己的政治主张和政治方针得到更多人的拥护。大众的政治热情一旦被舆论激起，就会相互感染、相互激化，从而产生强大的社会动力，导致特定政治事件的发生和发展。

2. 政治情感在领导素质上的反作用

领导的根本作用在于调节人的利益关系，因此领导干部必须具有较强的情感感知能力、情感思维能力和情感处理能力，才能具有强大的领导能力，具体表现为抱负远大、胸怀宽阔、意志坚强、有献身精神、敢作敢当、灵活善变、判断敏锐等。

3. 政治情感在领导结构上的反作用

政治团体的领导结构包括年龄结构、性别结构、性格结构、知识智能结构、情感素质结构等。在通常情况下，一个领导集团要想卓有成效地完成其政治使命，就必须具备综合的情感素质，既要有"老马识途"、稳重踏实、有崇高威望和丰富经验的老年人，也要有"中流砥柱"、善于应变的中年人，还要有奋发有为、精力旺盛、有开拓精神的青年人，这样的领导结构将会具有强大的领导功能。

4. 政治情感在领导方式上的反作用

优秀的政治家应该有良好的口才和较强的应变能力，应该善于引导和控制群众的情感，仅仅依靠高压政策、不顾群众疾苦的领导方式是不能持久的，只有充分激发和引导群众的情感，充分利用群众的智慧和力量，才能获得巨大的政治能量。

5. 政治情感在国际政治中的反作用

爱国主义情感、民族自豪感、民族自尊心等能够加强国民的凝聚力，使国民努力地维护本国、本民族的利益。各民族在宗教信仰、政治理论、文化传统、政治制度、经济需要等方面的共同点（或不同点），将会导致各民族之间、阶级之间、利益集团、宗教信仰之间产生亲和情感（或排斥情感），政治家或外交家可以根据自己或本阶级的利益需要，通过放大共同点和缩小不同点来解决或缓解民族矛盾、阶级矛盾、利益集团矛盾、宗教矛盾，或者通过缩小共同点和放大不同点来制造或激化民族矛盾、阶级矛盾、利益集团矛盾、宗教矛盾。

五、政治情感化与情感政治化趋势

与情感商品化趋势相对应，情感也存在政治化的趋势。

情感政治化趋势：是指人的情感越来越自觉地、明确地靠近和指向政治事物，具体表现为人们越来越关心政治事件，热心于了解政治理论和政治主张，发表不同政见，参与政治活动，选举政府官员，竞选政府职位，监督政府行为，评价政府政绩，投诉政府官员，抨击政府腐败，开展行政诉讼，越来越减少政治上的盲目信仰、盲目崇拜和盲目服从。

与商品情感化趋势相对应，政治也存在着情感化的趋势。

政治情感化趋势：是指政治事物越来越融入人的情感，并越来越受人的情感因素的强烈制约。

政治情感趋势的具体表现为：

一是政治理论、政治主张和政治口号越来越具有“人情味”。如“耕者有其田”“天下为公”“为人民服务”“甘作人民公仆”等充分体现民众的利益需要和情感要求的政治主张和政治口号不断出现，并且越来越得到社会的普遍承认和拥护。

二是政权更替和竞争方式越来越具有“人情味”。以往的政权更替更多的是采用军事政变、武装暴动等方式，以后将逐渐变为民主选举产生，并且在政治竞选时，政敌不再相互谩骂、相互攻击，而是彬彬有礼、笑容可掬。

三是政治手段越来越具有“人情味”。政治手段逐渐从强制性统治发展成为协调性管理，最后趋向于服务性信息咨询。政治矛盾与政治冲突逐渐通过非暴力方式来解决，军队与警察等暴力机构的作用将逐渐消退。

四是政治决策越来越具有“人情味”。政治决策越来越民主化，不是少数人说了算，而是更多地采用民主表决的方式，透明度提高，民众的呼声越来越强烈地影响和制约着政治决策。

五是政策与法律的内容越来越具有“人情味”。精神赔偿得到法律的承认和保护，肖像权、姓名权、个人隐私权受到重视，结婚与离婚自由得到提倡，集会与游行自由、舆论自由、宗教信仰自由等得到认可，法律还确定了最长工作时间、最多工作周日、最低工资收入、最差劳动条件、最低工作年龄等劳动保护措施。

六是政策倾向越来越具有“人情味”。社会公益事业和慈善事业受到鼓励，妇女、儿童及伤残人的利益得到保护，社会保障体系逐渐健全，大量非盈利性精神文化产品的生产得到资助。

七是政策与法律条文越来越有“人情味”。随着政治体系的不断完善，政策与法律条文越来越具体化、明细化和精确化，越来越“婆婆妈妈”，以满足人们对于各种细微价值和细微情感的需要，以调节各种细微利益的矛盾与冲突。

八是民事、刑事和行政执法程序越来越有“人情味”。规范化的、文明的执法语言得到广泛使用，执法人员受到严格的行为约束，执法对象享有申辩权、申诉权和复议权，且有较长的宽限时间和较大的处罚方式的选择余地。

九是民事、刑事和行政的惩处手段越来越具有“人情味”。对惩处对象实施逼供和诱供将逐渐予以禁止，处罚的标准也将逐渐放宽，如刑事的死刑执行方式逐渐由绞杀、刀杀、枪杀改为毒液注射、安眠药注射等安乐死，最终将全部废除死刑。

十是政治家的形象越来越具有“人情味”。政治家变得更加平易近人、和睦可亲；政治家的语言将减少严肃而严厉的字眼，增加幽默风趣的字眼；政治家的指挥意识和管理意识削弱，服务意识增强。

十一是军事与战争越来越具有“人情味”。军事与战争作为一种特殊的、暴力的政治手段也将变得越来越文明，不枪杀俘虏、不使用生物化学武器和大规模杀伤武器、不杀害平民、不破坏环境和文物古迹、不袭击民用设施、不允许未成年人参战等道德规范将得到普遍遵守。

政治情感化和情感政治化实际上指的是社会政治价值与生理性价值、个体价值、社会性价值之间的相互联系和相互作用越来越密切、深入和融合，它是社会政治体系发展的必然结果。

第八节 情感与文化

为了确保社会管理的可持续性发展，使社会管理能够产生稳定性的、可靠的、持久的、最佳的价值率，就需要对社会管理的各种行为活动确立相应的社会规则，这就是社会意识。文化是社会意识不断发展的产物，是社会意识不断趋于明确化、规模化、标准化、程序化、清晰化、精确化和条文化的结果。社会意识可分为规范化社会意识和非规范化社会意识两大类。其中，规范化的社会意识就是文化。

文化的客观目的在于对各种社会分工（或经济）和社会管理（或政治）的控制与调整，以提高社会分工与社会管理的稳定性、效率性和可持续性，文化相对于经济和政治能够最深刻、最广泛、最持久地决定和改变人的利益关系，因而能够最深刻、最广泛、最持久地决定和改变人的情感关系。

一、文化对于民族情感的决定作用

人类的社会意识（或文化）也是一个从简单到复杂，从低级到高级的逐渐发展过程。随着社会生产力的发展，文化的内容、形式、程序和规模都在不断发展，由文化关系所产生的各种文化价值关系都在不断发展。

情感是对价值关系的反映，价值关系的基本特征决定着情感的基本特征。

文化关系是在经济关系、政治关系是的基础上发展起来的，目的在于提高经济关系和政治关系的稳定性、效率性和可持续性，从而可以更深刻、更广泛、更持久地改变经济关系和政治关系，文化关系对于社会的各种价值关系将会产生更深刻、更持久的影响，因此文化关系将会更深刻、更持久地影响和决定着国民情感的基本特征，主要表现在以下几个方面：

一是讲求公平、公正的文化体制，容易产生公平的、公正的民族情感；讲求效率、速度的文化体制，容易产生强功利性的民族情感。

二是讲求礼仪、仁义的文化体制，容易产生谦和、博爱的民族情感；讲求好斗性、霸气的文化体制，容易产生侵略性的民族情感。

三是讲求平等、自由的文化体制，容易产生平等、自由的民族情感；讲求等级、门第的文化体制，容易产生等级森严、尊卑分明的民族情感。

四是自由开放的文化体制，容易产生宽容大度的民族情感；僵化封闭的文化体制，容易产生狭隘自大的民族情感。

二、文化对于个人情感的决定作用

人与人之间往往存在着各种隐性的、模糊的、间接的、抽象的利益关系，而这些利益只有通过不断增长文化知识、不断丰富生活经验，才能真正认识到和体会到。因此，从整体上来说，文化水平越高的人，能够更加全面、深刻、系统地认识人与人之间各种长远的、整体的、高层次的利益关系，其个人情感就更高尚；文化水平越低的人，能够更加片面、肤浅、孤立地认识人与人之间的各种利益关系，其个人情感就更低俗。

事实上，很多的道理、很多的价值规律和社会规律，就包含在文化知识里，“知书达理”就集中体现出文化对于个人情感的决定作用，只有“知书”者，才能“达理”；文化水平越低的人，对于一些深刻道理的理解能力就会较差，其情感特征就显得越浅薄，其眼光就越短视，不“知书”者，就难以“达理”。

一是有较高文化修养水平的人，一般比较容易谦虚、低调、礼让、乐观、开放、助人、慈善、稳重等；有较低文化修养水平的人，一般比较容易骄傲、高调、争锋、封闭、自私、无情、投机等；

二是不同的文化领域往往使人产生不同特征的情感。例如，长期从事社会科学工作的人，一般比较感情丰富、活跃；长期从事自然科学工作的人，一般比较严谨、拘束；

三是不同文化学科的人往往使人产生不同特征的情感。例如，数学使人精密，文学使人丰富，哲学使人深刻，逻辑学使严谨。

当然，文化对于个人情感的决定作用并不是绝对的，经济状况、政治状况、家庭背景、性格特征和人生经历也会对个人情感产生巨大的影响。一般来说，经济状况对于个人情感的影响较为直接而当前，文化状况对于个人情感的影响较为间接而长远，政治状况对于个人情感的影响程度往往介于文化状况与经济状况之间。

三、文化情感化与情感文化化趋势

与情感商品化、情感政治化的趋势相对应，情感还存在文化化的趋势。

情感文化化趋势：是指一般人的情感越来越自觉地、明确地趋近和指向文化事物，具体表现为一般人越来越关心文化进步，参与文化活动，研究文化理论，发表文化观点，评价文化作品，提高文化素质。

与商品情感化、政治情感化的趋势相对应，文化也存在情感化的趋势。

文化情感化趋势：是指文化事物越来越融入人的情感，并越来越受人的情感因素的强烈制约。

文化情感化趋势具体表现在以下几个方面：

一是文化理论、文化主张、文化口号越来越具有“人情味”。越来越多的文化工作者提出和贯彻“文艺必须面向工农群众”“文学只有面向大众才有生命力”“观众就是上帝”“读者就是父母”等能够充分体现民众利益需要和情感要求的文化理论、文化主张和文化口号。

二是文化变更和竞争方式越来越具有“人情味”。以往，不同形式、不同派别的文化具有较低的相容性，彼此的变更与竞争往往是相当残酷、尖刻和激烈的，尤其是不同宗教之间、不同伦理道德之间、不同政治意识之间的竞争往往具有很强的火药味。随着社会关系开放性的不断发展，不同文化形式越来越和谐共存、相互融合、友好竞争、共同发展。

三是文化控制手段越来越有“人情味”。文化控制手段逐渐从强制性灌输发展为感染性宣传，最后趋向于服务性咨询。对于文化的各种强制性限制手段将会逐渐消退，文化发展将会有越来越宽松的社会环境。

四是文化形式越来越有“人情味”。文化形式越来越世俗化，各种通俗歌曲、大众文学、民间艺术、世俗刊物等应运而生，许多高雅文化逐渐“放下架子”“走下象牙塔”、面向大众。

五是文化内容越来越有“人情味”。随着文化体系的不断完善，文化越来越具体化、细腻化和精确化，以满足人们对于各种细微价值和细微情感的需要。

文化情感化和情感文化化实际上指的是社会文化价值与个体价值之间的联系和作用越来越密切、深入和融合，它是社会文化体系发展的必然结果。

四、情感与科学

科学是文化的四大基本形式（即宗教、文学、艺术、科学）之一，它对人类的生存与发展具有十分重要的意义。科学和技术是一种特殊的生产要素，融入其他基本生产要素（即劳动力、劳动资料和劳动对象）之中，并对其他生产要素产生杠杆作用或放大作用，因此科学技术是第一生产力，是社会生产力得以迅速发展的根本性动力，同样是情感发展的根本性动力。科学技术对于情感的作用主要表现在：

一是增加正向情感。科学技术促进了经济的发展，提高了价值的增长速度，全社会正向的情感总量要大于负向情感的总量，因此人将变得更加愉快和开朗，生活将变得更加充满阳光。

二是引发新情感。科学技术开辟了新的生产领域和消费领域，引发了新思潮、新情感、新时髦，人将享受前所未有的、丰富多彩的生活乐趣，同时人又要忍受着前所未有的痛苦与危险，遭受着从未有过的烦恼，如环境污染的扩展、资源损耗的加剧、生态平衡的破坏、人口数量的激剧膨胀、大规模杀伤武器的军备竞赛等不断强化了人对于自身生存的危机感和忧虑感。

三是改变情感特性。科学技术的研究与学习可以改变人的情感特性。科学技术往往要求对客观事物的认识有较高的精确性与客观性，因此研究与学习科学技术有利于培养人严谨和客观的工作作风。长期从事科学研究的人，有良好的求真务实的精神风貌，不容易主观意气用事，而且在物质生活方面比较朴素，精神生活方面比较高尚。科学技术的新思路、新发现、新理论可以开阔人的情感视野，陶冶人的情操，调整人的价值观，减弱人对于许多自然现象的神秘心理与恐惧心理，同时诱发人对于自然现象的好奇心理。

四是实施情感监测。科学技术的实验仪器可以对人的情感进行监控与测量。例如，测谎仪就是根据人在说谎时因神经紧张而产生的某种生物化学反应进行测量的。

五是实现情感调控。科学技术的实验手段与化学物品可以改变人的内外分泌系统以及大脑神经系统的功能状态，从而调控和改变人的情感。人体基因决定着人的形态与结构，对人的基因进行改造不仅可以优生优育，还可以完善人的心理素质，增进善良，减少自私，避免凶杀、抢劫、强奸等破坏性行为；人体中有许多种酶和激素，可以影响和制约着人的认知、情绪与意志；某些精神性药物可以激发和控制人的情感。

六是实现人工情感。随着科学技术的不断发展，人类已经在人工智能方面取得了突飞猛进的发展，并不断朝人工情感（或情感计算、人工心理）方面进军，建立一个全新的情感理论，并在此基础上建立情感的数学模型，实现情感的数字化，制造出真正意义的情感机器人，已经为期不远了。

五、情感与文学

语言就是规范化的第二信号系统（即语言、文字或符号等广义符号）。文学是文化的四大基本形式之一，它是在语言的基础上发展起来的，它主要是采用语言（即规范化的第二信号系统）并配合一些辅助性手段，来表达和传播各种社会意识（特别是社会情感）。

文学是人类用以进行交流的基本工具，它通过表达彼此的感觉以展示各种存在关系，通过表达彼此的认知以展示各种事实关系，通过表达彼此的情感以展示各种价值关系，通过表达彼此的意志以展示各种行为关系。总之，文学（特别是语言、文字）通过表达社会意识（即社会感觉、社会认知、社会情感和社会意志）以展示各种社会关系（即存在关系、事实关系、价值关系和行为关系）

不同类型的语言体系在表达社会意识以展示各种社会关系的过程中，往往表现出不同的特性，并各有自己的优势与不足。相对于其他语言体系，汉语体系是最古老的语言，它在表达社会意识（特别是表达社会情感）方面具有以下几大突出的特点：

1. 连续性

汉字自创造以来，从来没有中断过，从甲骨文、篆书、隶书，到楷书，从孔夫子的教诲、秦始皇的法律，到李太白的诗篇，汉字始终保持着旺盛的生命力，汉语中的字、词汇、成语等包括大量的历史典故、重大的历史事件与历史人物，积累了大量的文化遗产，从而折射出人类逐渐进化和社会连续发展的基本概况。

2. 细腻性

汉字中的各个字与词往往可以表达丰富而细腻的内容。例如，同样是“死亡”，就有几十种不同的表述方式，如“仙逝”“逝世”“谢世”“弃世”“过世”“过辈”“亡故”“作古”“归位”“归天”“西去”等。不同的表述方式之间往往有着十分微妙的差异，从尊敬到鄙视，从深情到平淡，分别从不同的角度、不同的态度、不同的环境条件下来表述“死亡”。

3. 精确性

汉语对于每一种不同的社会关系或自然关系都有特定的、精确的表述方式。例如，对于不同的亲属关系都有特定的称谓，如岳婿关系、婆媳关系、姑嫂关系、叔嫂关系、郎舅关系、小姨子与姐夫、妯娌关系、连襟关系等。例如，手的具体动作就有打、抓、提、压、按、抬、搓、捏、拿、指、扶、擒、举、摸、披、接、掩、挥、拖、推、抱、撕、揭、握、扯等。

4. 关联性

汉字中每一个字、词及语句往往可以表述丰富而彼此关联的内容，并且可以充分联想和广泛延伸其内涵。同一个字或词往往可以用来表述许多方面的内容，而同一内容又往往可以通过许多个字或词来表述，各个字或词之间往往具有很强的关联性。例如，“清风不识字，何必乱翻书”的诗句，就被认为是在影射攻击大清王朝。

5. 动态性

汉字中同样的字、词、语句等可以反映不同的情感倾向与基本态度，从而表现出高度的灵活性、动态性和复杂性。例如，“你真行呀!”既可能表示对于你的欣赏，也可能表示对于你的疑问，更可能表示对于你的讽刺与否定。

6. 兼容性

正是由于汉语能够表达丰富、细腻、动态、关联的内容，因此它能够表现出很高的兼容性。在社会生产力和科学技术高速发展的今天，各种新生事物大量出现，汉语可以很好地适应和兼容这样的变化。例如，对于新生的化学元素，造字的主要方式就是添加“石”旁、“金”旁、“气”头，来分别表述非金属元素、金属元素和气体元素。例如，互联网的快速发展，出现了大量汉语网络新词汇，以适应大量新生的网络事物。

7. 艺术性

汉字主要是由象形文字演变而来，中国自古就有“书画同源”一说，这是因为最早的文字来源就是图画，原始人在生活中用来表达自己的“图画”形式，慢慢地从原始图画变成了一种“表意符号”。正是由于这一特征，汉字本身的结构就因此具有了强烈的艺术性，并给人以丰富的联想空间，从而可以把许多的艺术手段与文字有机地配合起来，以表述人们丰富、细腻、活泼而复杂的思想与情感。

总之，汉语的以上特点能够很好地适应现代社会快速发展对于语言体系的迫切要求。不过，汉语体系也有其局限性，主要表现在简易性和效率性方面，具体体现为难认、难懂、难学、难写，这就需要吸收其他语言体系的某些优势。特别是在科学技术的表述手段方面，需要更多地借助于其他语言体系（如英语、阿拉伯语、罗马语、希腊语等）的某些优势。

第九节　情感与艺术

艺术是一种很重要、很普遍的文化形式，有着非常复杂而丰富的内容，与人的实际生活密切相关。艺术作为一种精神产品，具有无限发展的趋势，并在整个社会产品中占有越来越大的比重。艺术价值是很重要的精神价值，其客观作用在于调节、改善、丰富和发展人的精神生活，提高人的精神素质（包括感觉能力、认知能力、情感能力和意志水平）。

一、艺术的价值本质

艺术的本质就是通过某种特定的媒介符号如绘画、诗歌、音乐、舞蹈、小说、戏剧等来反映和描述事物及其价值关系的运动与变化过程，从而对人的感觉、情感、认知和意志进行交流、诱导、感化和训练。

艺术的价值内容可分为三个层次：物（价值物）、境（价值关系）、理（价值规律）。艺术所产生的精神境界也可分为三个层次：最浅的艺术境界是摹写，它是用直观感觉和相对独立的思维来反映现实的价值物；第二层艺术境界是联想，它是用联系的观点、整体的观点来反映价值物之间的联系；最高的艺术境界是抽象，它是用理性的、辩证的观点来反映价值事物的内在规律性。

艺术的形式根据它所使用的物质媒介可归结为“言”“声”“象”：言是指文学语言，声是指声音，象是指感性的视觉形象。绘画就是通过色彩、线条描绘具体的可感知的形象来表达感情；诗人把许多抽象无形的东西比喻为现实生活中可感知的景物形象，使读者理解和感受到诗人所体验到的感情；音乐是通过音阶、音调与和声来反映人的现实生活和情感世界；舞蹈是以人体的姿态动作来展示某种价值事物及其情感反映。

艺术的欣赏就是人对艺术品的价值进行发现和寻找，是欣赏者、创作者及表演者之间的情感交流与情感共鸣。在艺术欣赏过程中，作者或表演者用动作、色彩、声音以及言辞把自己所曾经体验过的感情表达出来，以感染观众或听众，使别人体验到同样的感情。艺术欣赏所产生的情感从表面上看具有超功利性，但它不是对功利性的否定，而是对功利性一种更为广泛、更为深刻的肯定。

二、艺术作品价值特性的三大要素

艺术作品的价值特性取决于三大要素：

1. 作品的品质特性

艺术作品的品质特性主要表现在：形象反映的现实性和典型性，艺术效果的感染性，隐含思想的深刻性以及物质材料手段运用的完善性。艺术作品只有充分利用特有的艺术规律，诱导和感染观众或听众的情感，才能达到理想的艺术效果。艺术作品所反映的生活内容往往是典型事例和理想化模型，有些甚至荒诞不经，它只是对实际生活的一种折射。脱离现实的艺术作品是没有生命力的，只有来源于生活又能有效地指导生活的艺术作品，才具有强大的生命力。艺术作品所反映、所隐含的思想越深刻，其社会价值就越大，其艺术层次就越高。

2. 作品的欣赏环境

同样的作品在不同的自然环境下将会体现出不同的价值，高雅艺术的欣赏往往需要宁静、祥和和优雅的环境，周围的一草一木、一动一静往往都或多或少地影响高雅艺术的欣赏效果。同样的作品在不同的社会环境和社会历史时期将会体现出不同的价值，某一民族最为推崇的音乐往往不容易为其他民族所认可，某一时期流行的音乐往往在另一时期被人们所遗忘。

3. 欣赏者的品质特性

欣赏者的品质特性包括审美态度、审美能力、心理状态和生理状态。有效的欣赏者首先要具备基本的欣赏素质，具备“有音乐感的耳朵”和“能感受形式美的眼睛”，具有对艺术作品的感受能力、理解能力、鉴别能力等，具有一定的艺术修养、审美情趣和实际生活经验。只有经过良好的艺术熏陶，才能对艺术这种特殊“语言”进行理解，只有经常与作品特别是优秀作品打交道的人，才能寻到艺术境界的幽胜与甘甜。有效的音乐欣赏者要求有较高的感觉音高、音色、音强、音质、旋律与节奏的能力；有效的戏剧、电影欣赏者要求综合发挥其视、听感官的作用，去感知形体、语言、动作、画面、色彩和音响。

其次，欣赏者要有良好的心理状态和生理状态，从而把自己的感觉、感情、想象、理解等心理因素充分调动起来参与艺术欣赏。显然，一个饥肠辘辘的穷人和一个忧心忡忡的富人都不会对艺术作品感兴趣的。任何人都有自己特定的艺术价值取向，艺术作品的价值在很大程度还取决于欣赏者的审美态度。

三、艺术的功能特性

艺术具有三大功能：生理功能、心理功能与精神功能。

1. 生理功能

由于艺术品不同的色彩、音调、布局、动作设计可以使人产生不同的生理反应，优秀的作品往往能够有效地运用某些自然规律和人的生理规律对艺术作品的基本要素进行合理设计，使之产生最佳的生理效果，使人在欣赏过程中得到充分的放松与休息，使人在生活和工作过程中所产生的生理紧张和肉体疲劳逐渐得以消除。

2. 心理功能

人在生活和工作过程中，通常会产生某种心理压抑，如果心理压抑得不到正常的发泄，就可能产生某种心理障碍和心理疾病，甚至酿成严重的心理变态或人格分裂，如果能量积滞过大，会引发不合社会规范的、反社会的发泄方式，造成巨大的社会破坏。艺术欣赏能够给人提供合乎社会准则和要求的心理压抑的发泄机会，以实现人的心理平衡。艺术欣赏还有利于提高人的心理承受能力，因为艺术作品如果表现和反映了社会价值关系的巨大变动，通过认同与共鸣，可以引发欣赏者强烈的情感波动，使欣赏者经历巨大的心灵痛苦和折磨，从而对欣赏者进行了一次次情感锻炼。此外，艺术欣赏还可以提高和增强人的情感的细腻性、敏感性和灵活性。

3. 精神功能

高雅艺术作品往往表达了人的高尚信念与可贵品质，而这恰恰直接或间接地体现着社会的整体利益和长远需要，隐含着对人间真善美的高度赞扬和对假恶丑的深刻揭露和无情批判。高雅艺术作品通常可以加强人的社会责任感和道德良心，消除人的冷漠与封闭，激发人的生命活力和进取心，开阔人的心胸与眼界，树立人的崇高理想，净化人的心灵，升化人的人格，提高人的意志力与自信心。人与人的利益关系本来就存在种种隔阂，有着太多难以启齿的隐情，无法进行自由的宣泄，艺术使人成为某种交流活动或集体仪式的参与者，从而起到沟通人的思想，深化人的友谊的作用。此外，艺术欣赏还可以看作是一种智力训练，用以提高人的智力水平。

四、艺术的思潮与流派

在不同的社会历史时期，人的价值关系有着不同的基本特性，用以反映时代价值关系的时代艺术也将表现出不同的基本特性，从而产生不同的艺术思潮和艺术流派。

1. 原始艺术与现代艺术

原始艺术具有生硬性、纯真性、力感性和野性，这既是因为原始价值关系通常是低级、粗浅、简单、直接和本能的，又是因为当时人的认识能力非常有限，只能采用粗浅、简单、直接和机械的艺术形式来反映和描述周围存在的客观事物。

现代艺术具有高级性、细腻性、复杂性和理智性，这既是因为现代的价值关系通常是高级、深刻和复杂的，又是因为人们的认识能力不断提高，可以采用高级、深刻、复杂和辩证的艺术形式来反映和描述周围存在的客观事物。

2. 现实主义与浪漫主义

现实主义就是以事物的存在状态为基本视点，来观察和分析事物的运动与发展变化规律；浪漫主义就是以事物的联系状态为基本视点，来观察和分析事物的运动与发展变化规律。这两者有着不同的侧重点：前者重视现实状态，后者重视联系状态。

现实主义通常着眼于事物的具体性和特殊性，只能认识具体的、个别的事物，不能认识抽象的、普遍的事物。浪漫主义通常着眼于事物的抽象性和普遍性，并对事物进行抽象和归纳处理，各种浪漫主义艺术形象具有一定程度的自主性和随意性，它撇开现实生活的具体形式、具体内容，而不受具体逻辑条件的约束，把一些粗俗的、低级的东西忽略掉，揭示人类心灵深处最深刻和最富暗示性的东西，使艺术创作变成一种创造性的冒险历程。

在原始社会，人的生存完全依赖于自然环境，人只能被动地适应世界，人的价值关系是简单而稳定的，只需要通过直观感觉就可以反映出来，这时最为有效的艺术方式就是以事物的存在状态为基本视点的现实主义。随着社会生产力的发展，人对于自然环境的直接依赖性逐渐减弱，人不仅能主动地适应世界，而且能积极地改造世界，人的价值关系发展成为复杂的、多变的价值关系，需要通过逻辑思维才能准确地反映出来，这时最为有效的艺术方式就是以事物的联系状态为基本视点的浪漫主义。

当社会处于快速发展状态时，人的价值关系也处于快速发展之中，这时浪漫艺术较为流行；当社会处于相对稳定状态时，人的价值关系也处于相对稳定之中，这时现实主义艺术较为流行。不过，艺术的发展与它所反映的价值关系的发展往往是不同步的，通常要滞后一段时间，因此艺术的思潮和流派通常要相对滞后于它所反映的价值关系的发展步伐。

五、艺术的具体形式

艺术有许多具体形式，每一种艺术形式对应着反映某种特定的价值关系。

1. 小说与散文

小说的价值本质是以时间为序列、以某一人物为主线，非常详细地、全面地反映社会生活中各种角色的价值关系（政治关系、经济关系和文化关系）的产生、发展与消亡过程，非常细致地、综合地展示各种价值关系的相互作用。其中爱情小说的价值本质是反映两性之间恋爱、婚姻与家庭关系的演变过程。

散文的价值本质是以某一事物（包括人、物及事件）为主线，较为粗略地、单方位地阐述该事物的价值关系及其变化过程，较为突出地表达作者对该事物的看法、评价、联想、抒情及寓意。

小说与散文的作者必然有意无意地把自己的价值观念与价值标准灌入其中，或多或少地向读者敞开自己的心灵，注入自己的热情，倾诉自己的衷肠，刻画自己的性格，描述自己的人生，只有当作者的价值观念与价值标准同时代的脉搏相吻合、同大众的呼吸相联系，才会在读者心中激起强烈的共鸣。

2. 绘画与雕刻

绘画的价值本质是以色彩、线条、阴影等要素在平面上造型，用以反映图像所表达的事物的价值关系。雕刻的价值本质是以色彩、线条、阴影等要素在立体上造型，用以反映雕像所表达的事物的价值关系。只有当绘画与雕刻作品所反映的价值关系迎合人们的心态、符合时代的需要，才能得到社会的赞许。

各个门类的艺术都有自己的艺术语言及其组织结构，绘画的艺术语言主要是色彩、线条、光的明暗，其组织结构有构图、安排、布局等，分别反映着特定的主观情感或客观价值。

(1) 构图。构图的尺寸、对称性、均衡性和节奏感等反映着一定的主题思想。均衡与对称容易突出重心，并给人以平稳的感觉，非对称与非均衡给人以无限变化的感觉。横向线条的构图给人以安详、和平和宁静的印象；斜线的构图表现一种激烈运动和不稳定的感觉；金字塔形的构图暗示稳定、完整、安全、牢不可破的感觉；螺旋形的构图表明剧烈运动；锯齿形的构图包含着痛苦、紧张、困难险阻；“V”字形的构图表示不稳定、危险；圆形的构图给人以圆满、完美、和平、宁静。

(2) 色彩。不同的色彩可以表达不同的价值关系：黄色是所有色彩中最能发光的色彩，是一种突出发展的色彩，它的正面含义有爱情、崇高、光明和宁静，它的反面含义有怀疑、藐视、缺乏理智等；红色是一种突出变化的色彩，它使人联想到火、血、革命，它的正面含义有庄严、兴奋、革命，它的反面含义表示恐怖等；蓝色是一种突出平静的色彩，蓝色是收缩、内向、冷淡的色彩，它的正面含义有信仰、清凉、平静等，它的反面含义有抑郁、恐怖与灭亡等；绿色是一种突出生命的色彩，它介于黄色与蓝色之间，它的正面含义有生命、新生、满足等，它的反面含义有绝望、堕落、衰退等；紫色是一种突出神秘的色彩，它的正面含义有虔诚、稳定、光明等，它的反面含义有沮丧、迷信、恐怖等；白色是一种突出单调的色彩，它的正面含义有纯洁、庄严、隆重等，它的反面含义有罪恶、恐怖、哀悼等。

(3) 色彩对比。黑与白是清晰对比色，黄与紫是明暗对比色，蓝绿与红橙是冷暖对比色，对比色之间可以形成强烈对比，使人产生一种力量的对立感与界线的鲜明感。红与绿、黄与紫、蓝与橙是互补色，用以引发和满足人的平衡感；色彩的调和可分为两色调和、三色调和、四色调和和六色调和，色彩的调和意味着力量的平衡与对称，使人产生一种和谐感与安全感。

(4) 光线。光线可以表现物体的立体感、轮廓和空间，可以润饰人像，使人显得年青或苍老、美丽或丑陋；可以使环境显得温暖、舒适或寒冷、简陋，也可以使环境变大或缩小；可以强调重点内容，突出主要人物。

3. 音乐与歌曲

音乐的价值本质是以声音的音调、音阶、节奏及旋律等要素在音响空间进行有序组织，用以概略地、抽象地反映事物的价值关系。歌曲的价值本质是在音乐的基础之上配合以语言，用以更详细地、更具体地反映特定事物的价值关系。

音乐和歌曲的价值作用有两点：一是生理性作用，它对人的植物神经产生影响，以改善或影响人的心脏机能、呼吸频率、血压和内分泌功能，一定的音响可以诱发不自觉的神经效应，音响强度超过 60 分贝时，这种神经效应不再受人的自我意志的控制，使人近乎于心醉神迷；二是精神性作用，它对大脑中枢神经产生影响，激发大脑皮层的各种兴奋灶，使人产生对于相关事物的联想，从而改善或影响人的心理状态与精神状态。

4. 诗与诗歌

诗与诗歌的价值本质是以简单、精练、富有情感、讲究韵律的语言按照一定的逻辑思路进行有序组织，用以反映特定事物的价值关系。

诗和诗歌是一种注重情感而不注重现实的艺术，即是一种注重价值关系而不注重事实关系的艺术。有些诗和诗歌表现情感十分真切和强烈，而对于客观事物的描写则十分含糊，这种含糊不是给欣赏者造成限制，而是给欣赏者提供了广阔的想象空间。诗和诗歌是断续的，小说和散文则是连续的。由于诗和诗歌在形象细节上的描述存在着明显的朦胧性、多义性和多解性，因此不能死板地进行解释，允许灵活地、多样地进行解释。写诗不能太实，读诗不能太死，追求新奇特符合诗的规律，一首好的诗或诗歌能够把话说得使人充满惊奇感、新鲜感和灵活感。

欣赏诗和诗歌是人的一种需要，它可以使人变得崇高，让人活得聪明，让人变得善良而富有同情心，引导人走出无知与愚昧。当你的内心世界处于不平衡状态时，它起一种平衡调节作用；当你悲痛的时候，它同情并安慰你；当你欢乐的时候，它与你同享；当你感到空虚的时候，它使你充实。

5. 舞蹈

舞蹈的价值本质是以一系列高度程式化和概括化的表情动作进行有序组织，用以反映特定事物的价值关系。

舞蹈以一系列身体动作来展示心灵、表达情感，它主要来自于日常生活中的情感动作和体貌姿态，并对其进行概括和提炼。经过精心选择和组织之后，舞蹈动作不再是自然的复写，而是比拟和象征性的；不再是松散的、断续的，而是富有“有机统一性”和“节奏性”的；不再像自然表情动作一样仅具有一种价值特征，而是概括体现了生活中各个层次、各个方面的多种价值特征。舞蹈动作已经完全不同于人类习惯的表情动作，它包含着一系列高度形式化和风格化的身体姿态动作，成为舞蹈的基本“词汇”，构成了特定的舞蹈语言。

6. 戏剧

戏剧的价值本质是对一系列典型的生活片段进行有序组织和修饰加工，并在舞台上进行表演，用以反映戏剧角色所拥有的价值关系。

戏剧是人类生活中那部分最活跃、最富有生命力的东西的提取物和夸张物，它浓缩了社会，浓缩了人生，浓缩了重大历史事件的发展过程。戏剧中的悲欢离合实际上就是人际间价值关系的变化过程。戏剧直接使用了人的表情、表意动作和语言，把日常生活中一切不能创造意味的东西清除掉，只留下那些饶有趣味的和高度象征性的东西，修改、强化、突出后转化为程式化的姿势语言。演员是剧作家作品的主要解释者，他不是表现自己的情感，而是表现作品角色的情感。

戏剧通常集音乐、歌曲、小说、舞蹈、绘画等艺术形式于一体，采用了高度程式化的语言、表情、动作、服饰、背景。不同的剧种因不同的地理环境、风俗习惯与历史条件而表现出不同的风格。例如，越剧显得清秀，评剧显得泼辣。昆剧是在士大夫阶层的培育下发展起来的，从而形成了词句文雅、轻歌曼舞的风格；秦腔是在农村演出条件下发展起来的，从而形成了粗犷激昂的演唱风格。

7. 书法

书法的价值本质是对文字的行与行、字与字、笔画与笔画以及每一笔画的长短、大小、走向等进行布局，用以反映某种特定的价值关系。

不同的书体可以分别显示出方劲、厚重、秀逸、精整等风格，如参差错落的草书给人以飞动之感，布局极不规则的狂草书体给人以活泼的感觉。字与字，行与行之间的布局可以显示出特有的风格，松者给人以舒放疏朗之感，紧者给人以茂密丰满之感。用润笔写成的字给人以温雅或丰腴之感；用渴笔写成的字给人以苍劲、粗犷及悲痛之感。运笔落墨准确有力，能够显示出笔法雄壮，以至力屈万夫。书法能显示一个人的性格，或间接地反映出一个人的感情状态，即所谓“文如其人”，不同书体、布局与着墨可以分别显示出一个人的雄壮与秀丽、严谨与飘逸、乐观与悲切的性格或感情状态。

8. 建筑艺术

建筑艺术的价值本质是对建筑的结构布局、形状大小、色彩光泽、材质特性、装饰点缀等进行有序组织，用以反映建筑物本身所拥有的价值关系。

歌德说："建筑是凝固的音乐。"不同的建筑可分别表现雄伟、壮丽、尊严、肃穆、深邃、清新、雅致、纤弱、质朴、开阔等特性。

9. 影视艺术

影视艺术的价值本质是对各种镜头画面进行有序组织，用以反映故事情节中各种人物所拥有的价值关系。

故事与情节不能混淆在一起。故事是事实认识的角度来反映事物的运动轨迹；情节是从价值认识的角度来反映事物的运动轨迹。对故事与情节的描述既可以采取客观视角（以第二、三人称），也可以采取主观视角（以第一人称）。其中，客观视角侧重于如实描写生活，具有较为开阔的视野，便于揭示复杂的社会生活；主观视角则侧重于作者或作品中主人公感情的抒发，具有较独特的个人视野，便于发掘人的内心世界。

第十节　真善美的价值与情感

人类的一切行为和思想，都在追求真善美，然而到底什么是真、善、美？这是一个长期争论不休的问题。许多学者分别从不同角度和不同的层次深度，对真善美进行了抽象与概括，但都有一定的片面性，而且都缺乏理论根据。全面地、准确地弄清真善美的本质与价值特征，对于深入了解人类社会的价值运动规律，具有重要意义。

一、事物的三种基本类型

从不同的观察角度，可以对事物进行不同的分类。根据人类主体的不同作用方式，事物可分为资料类事物、行为类事物、意识类事物三种基本类型。

1. 资料类事物

资料可分为消费性资料与生产性资料。

（1）消费性资料。消费性资料可分为食物类消费资料、温饱类消费资料、安全与健康类消费资料、人尊与自尊类消费资料。其中，规范化的消费性资料就是消费性工具，消费性工具可分为食物类消费工具、温饱类消费工具、安全与健康类消费工具、人尊与自尊类消费工具。

（2）生产性资料。生产性资料可分为个体性生产资料、社会性生产资料。其中，规范化的生产性资料就是生产性工具，生产性工具可分个体性生产工具、社会性生产工具。社会性生产资料就是社会分工，规范化的社会分工

(或规范化的社会性生产资料) 就是经济。

2. 行为类事物

行为可分为消费性行为与生产性行为。

(1) 消费性行为。消费性行为可分为食物类消费行为、温饱类消费行为、安全与健康类消费行为、人尊与自尊类消费行为。其中,规范化的消费性行为就是消费技术,消费技术可分为食物类消费技术、温饱类消费技术、安全与健康类消费技术、人尊与自尊类消费技术。

(2) 生产性行为。生产性行为可分为个体性生产行为、社会性生产行为。其中,规范化的生产性行为就是生产技术,生产性技术可分个体性生产技术、社会性生产技术。社会性生产行为就是社会管理,规范化的社会管理(或规范化的社会性生产行为)就是政治。

3. 意识类事物

意识可分为消费性意识与生产性意识。

(1) 消费性意识。消费性意识可分为食物类消费意识、温饱类消费意识、安全与健康类消费意识、人尊与自尊类消费意识。其中,规范化的消费性意识就是消费科学,消费技术可分为食物类消费科学、温饱类消费科学、安全与健康类消费科学、人尊与自尊类消费科学。

(2) 生产性意识。生产性意识可分为个体性生产意识、社会性生产意识。其中,规范化的生产性意识就是生产科学,生产性科学可分个体性生产科学、社会性生产科学。社会性生产意识就是社会意识,规范化的社会意识(或规范化的社会性生产意识)就是文化。

事物分类图请参阅《统一价值论》。

二、价值的三种基本类型

任何事物都具有一定的价值特性,因此根据事物的上述分类方法,价值(即使用价值)也可分为资料类价值、行为类价值和意识类价值三种基本类型。

1. 资料类价值

(1) 消费性资料价值。可分为食物类资料价值、温饱类资料价值、安全与健康类资料价值、人尊与自尊类资料价值。规范化的资料价值就是工具价值。规范化的食物类资料价值就是食物类工具价值,规范化的温饱类资料价值就是温饱类工具价值,规范化的安全与健康类资料价值就是安全与健康类工具价值,规范化的人尊与自尊类资料价值就是人尊与自尊类工具价值。

(2) 生产性资料价值。生产性资料价值可分为个体性生产资料价值、社会性生产资料价值。规范化的资料价值就是工具价值，消费性工具价值可分为食物类消费工具价值、温饱类消费工具价值、安全与健康类消费工具价值、人尊与自尊类消费工具价值。生产性工具价值可分为个体性生产工具价值、社会性生产工具价值（即经济价值）。

2. 行为类价值

（1）消费性行为价值。可分为食物类行为价值、温饱类行为价值、安全与健康类行为价值、人尊与自尊类行为价值。规范化的行为就是工具。规范化的食物类行为价值就是食物类技术价值，规范化的温饱类行为价值就是温饱类技术价值，规范化的安全与健康类行为价值就是安全与健康类技术价值，规范化的人尊与自尊类行为价值就是人尊与自尊类技术价值。

（2）生产性行为价值。生产性行为价值可分为个体性生产行为价值、社会性生产行为价值。规范化的行为价值就是技术价值，消费性技术价值可分为食物类消费技术价值、温饱类消费技术价值、安全与健康类消费技术价值、人尊与自尊类消费技术价值。生产性技术价值可分为个体性生产技术价值、社会性生产技术价值（即政治价值）。

3. 意识类价值

（1）消费性意识价值。可分为食物类意识价值、温饱类意识价值、安全与健康类意识价值、人尊与自尊类意识价值。规范化的意识价值就是科学价值。规范化的食物类意识价值就是食物类科学价值，规范化的温饱类意识价值就是温饱类科学价值，规范化的安全与健康类意识价值就是安全与健康类科学价值，规范化的人尊与自尊类意识价值就是人尊与自尊类科学价值。

（2）生产性意识价值。生产性意识价值可分为个体性生产意识价值、社会性生产意识价值。规范化的意识价值就是科学价值，规范化的个体性生产意识价值就是生产科学价值，规范化的社会意识价值就是社会性科学价值（即文化价值）。

价值分类图请参阅《统一价值论》。

三、真善美的本质及其相互关系

人的一切行为都是为了追求最大价值率，为此，人们就会对具有不同价值率的事物产生不同的态度，并形成不同的选择倾向和判断标准。“真善美”（或“假恶丑”）就是用以对各种事物的价值特性进行判断的客观标准。

由此给出“真善美”的定义：

真的本质：就是指价值率高差大于零的意识类事物，或价值率大于主体的平均价值率高差的意识类事物，称为真。

善的本质：就是指价值率高差大于零的行为类事物，或价值率大于主体的平均价值率高差的行为类事物，称为善。

美的本质：就是指价值率高差大于零的资料类事物，或价值率大于主体的平均价值率高差的资料类事物，称为美。

作为真善美的反面，“假、恶、丑”分别是指价值率高差小于零的意识类事物、行为类事物和资料类事物。

真善美之间的关系主要表现在：

善是一种特殊的美。由于行为是关于资料的规则体系，行为可以看作是一种特殊的、规则化的事物，因此行为类事物可以看作是一种特殊的资料类事物，善可以看作是一种特殊的美。显然，恶可以看作是一种特殊的丑。

真是一种特殊的善。由于意识是关于行为的规则体系，意识可以看作是一种特殊的、规则化的行为，因此意识类事物可以看作是一种特殊的行为类事物，真可以看作是一种特殊的善。显然，假可以看作是一种特殊的恶。

真是一种特殊的美。由于善可以作用是一种特殊的美，因此真也可以看作是一种特殊的美。显然，假可以看作是一种特殊的丑。

四、真善美情感

情感是人脑对于价值所产生的主观反映，因此有什么样的价值，就必然会存在什么样的情感；价值有什么样的分类方式，情感就有什么样的分类方式。由于价值可分为真假类价值、善恶类价值、美丑类价值三种基本类型，那么情感也可分为真假类情感、善恶类情感、美丑类情感三种基本类型。

由此给出真假类情感、善恶类情感、美丑类情感的定义：

真假类情感：可分为真情感与假情感两类：其中，真情感是指人对于价值率高差大于零的意识类事物所产生的情感；假情感是指人对于价值率高差小于零的意识类事物所产生的情感。

善恶类情感：可分为善情感与恶情感两类：其中，善情感是指人对于价值率高差大于零的行为类事物所产生的情感；恶情感是指人对于价值率高差小于零的行为类事物所产生的情感。

美丑类情感：可分为美情感与丑情感两类：其中，美情感是指人对于价值率高差大于零的资料类事物所产生的情感；丑情感是指人对于价值率高差小于零的资料类事物所产生的情感。

情感的分类图如下所示：

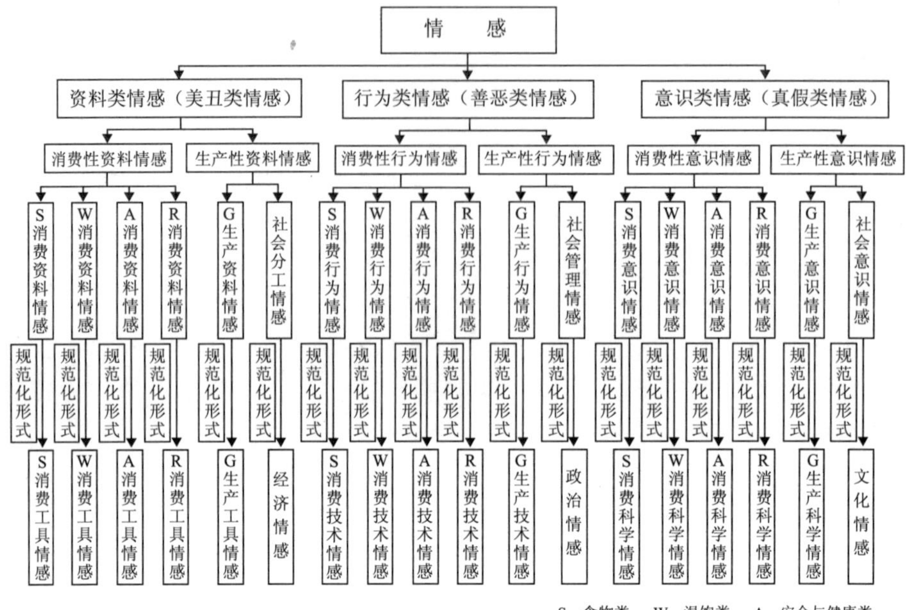

情感分类图

五、真善美事物、真善美价值与真善美情感

1. 真善美事物

由于意识类事物、行为类事物和资料类事物可以分别采用真善美（或假恶丑）标准来衡量其价值特性，因此意识类事物就是真假类事物，行为类事物就是善恶类事物，资料类事物就是美丑类事物。

2. 真善美价值

由于意识类价值、行为类价值和资料类价值可以分别采用真善美（或假恶丑）标准来衡量，因此意识类价值就是真假类价值，行为类价值就是善恶类价值，资料类价值就是美丑类价值。

3. 真善美情感

由于意识类价值、行为类价值和资料类价值可以分别采用真善美（或假恶丑）标准来衡量，因此意识类情感就是真假类情感，行为类情感就是善恶类情感，资料类情感就是美丑类情感。

显然，真善美事物所拥有的价值，就是真善美价值；人脑对于真善美价值所产生的情感，就是真善美情感。

归纳起来，真善美事物、真善美价值、真善美情感三者之间的逻辑关系如下图：

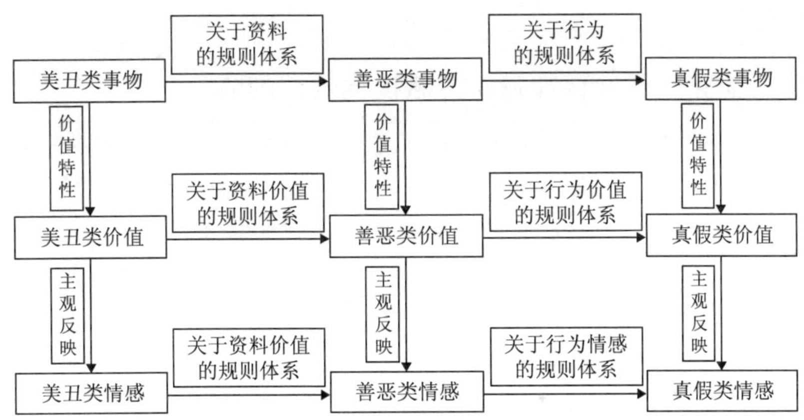

真善美事物、真善美价值、真善美情感三者之间的逻辑关系

第十一节 当代人的情感走势

随着社会生产力的发展，人的价值关系将会朝着多样化、深层化、细致化、动态化、灵活化、相关化、精确化、理性化的方向发展，情感作为价值关系的主观反映，也必然会朝着相同的方向发展，主要体现在以下几个方面。

一、情感多变性在加强，情感稳定性在削弱

"愚忠式"的爱情和"铁哥们式"的友谊越来越少，朋友之间、亲戚之间乃至夫妻之间的情感会随着离别时间的增长而迅速降温，人越来越容易接受新生事物，越来越容易见异思迁、喜新厌旧。

其价值根源是：随着社会复杂化程度的提高，人的利益关系越来越复杂多变，不得不灵活地变换和调整自己的情感，以适应价值关系的变化，并且建立广泛的社会关系网，人与人之间稳定而深厚的价值关系具有越来越低的价值率，从而逐渐被无情的社会规则所淘汰。

二、情感掩饰性在增长，情感真率性在下降

通过语言、文字、表情所表达的情感与人的内心情感存在着越来越大的差异，人越来越善于掩饰自己的情感，很少直接表露自己的情感。

其价值根源是：随着价值关系的不断广泛化、多样化、复杂化和深层次化，各种价值关系的建立和发展越来越容易受到周围其他价值关系的影响和制约，这就需要在一定程度上对各种价值关系的真实情况、价值手段与价值目的进行掩饰和欺骗，以尽可能地排除他人的干扰与破坏，减少他人的竞争，争取他人的帮助。不过，情感虚假性的增长是从绝对值的角度而言的，从相

对值的角度而言并非如此。

三、情感针对性在加强，情感模糊性在削弱

人与人的交往目的越来越明确而具体，情感的价值针对性也越来越加强，爱得越来越明白，恨得越来越具体：爱某人的相貌可能具体到五官、身材、身高、皮肤，欣赏某人的文凭或才能可能具体到表演才能、体育才能和文学才能，喜欢某人的工作可能具体到工作单位、职业、工作岗位和领导职务，看上某人的财富可能具体到住房、存款、车子，请某人吃顿饭就是求他解决什么具体问题等，都是非常明确的、清清楚楚的。

其价值根源是：随着价值关系的不断发展，价值形式越来越丰富多彩，各种价值形式的相对差异越来越显著，情感的模糊性将会产生越来越明显的价值偏差和行为偏差，给人的生存与发展产生越来越严重的危害，人只有不断提高情感的针对性，才能达到最佳的行为效率。

四、情感互感性在加强，情感独立性在削弱

人的情感越来越容易被他人所感化，越来越追随潮流、赶时髦。在不同的社会历史时期，流行的求偶审美标准分别指向身高、学历、职业、财富等，流行的服饰审美标准分别指向不同的式样、花色、布料。

其价值根源是：随着社会生产力的发展，人与人的价值联系越来越频繁而多变、广泛而深入，各种价值关系之间具有越来越大的相干性，从而使人的情感具有越来越大的相干性。

五、情感个体性在加强，情感群体性在削弱

人的乡土观念、宗族观念、阶级观念等逐渐衰减，人对群体的依附感逐渐削弱。

其价值根源是：随着社会分工的不断发展，社会组织的不断分化，每个群体只能满足人在某个方面的要求，而不能满足人的所有要求，人可以同时生活和工作在几个不同功能的群体之中；他同时可以有多份工作，或者可以从多个群体中选择一份工作；每个群体对个人利益的影响不再起决定性的、生命攸关的作用；群体之间的开放性也越来越大，人员对流、物质对流、信息对流、能量对流越来越显著而频繁，每个群体对个人的约束力越来越下降，群体与个人的利益联系越来越具有短暂性、偶然性和多变性；群体的命运不再唯一地决定个人的命运，群体的消亡并不意味着个人的消亡，人可以重新组合成新的群体，或者投入到新的群体中。正是由于个人对于某个确定群体的价值依附关系逐渐衰退，导致了个人对于确定群体的归属情感和认同情感

逐渐淡化。

六、情感自律性在加强，情感他律性在削弱

从前，人在遇到挫折时总是喜欢迁怒于他人，在失去工作时总是埋怨老板不讲情面或不重视人才，当竞争中失败时总是责怪对手违反规则或责怪竞争规则不合理，在生活遇到困难时总是仇视社会、对抗社会甚至危害社会。随着社会的不断发展和人的素质水平的不断提高，人越来越注意从自己身上寻找成功和失败的原因，越来越注重改造和完善自己，而不是注重改造他人，越来越注重通过调节和控制自己的行为、思想和情感来改善与他人的价值关系。

其价值根源是：随着社会生产力的不断发展和人的素质水平的不断提高，人的所有价值关系中高层次的价值关系所占的比重越来越高，精神价值在所有价值中所占的比重越来越高，事物对于人的价值越来越取决于人本身的品质特性，而不是取决于事物的品质特性以及环境的品质特性。这时，人主要通过调节和控制自己的品质特性而不是主要通过调节和控制事物及环境的品质特性，来改变事物的价值特性。

七、情感合作性在加强，情感敌对性在削弱

从前，人与人之间、阶级与阶级之间、国家与国家之间较多地存在着敌对性情感，较少地存在合作性情感。随着社会生产力的不断发展，人与人之间、阶级与阶级之间、国家与国家之间敌对性情感不断减弱，合作性情感不断加强。

其价值根源是：在生产力水平低下的社会里，社会分工不发达，人与人互利互惠的合作关系较少，彼此存在大量相互对立的价值关系，人的生存与发展机会更多地是建立在与他人争夺资源、土地、财富和权力的基础之上，而不是更多地建立在彼此合作以共同开发资源、创造财富、分享权力的基础之上，因此人与人之间存在大量的、强烈的敌对性情感，如仇恨、嫉妒、轻藐等。随着社会分工的不断发展，人与人的合作关系也不断扩展和深化，人所生产和消费的价值越来越向高层次发展，而高层次价值往往具有较高的相关性和共享性，人与人的竞争也变得越来越有序化、深层化、多样化、文明化，主要表现在：竞争的内容和方式越来越丰富多彩，竞争的价值目标逐渐从生理性价值向心理性价值和精神性价值发展，竞争的能力结构逐渐从生理能力向心理能力和精神能力发展，竞争手段越来越人道化，如战争中不虐待俘虏、刑律上不株连他人；竞争规则越来越明确化、具体化、文明化，竞争结果的评定和裁判越来越公正化、公开化、文明化。人与人的竞争越来越深

厚地建立在彼此合作的基础之上，虽然竞争的范畴与合作的范畴都在同时增长，但合作范畴的发展速度通常要高于竞争范畴的发展速度。因此从相对意义上来说，人的合作性情感将会逐渐加强，而敌对性情感将会逐渐削弱。人与人越来越相互尊重、相互爱护、相互帮助，并在此前提下进行相互竞争。

八、情感商品性在加强，情感非商品性在削弱

长期以来，金钱意识和商品意识被看作是一种不良的、与社会伦理观念相对立的社会意识，金钱意识强的人被认为是“掉到钱眼里”的势利小人。在人际交往过程中，人们唯恐他人评价自己把金钱看得太重，也不好意思在金钱的使用、分配或归属问题上与他人（尤其是亲朋好友）进行计较。随着商品经济的不断发展，人的金钱意识都在自觉不自觉地增强起来，婚前财产公证、父子及兄弟之间明算账、朋友聚会分付账单等社会现象越来越普遍，各种人际交往关系越来越多地依赖于经济关系（特别是金钱关系）。

其价值根源是：随着商品经济的发展，越来越多的事物转化为商品，商品具有越来越强大的心理功能和精神功能，商品生产与商品交换活动在人际交往中所占的规模与比重越来越高，因此人的情感必将越来越带有明显的商品特性。

第十二节　情感十大规律及其价值动因

人的情感看起来复杂多样、变幻莫测，但它的产生与发展确实存在着许多的客观规律性，不以人的意志为转移，这主要是因为情感所对应的事物价值关系的运动与变化有着一定的规律性。也就是说，在人类所有的情感规律后面，都隐藏着特定的价值运动规律，都有特定的价值根源。

情感的运动与变化主要遵循以下规律：

一、利益为本规律

这是情感发生最基本的规律，是所有情感规律的核心，它是由情感的客观本质来决定的。任何情感如亲情、友情与爱情都是围绕利益关系为核心而存在和变化的，脱离利益关系的空洞情感只是暂时的、相对的和脆弱的。美国人所信奉的“没有永恒的朋友，没有永恒的敌人，只有永恒的利益”信条，实际上就是这条规律的具体表现，只是有点绝对化。当然，“利益为本规律”只是概率意义和普遍意义上的，情感与利益之间均不可能保持严格的对应和同步，总会有某种偏离，在特殊情况下甚至可能产生巨大的偏差。

二、物以稀贵规律

事物的数量越稀少，它的价值量就越大。人容易对那些稀少或独特的事物表现出特别的热心和关注，这是由使用价值的“边际效应规律”决定的。商品或资源的数量越稀少，其价值量就越大；男孩多的家庭，独女经常被视为明珠；女性多的单位，男性通常会受到特别的关照；在聚会上，如果所有人都侃侃而谈，唯独沉默寡言的人将给人留下深刻的印象。从本质上讲，物以稀贵规律实际上就是“边际效用规律”的具体表现形式。

三、喜新厌旧规律

人总是喜欢新生事物，厌倦陈旧事物，这也是由使用价值的“边际效应规律”决定的。总是吃细粮的人，往往对粗粮有特别的偏爱；长期住在城里，往往向往乡村的田野风光；天天吃大鱼大肉，就想吃点青菜；如果在家里的时间长了，总想出去走动走动；在同一工作岗位和工作环境时间过长，就会产生厌倦感；领导做报告时，如果内容重复、陈旧，就会使人厌烦。

喜新厌旧规律的价值根源是：人之所以“喜新”，是因为新事物往往含有新的信息，比旧事物具有更强的生命力和更大的发展前途，具有更高的价值；人之所以“厌旧”，是因为旧事物的信息随着时间的增长而逐渐消失，其生命力和价值特性逐渐退化。价值事物的新陈代谢是一个客观的、自然的、不可抗拒的过程，它符合人类生存与发展的客观需要，反映到人的情感上就形成了“喜新厌旧”。人如果没有对新事物的欣赏与喜爱，就不可能推动新事物的发展；人如果没有对旧事物的鄙视和厌恶，就不可能加速旧事物的灭亡。从本质上讲，喜新厌旧规律实际上也是“边际效用规律”的具体表现形式。

四、难贵易贱规律

人往往会十分珍惜经过千辛万苦才得来的财富，不珍惜轻轻松松就得来的财富。赌徒不会珍惜赢来的钱，往往会吃光用光；轻松得来的爱情与婚姻，也不容易懂得珍惜；贪官污吏往往挥金如土。

难贵易贱规律的价值根源是：当价值率相对不变时，劳动价值越高和劳动时间越长，则事物可能蕴含的使用价值就越高，千辛万苦才得来的财富意味着为之付出了较高的劳动价值和较长的劳动时间，人就会更多地珍惜它。从本质上讲，难贵易贱规律实际上也是“边际效用规律”的具体表现形式。

五、爱屋及乌规律

当你喜欢某一事物时，你将会喜欢与该事物相关的其他事物。当你喜欢某个人时，有时还会喜欢他的孩子、他的发型，甚至他的用品；当你讨厌某个人时，有时还会讨厌他的父母、他的服饰，甚至他唱过的歌、做的每件事都是那么令人作呕；当某人在某方面很优秀时，人们容易相信他在其他方面也必然优秀；当某人在过去很优秀时，人们容易相信他在现在和将来也优秀；当某人长得潇洒漂亮时，人们容易相信他还聪明、善良和高尚；当某人道德品质败坏时，人们容易相信他还很丑陋和愚蠢；当觉得某人不正派时，人们往往觉得他的任何行为都是不正派的。

爱屋及乌规律的价值根源是：价值事物之间往往是相互联系和相互影响的，人的智力品质将会或多或少地影响其道德品质，人的外表往往能模糊地、概率地反映其内在素质，人在过去的财富、素质、健康、能力等价值特性总会或多或少地影响他在现在与未来的价值特性，因此人对某事物的情感也会或多或少地映射到其他相关事物上。从本质上讲，爱屋及乌规律实际上是“价值关联性传递规律”的具体表现形式。

六、缺憾敏感规律

当人存在某种品质缺憾（生理缺陷、行为缺陷和精神缺陷）时，就会对与之相关的人、事物、语言、符号等表现出高度的情绪敏感性。例如，当女孩长得肥胖时，她就非常忌讳别人提及与肥胖有关的人、物品、语言、符号等。

缺憾敏感规律的价值根源是：人的品质缺憾将会或多或少地影响相关事物的价值关系，人只有对自己的品质缺憾及其相关事物表现出高度的情感敏感性，才能尽可能地回避自己的弱点，发挥自己的特长，最大限度地降低它对于其他价值关系的负面影响。如果人并不忌讳别人提及自己的品质缺憾及其相关事物，说明这一品质缺憾在当时条件下对其能力和利益的影响并不太大。从本质上讲，缺憾敏感规律实际上也是“边际效用规律”的具体表现形式。

七、逆反强化规律

当人的欲望、情绪和感情受到干扰或限制时，可能会激发他的逆反心理，强化这种欲望、情绪和感情，其强化程度通常与干扰或限制的强度成正比。例如，当父母粗暴干涉子女与他人的正当恋爱关系时，就容易激发子女的逆反心态，病态地强化这种恋爱关系；如果过分限制男女之间的正常来往，就会病态地强化男女之间的性吸引力，增大性犯罪的概率；曾经遭受过严重政治压迫的人往往有强烈的追求政治权力和政治地位的欲望，他一旦获得政治权力，就会充分行使和显示自己手中的权力；人如果过去因贫穷而衣着寒酸、受人歧视，他一旦富裕起来就会热衷于购买大量高档衣服，并向别人大肆炫耀自己的服饰。

逆反强化规律的价值根源是：当人的正常需要因受到外力干扰或限制而得不到满足时，他要么放弃或压抑这种正常需要，要么提高对这种需要的欲望、情绪和感情的强度，以产生更大的行为驱动力克服外力的干扰和限制，获取相应的价值事物来满足这种正常需要。从本质上讲，逆反强化规律实际上也是“边际效用规律”的具体表现形式。

八、以己度人规律

当人对金钱、地位或色相有着特殊的偏好时，总会觉得别人也有此特殊偏好；善良的人通常容易善解人意，恶毒的人通常容易恶解人意。

以己度人规律的价值根源是：当不了解他人的情感倾向或价值取向时，人就会自觉不自觉地以自己的情感倾向或价值取向来推测他人，以降低自己在推测他人情感或价值观过程中所出现的总误差。以己度人规律实际上是“价值关联性传递规律”的具体表现形式。

九、对号入座规律

当怀疑某人干了不正当的勾当时，人总会找到种种“证据”来证实这种怀疑；当认定某人愚蠢时，人总会找到种种“事实”来证实这种认定；当信仰某一宗教迷信时，往往会越来越觉得它的正确性和合理性；当觉得某人跟自己过意不去时，往往觉得他所做的每件事、所讲的每句话都是有意针对自己的。

对号入座规律的价值根源是：任何事物与既定价值事物及其评价事实、评价依据、评价结论总会存在着或多或少的联系。对于预先确定的评价结论，人总是自觉不自觉地强化和夸大那些肯定和支持它的价值依据或价值事实，总是自觉不自觉地弱化和缩小那些否定和反对它的价值依据或价值事实，从而使它得以成立。对号入座规律实际上是“价值关联性传递规律”的具体表现形式。

十、强度性与效能性互反规律

容易生气的人，往往容易消气，为细小利益而大动感情的人，不容易形成强烈的行为冲动，他往往停留在口头上和强烈的情感体验上，而不容易付诸实际行动。相反，不容易生气的人，一旦生气就难以消气，那些不太动感情的人，一旦动起感情来，就能很快并且很有效地付诸实际行动。

强度性与效能性互反规律的价值根源是：为追求相同的价值量，人的行为反应的规模应该是大致相等的，而行为反应规模等于情感强度性与情感效能性之乘积，因此情感强度性较大的人，其情感效能性就较小，情感强度性较小的人，其情感效能性就较大。强度性与效能性互反规律实际上是“利益为本规律”的具体表现形式。

几点注意

在认识和运用情感规律时，还应该注意以下三点：

一是以上的情感发生规律都是客观存在的，不以人的意志为转移的。人只能认识它、承认它和遵循它，决不能忽视它、否定它，更不能违背它、抗拒它。

二是情感发生规律只具有普遍意义，不具有个别意义；只具有统计学意义，不具有动力学意义；只具有模糊性意义，不具有确定性意义；只具有抽象性意义，不具有具体性意义。

三是情感规律本身不能区分善与恶、贵与贱、好与坏，就看人如何去运用它。例如，喜新厌旧规律如果用于改造自然和社会，创造新事物、新环境，就会产生正向价值，如果用以满足个人私欲而不顾及他人的利益，无视自己所应该承担的责任与义务，就会产生负价值。

主要参考文献

1. 仇德辉：《统一价值论》，中共中央党校出版社 2018 年版。

2. 仇德辉：《情感机器人》，台海出版社 2018 年版。

3. 〔美〕K. T. 斯托曼：《情绪心理学》，辽宁人民出版社 1987 年版。

4. 江溶：《艺术欣赏指要》，文化艺术出版社 1986 年版。

5. 滕守尧：《艺术社会学描述》，上海人民出版社 1987 年版。

6. 〔法〕西蒙娜·德·波伏娃：《第二性》，中国书籍出版社 1998 年版。

7. 〔美〕马斯洛等：《人的潜能和价值》，华夏出版社 1987 年版。

8. 徐国静：《男人与女人》，中国对外翻译出版公司 1997 年版。

9. 刘骁纯：《从动物快感到人的美感》，山东文艺出版社 1986 年版。

10. 〔保加利亚〕瓦西列夫：《情爱论》，生活·读书·新知三联书店 1997 年版。

11. 王玉樑：《价值和价值观》，陕西师范大学出版社 1988 年版。

12. 〔美〕马斯洛等：《人的潜能与价值》，华夏出版社 1989 年版。

13. 李难：《行为的进化》，上海科学技术教育出版社 1990 年版。

14. 丁峻：《情感演化论》，科学出版社 2010 年版。